ÉLÉMENTS

DE

GÉOMÉTRIE

A L'USAGE

DE TOUS LES ÉTABLISSEMENTS D'INSTRUCTION PUBLIQUE

AVEC 500 PROBLÈMES VARIÉS ET GRADUÉS

PAR

J. HENRI FABRE

Ancien élève de l'École normale primaire de Vaucluse,
Docteur ès sciences,
Correspondant du Ministère de l'Instruction publique,
Lauréat de l'Institut et de la Sorbonne, Officier de l'Instruction publique,
Chevalier de la Légion d'honneur.

PARIS

CH. DELAGRAVE ET Cⁱᵉ, LIBRAIRES-ÉDITEURS

58, RUE DES ÉCOLES, 58

—

1873

ÉLÉMENTS DE GÉOMÉTRIE

GÉNÉRALITÉS

OBJET DE LA GÉOMÉTRIE. — La *géométrie* est la science de l'étendue. — Faisant abstraction des propriétés si variées dont l'étude appartient aux sciences physiques, elle considère les corps uniquement comme *étendus*, c'est-à-dire comme occupant une certaine portion de l'espace. Les propriétés, la mesure de cet espace limité, constituent son objet.

VOLUME. — Le *volume* d'un corps est la portion de l'espace que ce corps occupe. — Dans un volume, l'esprit conçoit une infinité de dimensions dirigées en tous les sens de l'étendue ; cependant la géométrie les réduit à trois, qui entraînent l'existence des autres. Ce sont la *longueur*, la *largeur* et l'*épaisseur* (1). Certaines formes très-élémentaires et d'un usage fréquent, telles que la configuration d'un appartement, d'un bloc de pierre équarri, d'un mur, etc., ont introduit dans le langage ces expressions qui correspondent alors à des idées bien déterminées ; mais très-souvent, lorsque le corps en particulier a la forme d'un globe, il n'est plus possible de préciser en quel sens est la longueur, en quel sens est la largeur ou l'épaisseur. Néanmoins, ce qu'il y a de fondamental dans la notion des trois dimensions persiste toujours, car la géométrie démontre que *tout volume est numériquement représenté par le produit de trois longueurs.*

SURFACE. — On nomme *surface* ce qui termine un volume,

(1) Au lieu d'épaisseur, on dit encore *hauteur* ou *profondeur*, suivant le corps considéré. Du reste ces expressions peuvent indifféremment s'employer l'une pour l'autre : on peut, par exemple, donner le nom de longueur à telle dimension que l'on voudra.

ce qui le sépare de l'étendue environnante. — Une surface n'a pas d'épaisseur; elle n'a que deux dimensions, longueur et largeur, tantôt évidentes, comme dans le parquet d'un appartement et dans une feuille de papier, etc. ; tantôt impossibles à préciser, comme dans un cercle ; mais se retrouvant toujours à un point de vue plus général, car *toute surface est numériquement représentée par le produit de deux longueurs.*

LIGNE. — On nomme *ligne* ce qui termine une surface. On peut la concevoir encore comme provenant de l'intersection de deux surfaces. Elle n'a qu'une dimension : la longueur. *Elle est numériquement représentée par une longueur.*

POINT. — Le *point* géométrique est ce qui termine une ligne. On peut le concevoir encore comme résultant de l'intersection de deux lignes. L'usage est, en effet, de représenter graphiquement un point par l'entre-croisement de deux traits. Le point n'a aucune dimension.

RELATION ENTRE LE POINT, LA LIGNE, LA SURFACE ET LE VOLUME. — Dans un ordre inverse, remontons maintenant du point aux autres conceptions fondamentales de la géométrie. — Concevons une portion de l'espace arbitrairement limitée et resserrons indéfiniment les limites. Le terme auquel l'esprit arrive quand l'étendue devient nulle, c'est le point. — Un point qui se déplace engendre ou décrit une ligne. — Une ligne en se déplaçant décrit une surface. — Une surface en se déplaçant décrit un volume.

DIVERSES ESPÈCES DE LIGNES. — On distingue trois espèces de lignes : la *ligne droite*, la *ligne brisée* et la *ligne courbe*.

La *ligne droite* est celle que décrirait un point se mouvant dans une invariable direction. Un fil très-fin tendu nous en offre une image, mais image grossière à cause des

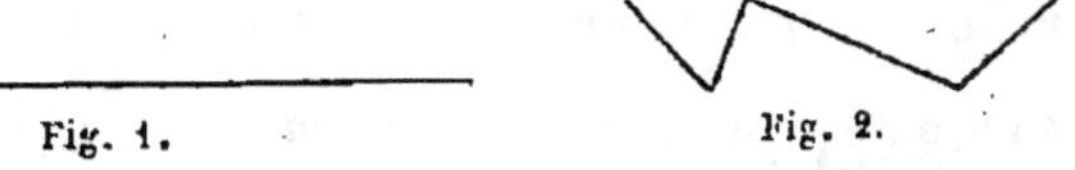

Fig. 1.   Fig. 2.

deux dimensions, largeur et épaisseur, du fil. La propriété la plus remarquable de la ligne droite, propriété qui le plus souvent sert à la définir, c'est d'être *le plus court chemin d'un point à un autre* (fig. 1).

La *ligne brisée* est composée de portions de droite. Elle serait décrite par un point qui tour à tour conserverait quelque temps une même direction, puis en changerait brusquement (fig. 2).

La *ligne courbe* n'est ni droite ni brisée. On peut la concevoir comme décrite par un point mobile qui change à chaque instant de direction par transitions insensibles (fig. 3).

Fig. 3.

DIVERSES ESPÈCES DE SURFACES. — A ces trois espèces de lignes correspondent trois espèces de surfaces.

La plus simple est le *plan* ou *surface plane*. Le plan est une surface sur laquelle une ligne droite peut être exactement appliquée et dans tous les sens. — Les surfaces d'une nappe d'eau tranquille, d'une plaque de marbre poli, d'une glace, en sont des exemples.

Une surface est *brisée* quand elle est composée de parties planes. Telle est la surface d'un cristal taillé à facettes planes.

Une surface est *courbe* quand elle n'est ni plane ni brisée. Telles sont les surfaces d'une colonne, d'une boule, etc.

DIVISION DE LA GÉOMÉTRIE. — Il est d'usage de diviser la géométrie en deux sections : la *géométrie plane* et la *géométrie dans l'espace*.

La *géométrie plane* traite des questions dont le tracé peut être contenu dans un même plan.

La *géométrie dans l'espace* traite des questions dont le tracé ne peut être contenu dans un même plan.

TERMES USITÉS EN GÉOMÉTRIE. Un *théorème* est une vérité géométrique dont l'évidence s'établit par une série de raisonnements nommés *démonstration*. L'énoncé d'un théorème comprend deux parties : la *supposition* ou *hypothèse* et la *conclusion* ou résultat qui découle de cette hypothèse.

Un théorème est *réciproque* d'un autre quand l'hypothèse du premier devient la conclusion du second et inversement.

La plupart des réciproques s'établissent au moyen d'une *démonstration par l'absurde*. Cette démonstration consiste à prouver que toute conclusion autre que celle de l'énoncé conduirait à une impossibilité ou *absurdité*.

Un *corollaire* est une vérité géométrique qui découle immédiatement d'un ou de plusieurs théorèmes.

CHAPITRE I

La droite et le plan.

THÉORÈME I.

Entre deux points, on peut mener en général une infinité de lignes pareilles en longueur et en forme à une ligne quelconque déjà tracée entre ces deux points.

Soient deux points A et B (fig. 4) situés d'une manière quelconque dans l'espace. Entre ces deux points menons une ligne arbitraire ACB. Si maintenant on conçoit que les points A et B de la ligne ACB restent invariablement liés aux points donnés A et B, et qu'on fasse tourner la ligne ACB de manière à lui faire occuper dans l'espace

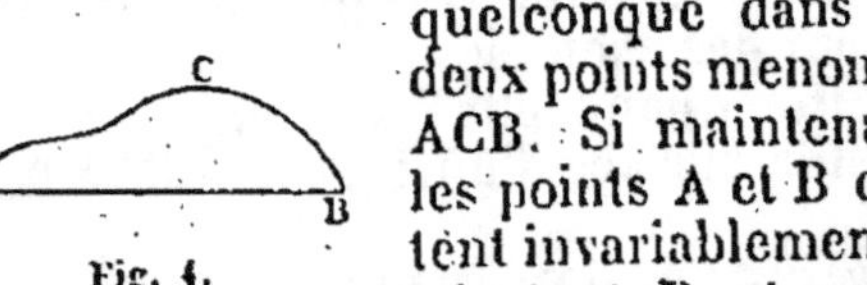

Fig. 4.

toutes les positions compatibles avec les conditions énoncées, on obtiendra, dans chacune de ces positions, une ligne pareille en longueur et en forme à la ligne primitive ACB. Mais comme dans ce mouvement de rotation la ligne primitive occupe successivement et sans interruption une série indéfinie de positions différentes, il s'ensuit qu'on peut mener entre A et B une infinité de lignes pareilles à ACB.

DÉFINITION DE LA DROITE. — Outre la multiplicité générale de lignes pareilles entre deux points, l'esprit conçoit une ligne telle qu'en effectuant la rotation dont on vient de parler, elle occupe toujours malgré cela la même position dans l'espace, chacun de ses points tournant sur lui-même sans se déplacer. Cette ligne ainsi conçue est par conséquent *unique* entre A et B, c'est-à-dire qu'entre ces deux points on ne peut en mener une seconde pareille. On lui donne le nom de *ligne droite* ou simplement de *droite*.

La droite est la ligne unique de son espèce entre deux points.

THÉORÈME II.

Entre deux points, on ne peut mener qu'une seule droite.
C'est la conséquence immédiate de la définition même de la droite.

Il suit de là qu'une droite est déterminée de direction quand on connaît deux de ses points.

THÉORÈME III.

La ligne droite est indéfinie en longueur.
Car les points A et B (fig. 4) pouvant être aussi éloignés que l'on voudra sans que le raisonnement change, la droite sera aussi longue que l'on voudra.

REMARQUE. — A moins qu'on n'avertisse du contraire, toute droite doit être considérée comme indéfiniment prolongée dans un sens comme dans l'autre.

THÉORÈME IV.

La ligne droite est uniforme.
C'est-à-dire qu'une portion quelconque d'une ligne droite étant transportée partout où l'on voudra sur le reste de la droite de manière que ses deux extrémités s'y appuient, il doit y avoir coïncidence parfaite.

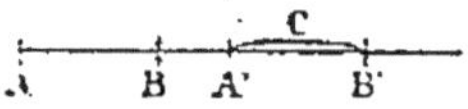

Fig. 5.

En effet transportons AB (fig. 5) sur A'B' de manière que A se place en A' et B en B'. Il doit y avoir coïncidence parfaite, car si AB prenait par exemple la position A'CB', il y aurait entre les deux points A' et B' deux lignes droites distinctes; ce qui est impossible. Donc AB recouvre exactement A'B'.

THÉORÈME V.

La droite est la plus courte de toutes les lignes qu'on peut mener entre deux points; en d'autres termes, la ligne droite est le plus court chemin d'un point à un autre.
La ligne la plus courte entre deux points doit être, en effet, unique; autrement on aurait plusieurs lignes dont chacune serait plus courte que les autres, ce qui est ab-

surde. Mais la ligne unique de son espèce entre deux points est la droite. Celle-ci est donc le plus court chemin d'un point à un autre.

DÉFINITION DU PLAN. — On appelle *plan* ou *surface plane* une surface telle qu'une ligne droite puisse s'y appliquer entièrement et exactement dans tous les sens.

Deux points déterminant une droite, il suffit qu'une droite ait deux points communs avec un plan pour qu'elle y soit contenue en entier.

THÉORÈME VI.

Le plan est une surface indéfinie.

En effet une ligne droite, qui est indéfinie, doit entièrement s'y appliquer dans tous les sens, ce qui exige que le plan n'ait pas de limites.

THÉORÈME VII.

Le plan est une surface uniforme.

C'est-à-dire qu'une portion quelconque d'un plan étant transportée partout où l'on voudra sur une autre région de ce plan, il doit y avoir coïncidence parfaite.

Supposons, en effet, que la coïncidence ait lieu en certains points, mais non en tous, et considérons deux points qui coïncident en laissant entre eux un intervalle sans coïncidence. La droite qui joindrait ces deux points devrait être contenue dans le plan supérieur, elle devrait être aussi contenue dans le plan inférieur. Les deux plans ne se confondant pas, il y aurait ainsi entre deux points deux lignes droites distinctes, ce qui est impossible. Il y a donc coïncidence parfaite.

THÉORÈME VIII.

La ligne de plicature d'un plan est une ligne droite.

On appelle *ligne de plicature* d'une surface la ligne suivant laquelle une surface peut se plier sans déchirures ni replis. Cette ligne est variable de forme suivant la forme de la surface; pour la surface plane, c'est une ligne droite.

Supposons en effet que ce soit toute autre ligne *xyz* (fig. 6), c'est-à-dire supposons que la portion supérieure du plan étant pliée sur la portion inférieure, le pli se fasse suivant *xyz*. Prenons deux points quelconques A et B sur

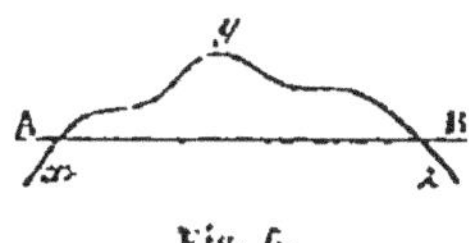

Fig. 6.

cette ligne de plicature et joignons-les par la droite AB. Cette droite est évidemment commune aux deux régions superposées du plan. Si maintenant on relève la région rabattue de manière à la ramener graduellement à sa première position, la droite AB devra se conserver sans déformation dans cette région. Mais les points A et B, appartenant à la ligne de plicature, ne changeront pas de position, tandis que les autres points de la droite occuperont une série indéfinie de positions différentes à mesure que la portion rabattue du plan se relèvera en tournant autour de la ligne de plicature *xyz*. On aurait ainsi, entre deux points fixes A et B, un nombre indéfini de droites; ce qui est impossible. La ligne de plicature ne peut donc être qu'une droite.

THÉORÈME IX.

Toute droite tracée dans un plan divise ce plan en deux régions égales.

Car on peut toujours plier le plan suivant cette droite de manière que les deux régions se superposent sans déchirures ni replis.

REMARQUE. — Il est évident que cette proposition n'est vraie que pour un plan indéfini. Elle cesse d'être exacte pour une portion limitée de plan, portion qui peut être divisée en deux régions tantôt égales, tantôt plus ou moins inégales suivant la direction de la droite.

APPLICATIONS.

1. TRACÉ D'UNE DROITE SUR LE PAPIER. VÉRIFICATION DE LA RÈGLE. — Une droite est déterminée de direction quand on connaît deux points par lesquels elle doit passer. Si les deux points se trouvent sur une surface plane de petite étendue, on emploie la règle pour le tracé de la droite. On fait coïncider les deux points donnés avec l'arête de la règle; puis on fait glisser de l'un à l'autre, en suivant l'arête de la règle, la pointe écrivante d'un crayon ou d'un tire-ligne.

Pour que la ligne tracée soit droite, il faut que l'arête de la règle soit elle-même droite. Lorsqu'une grande précision n'est pas nécessaire, on vérifie une règle en mettant son arête dans la direction du rayon visuel (fig. 7). D'une

Fig. 7.

extrémité à l'autre, l'arête doit coïncider avec la ligne de vision. Cette méthode est basée sur la marche de la lumière en ligne droite.

Le moyen suivant est bien plus exact. Entre deux points quelconques, on trace une ligne avec la règle sur le papier. Puis faisant tourner la règle autour de la ligne tracée, on la rabat de l'autre côté du papier sur la face opposée, et l'on trace une nouvelle ligne entre les deux mêmes points. Si la règle est droite, les deux tracés doivent exactement se confondre ; dans le cas contraire, ils doivent laisser entre eux un intervalle plus ou moins considérable (Théor. I et II).

2. RÈGLE EN PAPIER. — On obtient une règle exacte en pliant une feuille de papier sans déchirures ni replis. Cette feuille, en effet, peut être considérée comme un plan, et par conséquent sa ligne de plicature est une droite (Théor. VIII).

3. TRACÉ DE LA DROITE AU CORDEAU. — Parfaitement tendu entre deux points, sans obstacles intermédiaires, un cordon suffisamment flexible prend la direction la plus courte possible, c'est-à-dire qu'il se tend en ligne droite (Théor. V). Cette propriété est utilisée par les jardiniers, les terrassiers, les maçons, etc. pour le tracé des droites. D'autres fois (fig. 8), le cordon, frotté de craie ou enduit

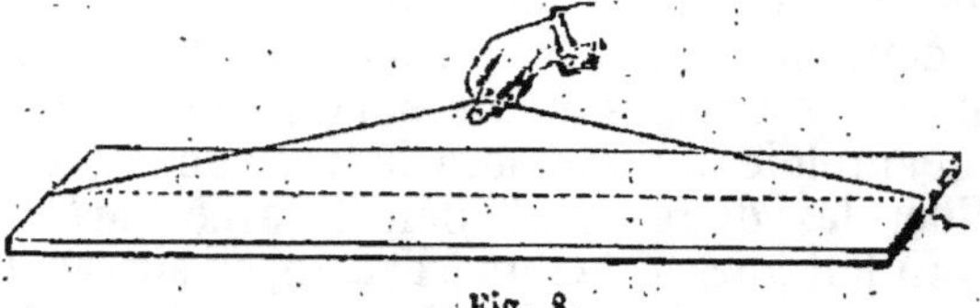

Fig. 8.

d'un liquide colorant, est d'abord tendu entre les deux

points, puis légèrement soulevé. Abandonné à lui-même, il reprend sa position première et laisse sur la surface plane une trace colorée droite. Tel est le moyen employé par les charpentiers.

4. TRACÉ D'UNE DROITE SUR LE TERRAIN. — Pour les besoins de l'arpentage, les droites sont tracées avec des *jalons*. Ce sont de longs piquets en bois que l'on implante verticalement dans la terre (1). Leur extrémité supérieure est armée d'un petit carré de papier qui les rend plus visibles de loin. On fixe un jalon à chaque extrémité de la ligne, puis on en fixe entre ces deux autant qu'il est nécessaire. La ligne est droite, ou comme on dit l'*alignement* est bien pris, quand pour un observateur placé à l'une des extrémités de la file, tous les jalons se trouvent à la fois dans la direction de la ligne visuelle (fig. 9).

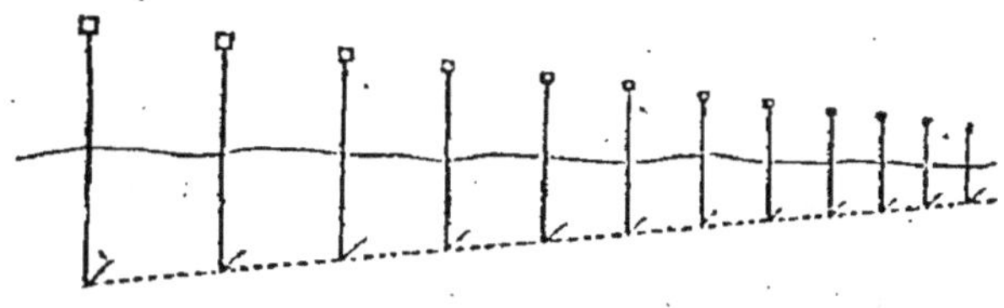

Fig. 9.

5. VÉRIFICATION DU PLAN. — Pour vérifier si une surface est plane, on applique sur cette surface l'arête d'une règle que l'on fait tourner sur elle-même de manière à lui donner toutes les directions possibles. Dans toutes ses positions, l'arête de la règle doit coïncider avec la surface, sans aucun jour entre les deux. C'est ce qui résulte de la définition même du plan.

CHAPITRE II

Mesure de la droite.

1. UNITÉ DE MESURE. — Mesurer une quantité, c'est la comparer à une autre quantité de même nature prise pour

---

(1) On verra plus loin ce qu'il faut entendre par direction verticale.

1.

unité. Le résultat de cette comparaison est le *nombre*, qui indique combien de fois l'unité est contenue dans la quantité. La droite se mesure avec une autre droite, d'une longueur arbitrairement choisie. L'unité de longeur adoptée en France est le *mètre*. Nous renvoyons au chapitre XII de notre *Nouvelle Arithmétique* pour les détails relatifs à la mensuration des longueurs.

Outre l'unité fondamentale, le mètre, on emploie d'autres unités de longueur, tantôt plus grandes, tantôt plus petites suivant l'étendue de la ligne à mesurer. Pour les faibles dimensions, on fait usage du décimètre, du centimètre, du millimètre; pour les longueurs itinéraires, on se sert du kilomètre, de la lieue métrique; pour les grandes distances célestes, on prend pour unité le rayon terrestre, c'est-à-dire la distance du centre de la terre à la surface, distance dont la valeur est de 1600 lieues métriques en nombre rond.

Une fois que les droites sont évaluées en nombres, on effectue sur ces quantités les diverses opérations de l'arithmétique, addition, soustraction, etc., comme on le ferait pour des quantités de n'importe quelle nature. Il est à remarquer toutefois qu'on peut arriver au résultat sans calcul, par une simple construction graphique, c'est-à-dire avec le secours seul de la règle et du compas.

2. FAIRE LA SOMME DE PLUSIEURS DROITES. — Le mot droite est pris ici évidemment dans un sens restreint, il signifie une portion ou *segment* de ligne droite. Pour désigner un segment de droite, on délimite les deux extrémités par un petit trait. — Soit à faire la somme des droites AB, CD, HK (fig. 10). On trace une droite indéfinie *xy*, sur laquelle on prend un point de départ arbitraire O, nommé *origine*. Avec le compas, on prend la longueur AB et on la porte de O en P. A la suite de OP, on porte PQ égal à CD; enfin, toujours dans le même sens, on porte QR égal à HK. La droite OR ainsi obtenue est évidemment égale à la somme des trois droites données.

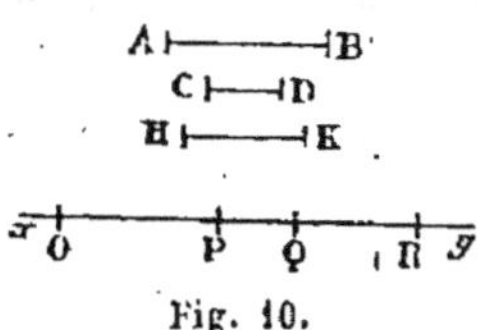

Fig. 10.

On remarquera que les diverses droites dont on cherche la somme, ont été portées à la file l'une de l'autre toujours dans le même sens à partir de l'origine.

3. TROUVER LA DIFFÉRENCE DE DEUX DROITES. — On demande la différence entre AB et CD (fig. 11). A partir de l'*origine* O prise arbitrairement sur la droite indéfinie xy,

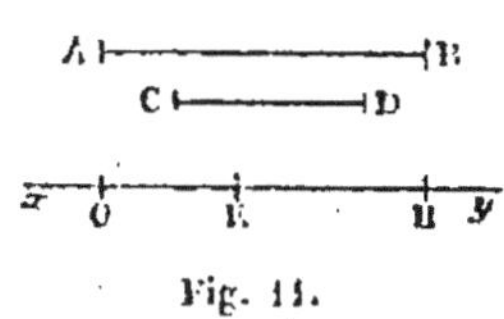

Fig. 11.

portons OH égal à AB; puis à partir de H, mais en sens inverse, c'est-à-dire de droite à gauche, portons HK égal à CD. La longueur comptée à partir de l'origine, OK, est la différence entre les deux droites données.

Remarquons que la longueur à soustraire HK, au lieu d'être portée dans le même sens, de gauche à droite, comme on le ferait si elle devait être ajoutée, est portée en sens inverse, de droite à gauche. Cette opposition de direction entre deux longueurs dont l'une s'ajoute et l'autre se soustrait, reparaît fréquemment en géométrie comme nous aurons occasion de l'observer. Elle correspond à l'opposition des signes *plus* et *moins* en algèbre.

4. CONSTRUIRE UN MULTIPLE DÉTERMINÉ D'UNE DROITE. — On demande le multiple par 5 de AB, c'est-à-dire une droite quintuple de AB (fig. 12). — A partir de l'origine O, sur la droite indéfinie xy, on porte 5 fois, toujours dans le même sens, la droite donnée AB. La droite OK est le multiple demandé.

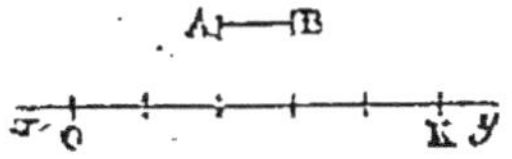

Fig. 12.

Outre la multiplication d'une droite par un nombre, il peut se présenter la multiplication de droites entre elles. On verra plus loin comment le produit de deux droites représente une surface, et le produit de trois droites un volume.

5. DIVISER UNE DROITE PAR UNE AUTRE. — C'est chercher combien de fois la seconde droite est contenue dans la première. A cet effet, on porte avec le compas la seconde droite, supposée plus petite, sur la première autant de fois qu'elle peut y être contenue. Ce nombre de fois est le quotient; l'excédant, s'il y en a un, est le reste de la division.

On peut encore se proposer de trouver un sous-multiple déterminé d'une droite, c'est-à-dire de diviser cette droite en un certain nombre de parties égales. La construction à effectuer sera traitée dans un chapitre ultérieur.

**6. DÉTERMINER LA PLUS GRANDE COMMUNE MESURE ENTRE

DEUX DROITES DONNÉES. — La plus grande commune mesure entre deux droites est une troisième droite, la plus longue possible, qui soit contenue un nombre exact de fois dans chacune des deux premières. Elle correspond au plus grand commun diviseur entre deux nombres. L'opération géométrique pour rechercher la plus grande commune mesure entre deux droites, est elle-même identique, dans sa marche générale, à l'opération arithmétique ayant pour but de trouver le plus grand commun diviseur entre deux nombres. On peut s'en convaincre en comparant ce qui suit avec le paragraphe 4 chap. XXX de notre *Nouvelle Arithmétique*.

Soient AB et CD (fig. 13) les deux droites dont il faut

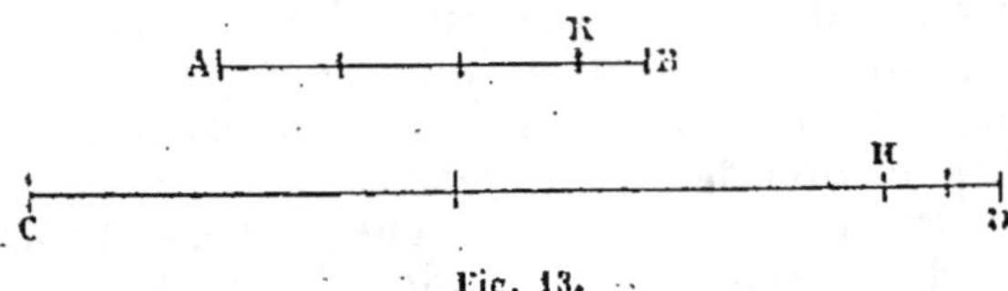

Fig. 13.

rechercher la plus grande commune mesure. Cette commune mesure ne peut évidemment être plus grande que la droite AB, mais elle peut lui être égale. C'est ce qui aurait lieu si AB divisait exactement CD. On est donc conduit à essayer la division de CD par AB. Le quotient est 2 avec un reste HD. On a ainsi :

$$CD = 2AB + HD\ (1).$$

Toute droite contenue un nombre exact de fois dans CD et dans AB, doit être contenue un nombre exact de fois dans HD, sinon l'égalité précédente amènerait en dernier résultat à une impossibilité, c'est-à-dire à l'égalité d'un

(1) Deux quantités réunies par le signe =, signifiant qu'elles sont égales, constituent une *égalité*. Une égalité est formée de deux *membres*. Le *premier membre* comprend tout ce qui précède le signe =; le *second membre* comprend tout ce qui suit. Chaque membre peut être composé soit d'un seul, soit de plusieurs *termes*. L'égalité subsiste toujours évidemment quand on fait subir aux deux membres des modifications identiques; c'est-à-dire, quand on ajoute la même quantité aux deux membres, quand on en retranche la même quantité, quand on les multiplie ou qu'on les divise par la même quantité, etc., etc.

nombre entier et d'un nombre fractionnaire irréductible. Pareillement toute droite contenue un nombre exact de fois dans AB et dans HD, doit être contenue un nombre exact de fois dans CD. Par conséquent, la droite la plus grande qui divise AB et HD est aussi la droite la plus grande qui divise CD et AB. La question est donc ramenée à chercher la plus grande commune mesure entre AB et HD.

On retombe ainsi dans le premier cas, et l'on est conduit à essayer la division de AB par HD. Le quotient est 3 avec un reste KB.

$$AB = 3HD + KB$$

En répétant le même raisonnement que ci-dessus, on verrait que la plus grande commune mesure entre HD et KB est la même qu'entre AB et HD, la même qu'entre CD et AB. Divisons donc HD par KB. Le quotient est 2 sans reste.

La longueur KB à laquelle on vient d'arriver est la plus grande commune mesure cherchée.

La règle géométrique, identique à la règle arithmétique, est donc celle-ci : *On divise la plus grande droite par la plus petite, puis la plus petite par le reste, puis ce reste par le second reste, puis le second reste par le troisième, et ainsi de suite, jusqu'à ce que l'on arrive à un reste nul. La droite qui donne ce reste nul est la plus grande commune mesure entre les deux droites proposées.*

7. RAPPORT DE DEUX DROITES. — Rapprochons les trois égalités précédentes.

$$CD = 2AB + HD$$
$$AB = 3HD + KB$$
$$HD = 2KB$$

Si la valeur de HD, donnée par la troisième égalité, est portée dans la seconde, celle-ci devient :

$$AB = 6KB + KB = 7KB$$

Enfin si cette valeur de AB ainsi que celle de HD sont portées dans la première égalité, on a :

$$CD = 14KB + 2KB = 16KB.$$

Divisons maintenant CD par AB, nous aurons :

$$\frac{CD}{AB} = \frac{16KB}{7KB}$$

ou en supprimant le facteur commun KB :

$$\frac{CD}{AB} = \frac{16}{7}$$

L'expression numérique $\frac{16}{7}$ est le *rapport* entre CD et AB ; ce rapport signifie que CD contient 16 fois la septième partie de AB, ou bien que AB contient 7 fois la seizième partie de CD.

8. DROITES INCOMMENSURABLES ENTRE ELLES. — Lorsque l'opération géométrique que nous venons d'exposer se termine, c'est-à-dire conduit à un reste nul, le rapport entre les deux droites s'exprime par un nombre fini, et les deux droites sont dites *commensurables* entre elles. Mais il peut arriver que l'opération ne se termine jamais et donne toujours un reste, si loin qu'elle soit poursuivie. Le rapport rigoureux entre les deux droites ne peut s'exprimer alors par un nombre fini, et les deux droites sont dites *incommensurables* entre elles. Dans ce cas, le rapport s'exprime par un nombre incommensurable lui-même.

Il est évident que l'opération géométrique ne peut à elle seule décider si deux droites sont oui ou non incommensurables, car on arrive tôt ou tard à un reste trop petit pour pouvoir être évalué avec le meilleur compas et la meilleure vue. Le raisonnement seul décide la question, ainsi que nous en aurons plus tard des exemples.

Si le rapport entre deux droites incommensurables ne peut être rigoureusement exprimé, on l'obtient toutefois avec tel degré d'approximation que l'on désire. Supposons qu'une droite AB contienne 450 millimètres et qu'une seconde droite CD, incommensurable avec la première, en contienne 37 avec un reste. Le rapport de CD à AB sera $\frac{37}{450}$ à $\frac{1}{450}$ près. Avec une commune mesure moindre, on aurait un rapport plus approché encore.

9. VERNIER. — Pour mesurer la longueur d'une droite, une règle divisée en millimètres est portée d'un bout à l'autre de cette droite. Si l'un de ses traits de division vient

à coïncider exactement avec la dernière extrémité de la droite, on a en millimètres la longueur de celle-ci ; mais d'ordinaire il y a un excédant de longueur, une fraction de millimètre, qu'on peut se borner à évaluer par estime lorsqu'une grande approximation n'est pas nécessaire. Dans le cas contraire, on a recours au *vernier*, ingénieux appareil dû à un géomètre français du seizième siècle, Pierre Vernier.

Sur la règle divisée en millimètres, ou en toute autre unité de longueur qu'il nous conviendra d'adopter, nous prenons une longueur AB égale à 9 divisions (fig. 14) ; et

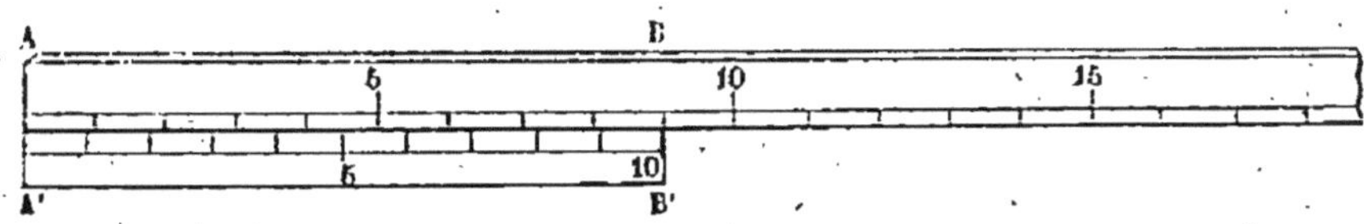

Fig. 14.

cette longueur, nous la donnons à une seconde règle A'B' que nous divisons en dix parties égales. La règle A'B' ainsi construite est le vernier.

Puisque, pour une même longueur, le vernier embrasse 10 divisions, tandis que la règle principale n'en embrasse que 9, une division du vernier vaut les $\frac{9}{10}$ d'une division de la règle. Si donc, comme le représente la figure, on applique le vernier contre la règle en faisant coïncider leurs extrémités A et A', le premier trait de division du vernier en allant de gauche à droite sera de $\frac{1}{10}$ en arrière du premier trait de division de la règle ; le second trait de division du vernier sera de $\frac{2}{10}$ en arrière du second trait de division de la règle, et ainsi de suite, en augmentant toujours de $\frac{1}{10}$. Le même fait se reproduit en allant de droite à gauche, à partir des traits coïncidants B et B' : chaque trait du vernier est en retard, sur le trait de même ordre de la règle, d'autant de dixièmes d'une division de la règle qu'il y a d'unités dans le nombre qui marque son rang. Enfin on constaterait un retard analogue, soit vers la gauche, soit vers la droite, à partir de la coïncidence de deux traits quelconques de la règle et du vernier.

Soit maintenant un objet MN dont il faut trouver la longueur. On l'applique contre la règle divisée (fig. 15) et l'on trouve 5 divisions plus une fraction qu'il s'agit d'évaluer à l'aide du vernier. A cet effet, à la suite de MN, exactement extrémité contre extrémité, on applique le vernier et l'on examine en quel trait du vernier a lieu la coïncidence avec l'un des traits de la règle. D'après la figure, c'est au trait 6 du vernier que la coïncidence a lieu.

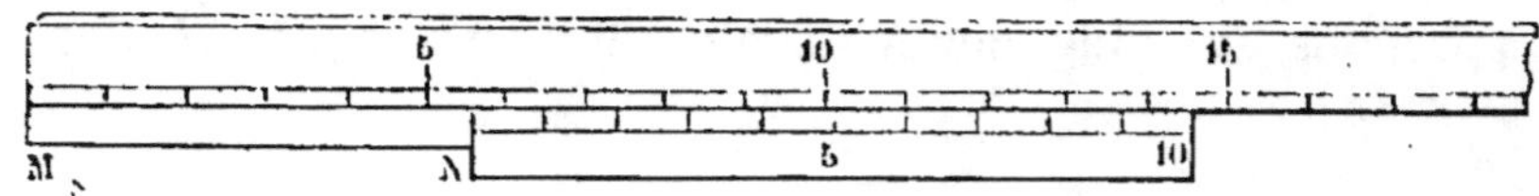

Fig. 15.

Partons de ce point et dirigeons-nous vers la gauche : nous verrons le trait suivant du vernier en arrière de $\frac{1}{10}$ sur le trait suivant de la règle : le deuxième du vernier en arrière de $\frac{2}{10}$ sur le deuxième de la règle ; et enfin le sixième du vernier à partir du trait de coïncidence, c'est-à-dire l'extrémité N, en retard de $\frac{6}{10}$ sur le sixième de la règle, toujours à partir du trait de coïncidence, ce qui nous conduit à la division 5 de la règle. La distance de la division 5 de la règle à l'extrémité N du vernier est donc de $\frac{6}{10}$. C'est là précisément la fraction qu'il nous fallait mesurer. Ainsi, pour évaluer une portion d'unité de longueur avec le vernier, il suffit de lire sur celui-ci le numéro d'ordre du trait en coïncidence avec un trait de la règle. Ce numéro d'ordre donne en dixièmes la valeur de la fraction.

Tel que nous venons de le décrire, le vernier donne des dixièmes de millimètre, si l'unité de longueur adoptée est le millimètre. On en construit aussi au vingtième de millimètre. On donne alors au vernier une longueur de 19 millimètres et l'on divise cette longueur en 20 parties égales. Il est visible enfin qu'une longueur de 39 millimètres divisée en 40 parties égales, fournirait un vernier au quarantième ; qu'une longueur de 49 millimètres, divisée en 50 parties égales, en fournirait un au cinquantième ; de sorte que, théoriquement, l'appareil peut donner tel degré d'approximation que l'on voudra. Mais dans la pratique, le degré de précision est bientôt limité. Quand les divisions sont nombreuses, il devient impossible de constater en quel trait la coïncidence a lieu ou du moins est le plus près d'être exacte, d'autant plus que la largeur des traits de graduation équivaut à la distance qui les sépare ; et alors l'incertitude de la lecture annule le surcroît de précision apporté par des divisions plus nombreuses. Il est vrai que, pour cette lecture, on s'aide fréquemment d'une loupe.

THÉORÈME I.

De deux lignes convexes aboutissant aux mêmes extrémités, la plus courte est celle qui est enveloppée par l'autre.

On appelle ligne convexe toute ligne brisée ou courbe telle qu'une droite ne peut la rencontrer en plus de deux points. Ainsi les lignes ABCDEF et HKM (fig. 16) sont

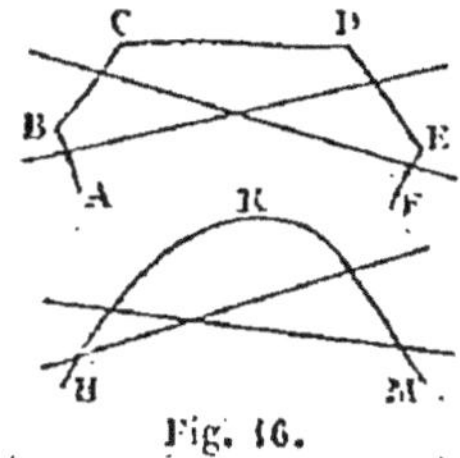

Fig. 16.

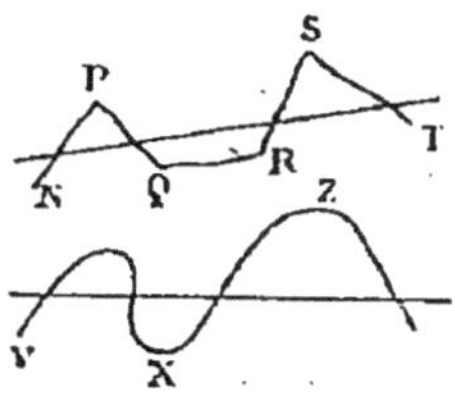

Fig. 17.

convexes ; mais les lignes NPQRST, et VXZ (fig. 17) ne le sont pas, car l'intersection avec une droite peut avoir lieu en plus de deux points.

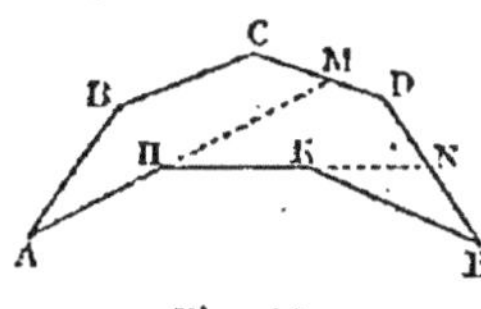

Fig. 18.

Soient les deux lignes convexes aboutissant aux mêmes extrémités, de la figure 18. Prolongeons les côtés de la ligne enveloppée, et toujours dans le même sens, jusqu'à leur rencontre avec la ligne enveloppante.

La droite étant la plus courte ligne d'un point à une autre, on aura :

$$AH + HM < AB + BC + CM \quad (1)$$
$$HK + KN < HM + MD + DN$$
$$KE < KN + NE.$$

(1) Le signe $<$ veut dire *plus petit que*, et le signe $>$ *plus grand*

Ajoutant membre à membre ces inégalités et supprimant de part et d'autre les parties communes, qui sont les prolongements HM et KN, il vient :

$$AH + HK + KE < AB + BC + CM + MD + DN + NE,$$

c'est-à-dire $AHKE < ABCDE$.

THÉORÈME II.

De deux lignes convexes fermées, dont l'une enveloppe l'autre, la plus courte est la ligne enveloppée.

En effet, en prolongeant les côtés de la ligne enveloppée, toujours dans le même sens, jusqu'à leur rencontre avec la ligne enveloppante (fig. 19), on a :

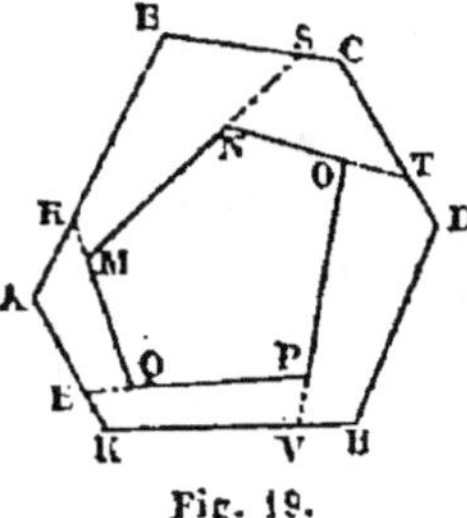

Fig. 19.

$$MN + NS < MR + RB + BS$$
$$NO + OT < NS + SC + CT$$
$$OP + PV < OT + TD + DH + HV$$
$$PQ + QE < PV + VK + KE$$
$$QM + MR < QE + EA + AR.$$

Ajoutons ces inégalités membre à membre et supprimons de part et d'autre les parties communes, qui sont les prolongements NS, OT, PV, QE, MR. Nous aurons ainsi :

$$MN + NO + OP + PQ + QM < RB + BS + SC + CT + TD + DH + HV + VK + KE + EA + AR$$

ou plus simplement :

$$MNOPQ < ABCDHK.$$

<hr>

CHAPITRE III

Angle.

DÉFINITION. — On appelle *angle plan* ou simplement *angle* la portion indéfinie de plan comprise entre deux droites qui se coupent. Les deux droites portent le nom de *côtés* de l'angle, et le point où elles se rencontrent le nom de *sommet*. On désigne un angle par trois lettres : l'une appartenant au sommet et chacune des deux autres à un point quelconque des deux côtés. Dans la lecture, la lettre du sommet se place toujours au milieu. Ainsi, par exemple, les deux droites AB et AC se rencontrant au point A (fig. 20) interceptent entre elles une portion indé-

finie du plan où la figure est tracée, c'est-à-dire forment un angle. Le point A est le sommet de cet angle ; AB et AC en sont les côtés. Cet angle se lit indifféremment BAC ou CAB, la lettre du sommet étant toujours énoncée au milieu.

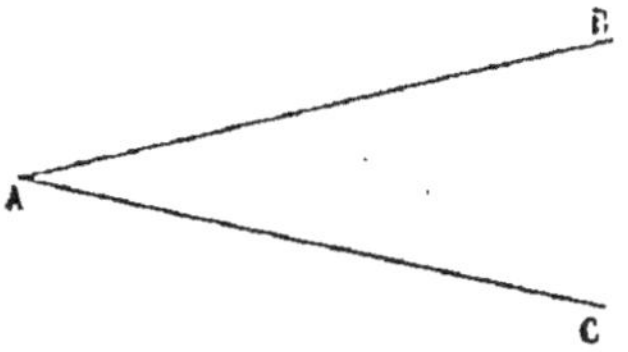

Fig. 20.

Si l'angle est isolé, ou si par sa position il ne prête à aucune ambiguïté, on se borne à énoncer la lettre du sommet. Ainsi l'on dit l'angle A.

Parfois encore on énonce un angle au moyen d'un chiffre ou d'un autre caractère placé vers le sommet entre entre les deux côtés.

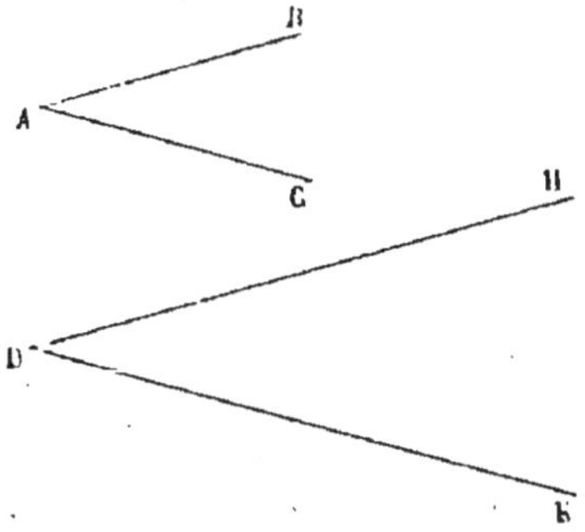

La valeur d'un angle ne dépend en rien de la longueur de la portion de droite adoptée pour représenter ses côtés ; elle

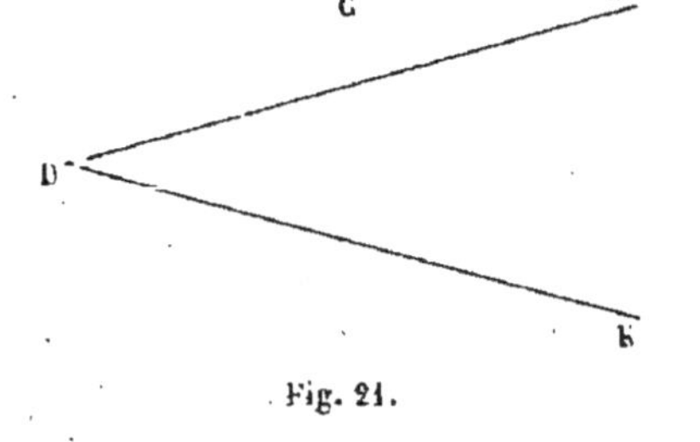

Fig. 21.

ne dépend que de l'inclinaison des deux droites l'une

sur l'autre. Ainsi deux angles BAC et HDK (fig. 21) sont égaux lorsque l'écartement des deux côtés est pareil de part et d'autre, quelle que soit la longueur de ces côtés. Rien n'empêche, en effet, de prolonger les côtés de l'angle BAC aussi loin que les côtés de l'angle HDK, et même au delà si l'on veut, car toute droite est indéfinie de sa nature, et toute portion de droite peut être, en esprit, prolongée indéfiniment.

Soit une droite DC rencontrée par une autre BA (fig. 22). De la sorte, deux angles sont formés : l'un plus petit, BAC ;

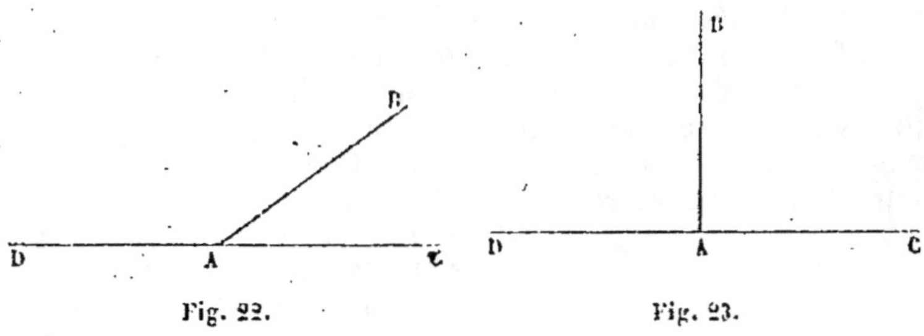

Fig. 22.   Fig. 23.

l'autre plus grand, DAB. Imaginons que BA se redresse peu à peu : le plus petit angle augmentera, le plus grand diminuera. Enfin, il arrivera un moment où la droite BA, parfaitement redressée sur DC, ne penchera pas plus d'un côté que de l'autre par rapport à la droite DC, comme le représente la figure 23 ; c'est-à-dire qu'en ce moment les deux angles BAC et BAD sont égaux. On dit alors que BA est *perpendiculaire* sur DC, et les deux angles égaux ainsi formés se nomment des *angles droits*. Toute droite qui n'est pas perpendiculaire est dite *oblique* (1).

Toute droite divise le plan en deux régions égales (Chap. I. Théor. IX); d'autre part, la perpendiculaire divise l'une de ces régions en deux parties égales. *L'angle droit est donc le quart du plan.*

(1) Il ne faut pas confondre la *perpendiculaire* avec la *verticale*. La première expression a un sens bien plus général que la seconde. Perpendiculaire se dit de toute droite qui ne penche pas plus d'un côté que de l'autre par rapport à une seconde droite dont la direction est parfaitement arbitraire. Verticale se dit uniquement de la direction du fil à plomb. La verticale est perpendiculaire seulement aux droites tracées dans un plan représenté par la surface d'une eau tranquille et qui porte le nom de *plan horizontal*.

Par conséquent : 1° *Tous les angles droits sont égaux ;* 2° *quatre angles droits valent le plan ;* 3° *deux angles droits valent la moitié du plan.*

Un angle plus petit qu'un angle droit se nomme *angle aigu ;* un angle plus grand qu'un angle droit se nomme *angle obtus.* Il y a une infinité d'angles aigus de valeur différente, de même qu'une infinité d'angles obtus ; mais il n'y a qu'une valeur pour l'angle droit.

Deux angles sont dits *complémentaires* lorsque leur ensemble vaut un angle droit. Chacun d'eux s'appelle le *complément* de l'autre.

Deux angles sont dits *supplémentaires* lorsque leur ensemble vaut deux angles droits. Chacun d'eux s'appelle le *supplément* de l'autre.

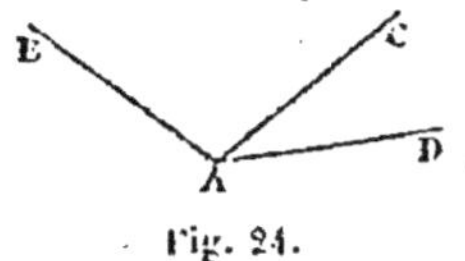

Deux angles sont qualifiés d'*adjacents* lorsqu'ils ont le sommet commun et un côté commun. Tels sont les angles BAC et CAD (fig. 24), qui ont le sommet commun A et le côté commun AC.

Fig. 24.

THÉORÈME I.

L'ensemble des angles consécutifs formés dans un plan autour d'un même point vaut quatre angles droits.

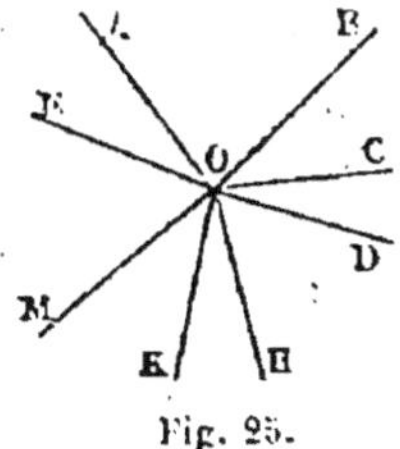

En effet, l'ensemble des angles consécutifs AOB, BOC, COD, etc. (fig. 25) formés par autant de droites que l'on voudra issues du même sommet O, embrasse l'étendue entière du plan (les côtés étant prolongés indéfiniment, bien entendu). L'ensemble de ces angles vaut donc quatre angles droits.

Fig. 25.

THÉORÈME II.

Réciproquement : *Des angles, en nombre quelconque, dont la somme vaut quatre angles droits, peuvent s'assembler exactement autour d'un point et recouvrir le plan.*

Car s'ils laissaient entre eux un intervalle vide, leur ensemble ne recouvrirait pas le plan et serait par conséquent moindre que quatre droits ; d'autre part, si l'assemblage amenait à la fin une superposition, la somme des angles excéderait le plan et serait par suite plus grande que quatre droits.

THÉORÈME III.

Lorsque deux droites se coupent, les angles adjacents ainsi formés sont supplémentaires.

La rencontre de la droite BC par la droite AD (fig. 26)

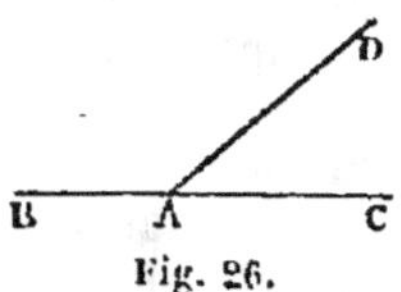

Fig. 26.

détermine deux angles adjacents BAD et DAC, qui sont supplémentaires, c'est-à-dire valent ensemble deux angles droits. En effet la droite BC divise le plan en deux régions égales, et les deux angles BAD et DAC constituent dans leur ensemble l'une des deux moitiés. La somme de ces deux angles vaut donc la moitié du plan ou deux angles droits.

THÉORÈME IV.

Réciproquement : *Si deux angles supplémentaires ont un côté commun, les autres côtés sont en ligne droite.*

Les angles BAD et DAC (fig. 26) sont supposés supplémentaires, ils ont le côté commun AD; dans ces conditions, AC doit se confondre avec le prolongement de BA. Car si AC était au-dessus du prolongement de BA, l'ensemble des deux angles n'embrasserait pas la moitié du plan, et par conséquent serait moindre que deux angles droits; d'autre part, si AC était au-dessous du prolongement de BA, l'ensemble, des deux angles excéderait la moitié du plan ou serait plus grande que deux angles droits. Il faut donc que AC soit le prolongement de BA si les deux angles sont supplémentaires.

THÉORÈME V.

L'ensemble d'un nombre quelconque d'angles consécutifs ayant même sommet et situés d'un même côté d'une droite, est égal à deux angles droits.

En effet, puisque la ligne AOB est droite (fig. 27), l'ensemble des angles AOC, COD, DOH, etc. embrasse la

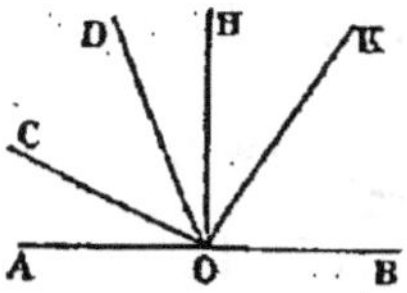

Fig. 27.

moitié du plan, c'est-à-dire vaut deux angles droits.

THÉORÈME VI.

Réciproquement : *Si autant d'angles que l'on voudra assemblés à la suite l'un de l'autre autour d'un même point valent deux angles droits, les côtés extérieurs sont en ligne droite.*

Car si OB (fig. 27) n'était pas le prolongement de AO et se trouvait soit au-dessus, soit au-dessous de ce prolongement, l'ensemble des angles AOC, COD, DOH, etc. serait moindre ou plus grand que la moitié du plan, c'est-à-dire ne vaudrait pas deux angles droits.

THÉORÈME VII.

Lorsque deux droites se coupent, les angles opposés par le sommet sont égaux.

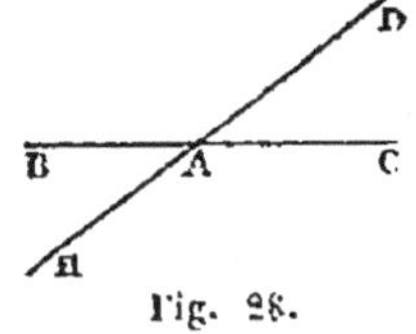

Fig. 28.

Soient les deux droites BC et DH qui se coupent en A (fig. 28). On appelle angles opposés par le sommet les angles DAC et BAH. Pareillement, HAC et BAD sont opposés par le sommet.

Puisque DH est une ligne droite, l'ensemble des angles DAC et CAH, vaut deux angles droits.

$$DAC + CAH = \text{deux angles droits.}$$

Puisque BC est une ligne droite, l'ensemble des angles BAH et CAH vaut deux angles droits.

$$BAH + CAH = \text{deux angles droits.}$$
$$\text{Donc : } DAC + CAH = BAH + CAH.$$

Retranchant la partie commune CAH dans les deux membres de cette égalité, il vient :

$$DAC = BAH$$

On démontrerait de même que BAD = HAC.

THÉORÈME VIII.

Lorsque deux droites se coupent, les bissectrices des angles adjacents sont perpendiculaires l'une à l'autre.

On appelle *bissectrice* d'un angle la droite qui divise cet angle en deux parties égales. — Soient les deux droites BC et AD (fig. 29). Menons la bissectrice AK de l'angle CAD, et la bissectrice AH de l'angle BAD.

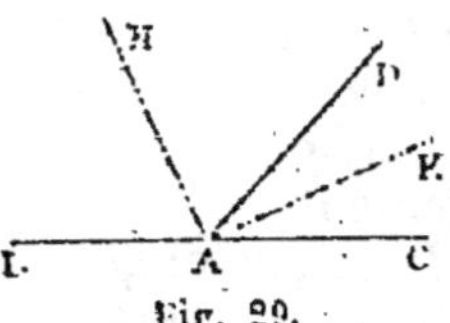

Fig. 29.

Les deux bissectrices doivent faire entre elles un angle droit, c'est-à-dire être perpendiculaires l'une à l'autre. En effet l'angle HAK se compose de HAD, moitié de BAD, et de KAD, moitié de CAD. Puisque BAD et CAD valent ensemble deux angles droits, la somme de leurs moitiés constitue un angle droit. Les bissectrices sont donc perpendiculaires l'une à l'autre.

THÉORÈME IX.

Lorsque deux droites se coupent, les bissectrices des angles opposés par le sommet sont en ligne droite.

Soient les deux droites BC, DE se coupant au point A. (fig. 30). Menons la bissectrice AF de l'angle BAD, menons aussi la bissectrice AH de l'angle opposé par le sommet CAE. Il faut démontrer que AH est le prolongement de AF. — Menons, en effet, AK, bissectrice de l'angle CAD. D'après le théorème précédent, HAK est un angle droit, pareillement FAK est un angle droit.

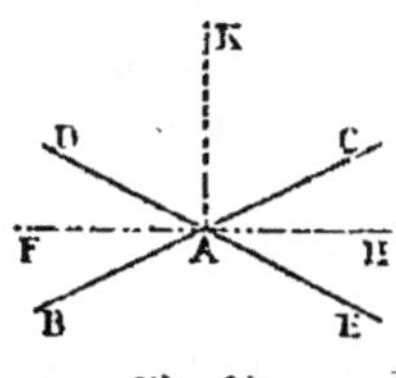

Fig. 30.

La somme de ces deux angles vaut donc deux angles droits, et comme ils sont adjacents, leurs côtés FA et HA doivent être en ligne droite (Théor. IV). AH est donc le prolongement de AF.

CHAPITRE IV

Perpendiculaire. Oblique.

THÉORÈME I.

Par un point donné sur une droite, on peut toujours élever une perpendiculaire à cette droite, mais on ne peut en élever qu'une.

Soit une droite AB (fig. 31) et un point O pris sur cette droite. Menons par ce point une droite arbitraire OC. Généralement les deux angles ainsi formés sont inégaux ; AOC est

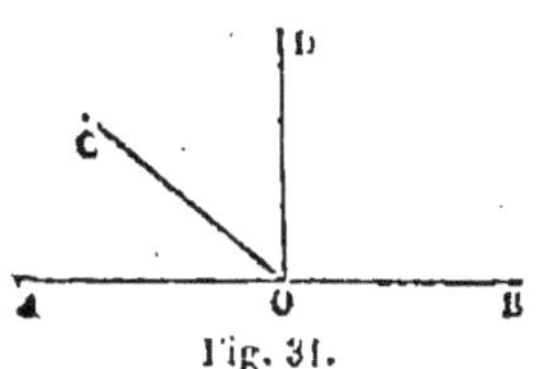

Fig. 31.

aigu, BOC est obtus. Supposons que la droite OC tourne de gauche à droite autour du point O en se maintenant dans le même plan. L'angle aigu augmentera, l'angle obtus diminuera ; il arrivera donc un moment où il y aura parité entre les deux angles, par exemple dans la position OD. Alors OD est perpendiculaire à AB. Mais cette position est unique, car avant de l'atteindre et après l'avoir dépassée, la droite mobile fait toujours avec AB des angles inégaux. On peut donc toujours par le point O mener une perpendiculaire à AB, mais on ne peut en mener qu'une.

THÉORÈME II.

Par un point donné extérieur à une droite, on peut toujours abaisser une perpendiculaire à cette droite, mais on ne peut en abaisser qu'une.

AB étant la droite donnée (fig. 32) et O un point extérieur à cette droite, il faut démontrer qu'il est toujours

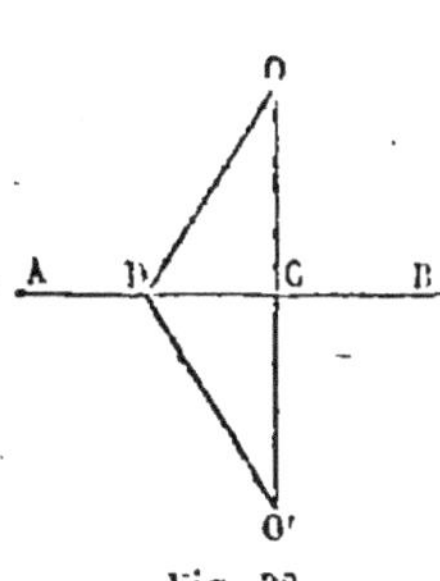

Fig. 32.

possible d'abaisser de ce point une perpendiculaire sur la droite. — Rabattons en effet la partie supérieure du plan sur la partie inférieure en suivant la ligne de plicature AB. Supposons que le point O vienne se placer en O' et y laisse son empreinte ; cela fait, ramenons le plan dans sa position première et joignons O et O' par une droite. Cette droite OO' est perpendiculaire à AB. Effectivement l'angle ACO est égal à l'angle ACO', qu'il recouvre quand le plan est plié suivant AB ; mais leur somme vaut deux angles droits, puisque OCO' est une droite ; chacun d'eux, ACO en particulier, vaut donc un angle droit, et par suite OC est perpendiculaire sur AB.

Mais cette perpendiculaire est la seule, car supposons qu'on puisse en abaisser une seconde OD. Le plan étant

2

plié suivant la droite AB, puis ramené dans sa position première, la figure OCD laissera pour empreinte la figure O'CD. Si OD est perpendiculaire sur AB, l'angle ODC est droit; il en est de même de son égal O'DC. La somme des angles adjacents ODC et O'DC vaut donc deux droits, et par conséquent leurs côtés extérieurs sont en ligne droite, c'est-à-dire que la ligne ODO' est droite. Mais déjà OCO' est droite. On pourrait ainsi mener entre deux points deux lignes droites distinctes, ce qui est impossible. OC est donc la seule perpendiculaire que l'on puisse abaisser du point O sur AB.

THÉORÈME III.

La perpendiculaire est plus courte que toute oblique issue du même point.

Du point A (fig. 33) abaissons sur EF la perpendiculaire AB et une oblique quelconque AC. Si l'on plie le plan

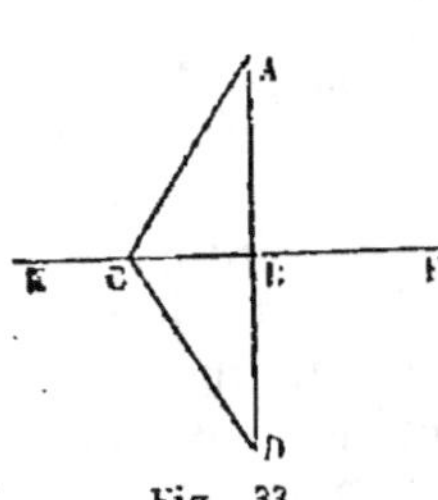

Fig. 33.

suivant EF pour le ramener ensuite dans sa première position, la figure ABC laissera pour empreinte la figure DBC. La ligne ABD est droite puisque la somme des angles adjacents ABC et DBC vaut deux angles droits, à cause de AB perpendiculaire sur EF; et par suite ACD ne peut être qu'une ligne brisée. Mais la droite est la ligne la plus courte qu'on puisse mener entre deux points. Alors AB, moitié de la ligne droite, est plus courte que AC, moitié de la ligne brisée; c'est-à-dire que la perpendiculaire est plus courte que toute oblique issue du même point.

REMARQUE. — On voit ainsi que de toutes les lignes que l'on peut mener d'un point à une droite, la plus courte est la perpendiculaire abaissée de ce point sur la droite. Cette perpendiculaire mesure la distance du point à la droite.

THÉORÈME IV.

Deux obliques issues du même point et également écartées du pied de la perpendiculaire sont égales.

Du point A (fig. 34) abaissons AB perpendiculaire sur EF. Le point B est dit le *pied* de la perpendiculaire. A

partir de ce point, prenons deux distances égales BC et BG
et menons les deux obliques AC et AG. Ces deux obliques

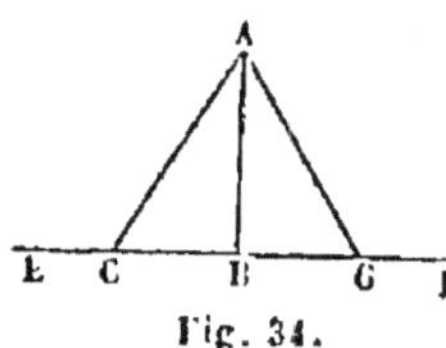

Fig. 34.

ont même longueur. Car si l'on plie
le plan suivant AB, l'angle droit ABG
recouvrira son égal ABC, et le point G
coïncidera avec C, puisque BG est égal
à BC. L'oblique AG se superpose ainsi
à l'oblique AC et par conséquent lui
est égale.

COROLLAIRE. — On voit en outre que les angles GAB et
et CAB se superposent. *Les obliques qui s'écartent également
du pied de la perpendiculaire font donc avec celle-ci des angles égaux.*

THÉORÈME V.

*De deux obliques issues du même point, la plus longue est
celle qui s'écarte le plus du pied de la perpendiculaire.*

Du point O abaissons OP perpendiculaire sur AB (fig. 35)

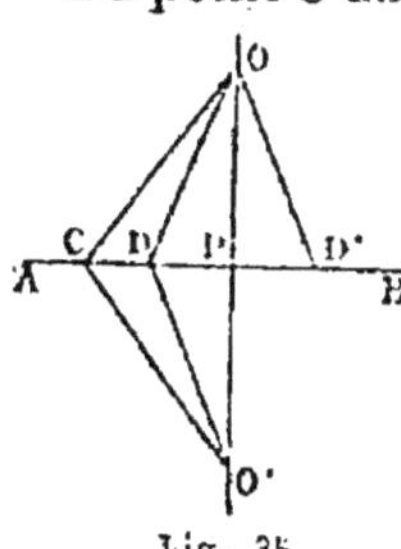

Fig. 35.

et prenons PC plus grand que PD ; enfin
menons les obliques OC et OD. L'oblique OC doit être plus longue que l'oblique OD. — Plions en effet le plan suivant
la droite AB et supposons que la figure
laisse son empreinte dans la partie inférieure. Si le plan est ensuite ramené
à sa position première, on obtiendra de
la sorte la ligne enveloppante OCO′, plus
longue que la ligne enveloppée ODO′

(Chap. II. Théor. I). Donc OC, moitié de la ligne enveloppante, est plus longue que OD, moitié de la ligne enveloppée.

Si les deux obliques étaient de côtés différents par rapport à la perpendiculaire, comme le sont OC et OD′, on
prendrait PD égal à PD′ et l'on mènerait l'oblique OD
égale à OD′ d'après le Théor. IV. On démontrerait ensuite,
comme précédemment, que OC est plus longue que OD,
ou, ce qui revient au même, plus longue que OD′.

COROLLAIRE. — *D'un point donné, on ne peut mener à une
droite plus de deux obliques égales,* car il ne peut y avoir que
deux distances égales à partir du pied de la perpendiculaire, l'une à droite, l'autre à gauche. Donc sur une droite
il ne peut y avoir plus de deux points également distants
d'un point extérieur.

THÉORÈME VI.

Tout point pris sur la perpendiculaire élevée sur une droite par son milieu, est à égale distance des deux extrémités de cette droite ; et tout point pris hors de la perpendiculaire est inégalement distant des extrémités de la droite.

Sur la droite définie AB (fig. 36) élevons par le milieu M,

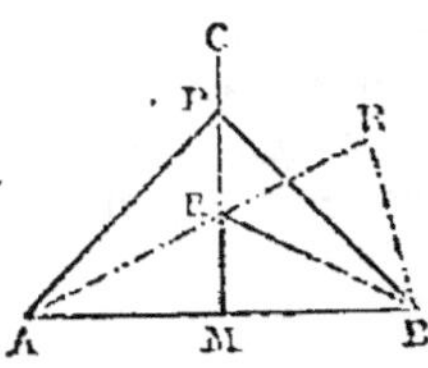

Fig. 36.

la perpendiculaire MC. Tout point P pris sur cette perpendiculaire doit être également distant de A et de B. Menons en effet PA et PB. Ces deux obliques sont égales comme s'écartant également du pied de la perpendiculaire, puisque M est le milieu de AB.

D'autre part, tout point R pris hors de la perpendiculaire est inégalement distant de A et de B. Menons, en effet, RB, RA, et joignons le point H, où RA coupe la perpendiculaire, à l'extrémité B. Nous aurons :

$$RB < RH + HB.$$

Remplaçons HB par son égale HA :

$$RB < RH + HA.$$

Ou plus simplement :

$$RB < RA.$$

COROLLAIRE. — *Tout point à égale distance des deux extrémités d'une droite appartient à la perpendiculaire élevée sur cette droite par son milieu ;* car, s'il était en dehors de la perpendiculaire, il devrait être inégalement distant des deux extrémités. Comme deux points suffisent pour déterminer une droite, on voit que, pour élever une perpendiculaire sur une droite par son milieu, il suffit de déterminer deux points à égale distance des deux extrémités de cette droite. Cette propriété a de nombreuses applications.

THÉORÈME VII.

Tout point pris sur la bissectrice est également distant des deux côtés de l'angle, et tout point pris hors de la bissectrice est inégalement distant des mêmes côtés.

On appelle *bissectrice* d'un angle la droite qui divise cet angle en deux parties égales. — Soit OB bissectrice de l'angle ABC (fig. 37). D'un point quelconque D pris sur cette bissectrice abaissons DF et DE perpendiculaires sur les côtés. Ces perpendiculaires mesurent la distance du point D aux droites AB et CB (Théor. III. Remarque). Si l'on plie le plan suivant OB, BC viendra recouvrir BA puisque l'angle CBO est égal à l'angle ABO à cause de la bissectrice. De plus, le point F viendra coïncider avec E, car si cela n'avait pas lieu, il y aurait deux perpendiculaires distinctes abaissées du point D sur la même droite BA, ce qui est impossible. F vient donc coïncider avec E, et par suite DF est égal à DE.

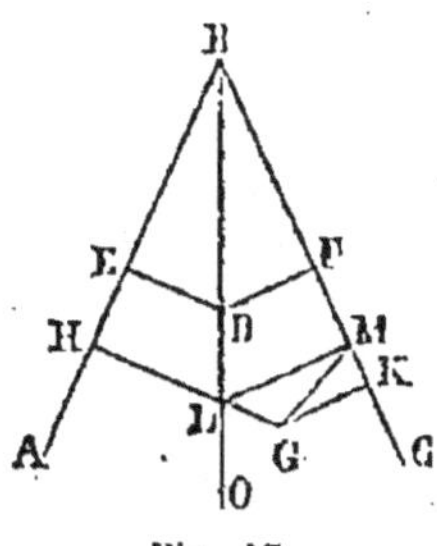

Fig. 37.

Mais si le point considéré est hors de la bissectrice, il est inégalement distant des deux côtés de l'angle. — Soit G un point hors de la bissectrice. Menons les deux perpendiculaires GK, GH, et démontrons que la première est plus courte que la seconde. Si nous menons LM perpendiculaire sur BC et que nous joignions le point G au point M, nous aurons :

$$GM < GL + LM,$$

ou bien en remplaçant LM par son égale LH, puisque L est sur la bissectrice :

$$GM < GL + LH,$$

c'est-à-dire

$$GM < GH.$$

Mais la perpendiculaire GK est plus courte que l'oblique GM ; on a donc à plus forte raison :

$$GK < GH.$$

COROLLAIRE. — *Tout point à égale distance des deux côtés d'un angle doit appartenir à la bissectrice de cet angle*, car s'il était en dehors de la bissectrice, il serait inégalement distant des deux côtés.

APPLICATIONS.

PROBLÈME I.

Par un point donné sur une droite élever une perpendiculaire à cette droite. — Du point donné O (fig. 38), avec une ouverture de compas quelconque, je prends deux distances égales OB, OC. Du point B comme centre, avec une ouverture de compas quelconque, mais plus grande que BO, je décris un arc de cercle. J'en fais autant du point C avec la même ouverture de compas. Les deux arcs de cercle se coupent en D. Je joins DO. Cette droite est la perpendiculaire demandée. — En effet le point O est également distant de B et de C par construction, de même D est également distant de B et de C. Ces deux points appartiennent donc à la perpendiculaire élevée sur BC par son milieu (Coroll. du Théor. VI), et par conséquent DO est perpendiculaire sur HK au point donné O (1).

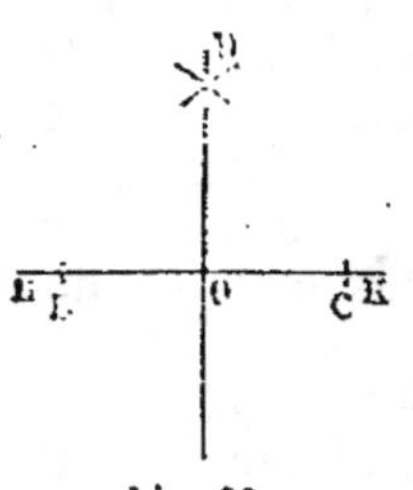

Fig. 38.

PROBLÈME II.

Par un point donné hors d'une droite, abaisser une perpendiculaire sur cette droite. — Soit O le point donné (fig. 39). De ce point, avec un rayon suffisamment grand pour atteindre la droite donnée, je décris un arc de cercle qui coupe cette droite en deux points B et C. De chacun de ces points, avec un même rayon plus grand que la moitié de BC, je décris un arc de cercle. Les deux arcs de cercle se croisent en D. En menant OD, on a la perpendiculaire demandée. — En effet, O est également

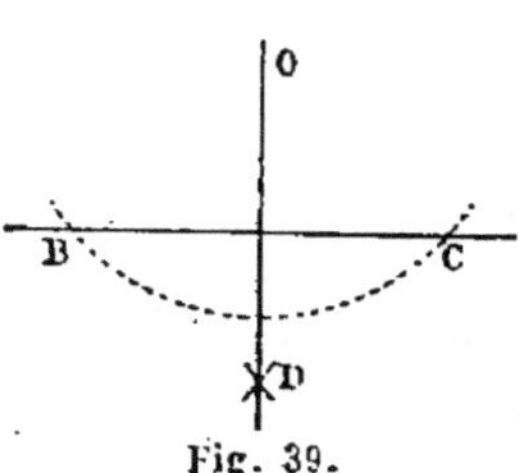

Fig. 39.

(1) On appelle *circonférence* la courbe que décrit la pointe d'un compas, l'autre pointe occupant un point fixe appelé *centre*. Tous les points de la circonférence sont évidemment à égale distance du centre, distance égale à l'ouverture du compas et nommée *rayon*. Toute portion de la circonférence se nomme *arc de cercle*.

distant de B et de C : de même D est également distant de
B et de C ; la droite OD est donc perpendiculaire sur BC
par son milieu, ou, ce qui revient au même, c'est la perpendiculaire abaissée du point O sur la droite donnée.

Équerre. — *Sa vérification.* — Les deux problèmes précédents peuvent se résoudre encore au moyen de l'*équerre*.
C'est une planchette en bois de forme triangulaire et
percée d'une ouverture, appelée *œil*, qui rend l'instrument
plus aisé à manier. L'un des angles
de l'équerre est droit (fig. 40).

La condition indispensable pour
qu'une équerre puisse servir au tracé
des perpendiculaires est que son angle
soit rigoureusement droit. On vérifie
cette condition de la manière sui-

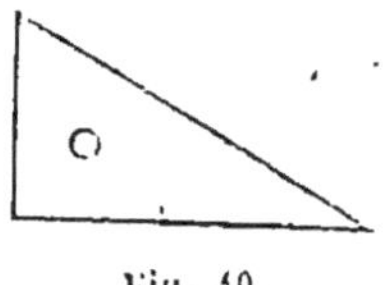

Fig. 40.

vante. — Avec l'arête MN d'une règle appliquée sur
le papier (fig. 41), on fait coïncider le côté AC de l'é-
querre ABC ; puis on trace au crayon la droite AB en

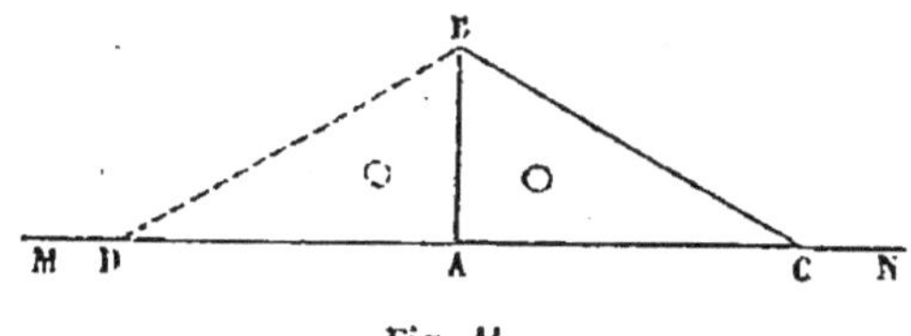

Fig. 41.

suivant le second côté de l'équerre. Cela fait, sans déranger
la règle de sa position, on renverse l'équerre comme le
représente la figure, et l'on trace de nouveau la droite AB.
Si l'équerre est juste, si son angle A est droit, les deux
tracés doivent se confondre, puisque les deux angles CAB
et DAB, dont la somme vaut deux droits, doivent em-
brasser la moitié du plan. Dans le cas contraire, les deux
tracés, issus du même point A, s'écarteront plus ou moins
l'un de l'autre.

Équerre en papier. — On obtient comme il suit une équerre
juste avec le papier. La feuille est d'abord pliée suivant
une droite quelconque, qui divise le plan en deux régions
égales ; on fait alors un second pli de manière à superposer exactement à lui-même le pli primitif. Les deux plis
divisent ainsi le plan en quatre régions égales autour d'un

même point. Ils forment donc entre eux un angle droit.

Emploi de l'équerre pour le tracé des perpendiculaires. — On fait coïncider l'arête d'une règle avec la droite donnée MN (fig. 42). Si le point donné est sur la droite, en B par exemple, après avoir appliqué sur la règle l'un des côtés

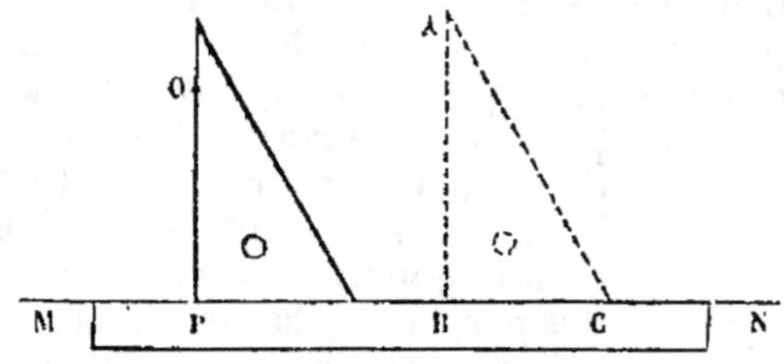

Fig. 42.

de l'angle droit de l'équerre, on fait glisser celle-ci jusqu'à ce que le sommet de l'angle droit vienne coïncider avec le point. On trace alors BA qui est la perpendiculaire demandée.

Si le point donné est hors de la droite, en O par exemple, on fait glisser l'équerre jusqu'à ce que le second côté de l'angle droit vienne coïncider avec ce point. On trace alors PO.

Équerre d'arpenteur. — L'équerre d'arpenteur est em-

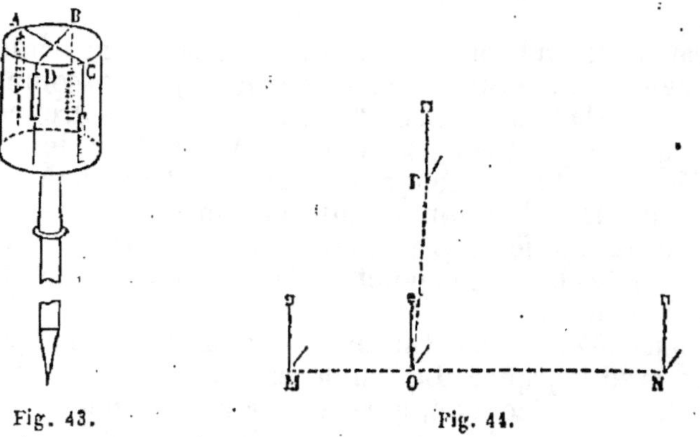

Fig. 43.   Fig. 44.

ployée pour mener des perpendiculaires sur le terrain. C'est une boîte en laiton, ronde ou octogonale, percée de quatre fentes, nommées *pinnules*, dont les directions se croisent à angle droit. L'instrument est monté sur un pied que l'on implante verticalement en terre (fig. 43).

Soit à mener par le point O (fig. 44), une perpendiculaire à la droite MN jalonnée sur le terrain. L'arpenteur dispose son équerre en O de manière à voir les jalons M et N en regardant par la fente opposée. Deux pinnules de l'équerre sont alors dans la direction MN. L'opérateur regarde alors par les autres pinnules, et il fait planter par un aide un jalon P dans la direction de son rayon visuel. OP est la perpendiculaire demandée.

PROBLÈME III.

Diviser une droite en deux parties égales. — Proposons-nous de diviser en deux parties égales la droite AB

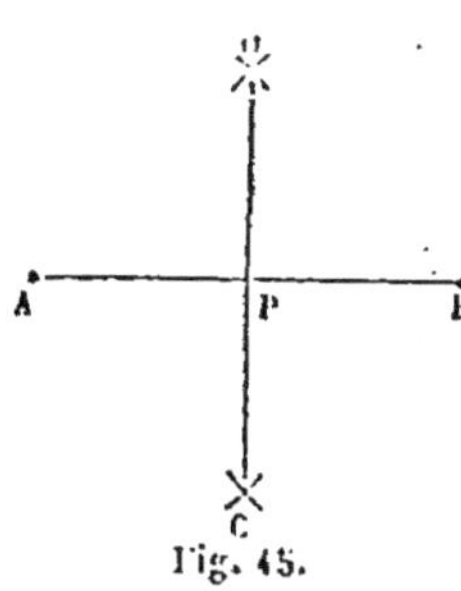

Fig. 45.

(fig. 45). Des points A et B comme centres, avec un rayon quelconque mais plus grand que la moitié de AB, on décrit deux arcs de cercle qui se croisent en O. Des mêmes points, soit avec le rayon déjà employé, soit avec tout autre, on décrit encore deux arcs de cercle qui se croisent en C. Menons OC. Le point P est le milieu de AB. En effet les points O et C, étant l'un et l'autre également distants de A et de B, appartiennent à la perpendiculaire élevée sur AB par son milieu. Le point P est donc le milieu de AB.

PROBLÈME IV.

Étant donnés deux points A et B et une droite MN (fig. 46), déterminer sur cette droite un point C tel que les angles ACM et BCN soient égaux.

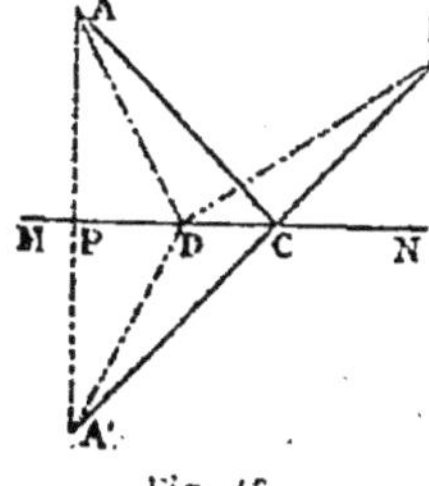

Fig. 46.

Du point A abaissons sur MN la perpendiculaire AP, que nous prolongeons d'une quantité PA′ égale à PA. Joignons A′B. Le point C est le point demandé. Menons, en effet, AC et démontrons l'égalité des angles ACM et

2,

NCB. — Les deux obliques AC et A'C, s'écartant également par construction du pied P de la perpendiculaire CP, font avec celle-ci des angles égaux (Coroll. du Théor. IV); l'angle ACP est donc égal à l'angle A'CP. D'autre part, ce dernier angle est égal à BCN qui lui est opposé par le sommet. Donc ACP = BCN.

PROBLÈME V.

Établir que la ligne brisée ACB est la plus courte de toutes celles qui vont de A en B en s'appuyant sur la droite MN. — Menons, en effet, dans ces conditions, toute autre ligne brisée ADB (fig. 46); il faut démontrer que ACB est plus courte que ADB. Si l'on mène la droite A'D l'on a :

$$A'C + CB \text{ (ligne droite)} < A'D + DB \text{ (ligne brisée)}.$$

Remplaçons A'C par son égale AC, et A'D par son égale AD, le résultat devient :

$$AC + CB < AD + DB.$$

Remarque. — Lorsqu'un corps élastique va de A en B en se réfléchissant, c'est-à-dire rebondissant sur la droite MN, il suit le trajet ACB, qui est le chemin le plus court. Ce trajet fait des angles égaux avec la droite MN. Pareille chose se passe lors de la réflexion de la lumière, de la chaleur, du son. Dans tous les cas, pour aller d'un point à un autre après réflexion sur une droite, le trajet parcouru est le plus court possible, et les deux portions du trajet font des angles égaux avec la droite réfléchissante.

PROBLÈMES.

1. Par un point donné sur une droite élever une perpendiculaire égale à une droite donnée A.

2. D'un point donné hors d'une droite, mener sur cette droite une oblique égale à une longueur donnée.

3. Diviser une droite en 4 parties égales.

4. Diviser une droite en 8 parties égales.

5. En combien de parties égales peut se diviser une droite en répétant un nombre suffisant de fois la construction donnée dans le présent chapitre.

6. Diviser en deux parties égales la somme de deux droites données A et B.

7. Diviser en deux parties égales la différence de deux droites données A et B.

8. Déterminer deux droites dont la somme soit égale à une droite donnée A, et dont la différence soit égale à une droite donnée B.

9. D'un point distant de 4 centimètres d'une droite, mener sur cette droite une oblique égale à 6 centimètres.

10. Déterminer une suite de points qui soient à égale distance de deux points fixes donnés (1).

11. Déterminer un point à égale distance de trois points fixes donnés.

12. Trouver la distance d'un point à une droite.

13. Trouver la différence des distances d'un point à deux droites.

14. Si la somme de deux droites mesure 19 centimètres et leur différence 7 centimètres, quelle est la longueur de chacune des droites ?

15. Faire graphiquement la somme des nombres 15, 23, 17, 9. (Voir la note à la fin des Problèmes.)

16. Trouver graphiquement la différence entre les nombres 45 et 19.

17. Déterminer sur une ligne de forme quelconque un point également distant de deux points donnés.

18. Déterminer le quotient de 7 par 8 au moyen d'une construction géométrique.

19. Trouver avec le compas le plus grand commun diviseur entre 108 et 60.

20. Deux usines situées d'un même côté d'un ruisseau, mais à inégale distance, doivent prendre à ce ruisseau l'eau nécessaire à l'alimentation de leurs machines. Où doit se faire la prise d'eau pour que les deux rigoles supposées rectilignes aient même longueur ?

21. Où devrait se faire la prise d'eau, si l'on se proposait de donner à la somme des deux rigoles la moindre longueur possible ? Dans ce dernier cas, le ruisseau est supposé rectiligne ; dans le premier cas, sa forme est arbitraire.

22. Pour s'assurer qu'une règle est droite, on trace d'abord une ligne avec cette règle ; puis on renverse celle-ci de manière que son extrémité de droite vienne à gauche et réciproquement. S'il y a coïncidence avec le tracé primitif, est-ce une preuve que la règle est droite ?

23. Deux points A et B étant donnés dans l'intérieur d'un angle quelconque, déterminer le trajet que doit suivre un corps élastique qui parti de A atteint le point B après s'être réfléchi sur les deux côtés de l'angle.

24. Trois droites quelconques et deux points A et B étant donnés, construire le trajet suivi par un corps élastique qui parti de A atteint B après s'être réfléchi sur les trois droites.

25. Répéter la construction des problèmes 23 et 24, les droites étant perpendiculaires l'une à l'autre. C'est le cas du billard, où les bandes sont à angle droit l'une sur l'autre.

Note. Nous proposons quelques problèmes numériques à résoudre graphiquement, non à cause de l'importance immédiate que cette marche peut avoir, car évidemment la précision du calcul l'emporte sur

(1) Cette question peut s'énoncer encore : déterminer le lieu géométrique des points à égale distance de deux points donnés.

On nomme *lieu géométrique* l'ensemble des points qui satisfont aux conditions données.

celle de la construction où interviennent nos sens imparfaits, mais bien pour établir l'étroite analogie qu'il y a entre ces deux branches des mathématiques, l'arithmétique et la géométrie, en apparence étrangères l'une à l'autre, et pour habituer peu à peu l'élève à des conceptions plus élevées.

Pour résoudre les questions de ce genre, on adopte une unité de longueur arbitraire, qui représente l'unité numérique. Pour plus de simplicité, on peut faire emploi du décimètre, qui devient la mesure des longueurs, et prendre pour unité le millimètre. Comme exemple, proposons-nous de trouver la moitié de la différence qu'il y a entre la somme 22 + 17 et le nombre 19.

Sur une droite indéfinie xy (fig. 47) on prend un point de départ

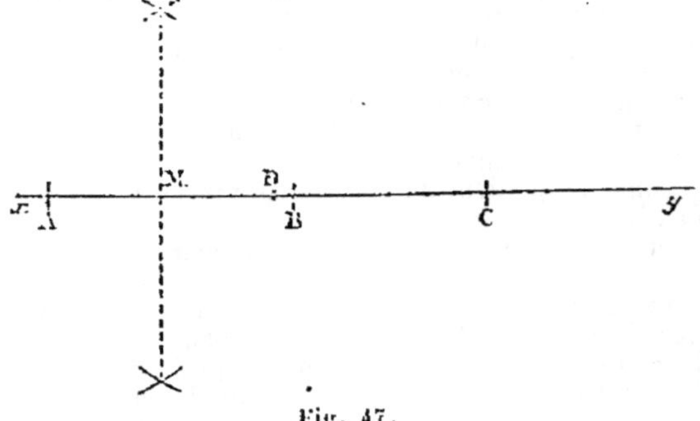

Fig. 47.

arbitraire A. On porte avec le compas AB égal à 22 millimètres, et à la suite BC égal à 17 millimètres. La droite AC représente la somme 22 + 17. — A partir de C, mais de droite à gauche, on porte CD égal à 19 millimètres. Ce qui reste, AD, est la différence entre la somme 22 + 17 et 19. On divise AD en deux parties égales par le procédé géométrique. AM est le résultat demandé. On mesure cette droite et on la trouve égale à 10 millimètres. On aurait obtenu en effet 10 en effectuant les opérations numériques.

CHAPITRE V

Concourantes. Parallèles.

On nomme *concourantes* deux droites qui se rencontrent, ou du moins peuvent se rencontrer étant suffisamment prolongées. On nomme *parallèles* deux droites qui, situées dans un même plan, ne se rencontrent jamais à quelque distance qu'on les prolonge.

THÉORÈME I.

Les points de concours de n droites menées arbitrairement dans un même plan sont au plus au nombre $\frac{n(n-1)}{2}$.

Pour préciser les idées, supposons 7 droites situées dans un même plan et pouvant toutes se rencontrer. Le nombre de points de rencontre sera la moitié du produit de 7 par 6, ou de 21. — Considérons en effet une droite en particulier, la droite A. Toutes les autres, les 6 restantes, la croisent ; ce qui donne 6 points d'intersection. Pareillement sur B se trouvent 6 points d'intersection, sur C autant, et ainsi de suite. Comme il y a 7 droites, le nombre d'intersections est donc 7×6. Considérons maintenant un point d'intersection, celui de la droite A et de la droite B, par exemple. Comme ce point est commun aux deux droites, on l'a compté au nombre des intersections de A, on l'a compté aussi au nombre des intersections de B, c'est-à-dire qu'il a été compté deux fois. Pareille chose doit se dire de tout autre point : chacun a été compté deux fois. Le nombre 7×6 est donc 2 fois trop fort et doit être divisé par 2. Par conséquent les intersections sont au nombre de $\frac{7 \times 6}{2} = 21$.

En généralisant, on voit que pour avoir le nombre de points d'intersection de n droites, il faut multiplier n par ce même nombre diminué de 1, et diviser le produit par 2. C'est ce que représente la formule $\frac{n(n-1)}{2}$.

La figure 48 complète la démonstration pour 7 droites.

DÉFINITIONS. — Lorsque deux droites, concourantes ou

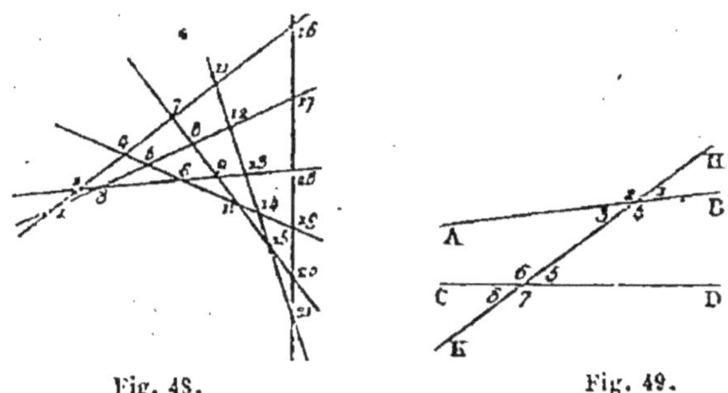

Fig. 48.   Fig. 49.

parallèles n'importe, sont coupées par une troisième nommée *transversale* ou *sécante*, autour des deux points d'intersection se trouvent 8 angles, qui considérés deux à deux prennent les noms suivants :

Soient les deux droites AB et CD, concourantes ou parallèles indifféremment, coupées par la sécante HK (fig. 49).

Les angles 1 et 8 se nomment angles *alternes-externes :* alternes parce qu'ils sont l'un d'un côté, l'autre de l'autre côté de la sécante ; externes parce qu'ils sont à l'extérieur de l'espace compris entre les deux droites. — Les angles 2 et 7 sont pareillement *alternes-externes*.

Les angles 4 et 6 se nomment angles *alternes-internes :* alternes parce qu'ils sont situés de côtés différents par rapport à la sécante; internes parce qu'ils sont à l'intérieur de l'espace compris entre les deux droites. — Les angles 3 et 5 sont également *alternes-internes*.

Les angles 1 et 5 sont dits angles *correspondants*. Il en est de même de 4 et 7, de 2 et 6, de 3 et 8.

Les angles 4 et 5 sont dits *intérieurs de même côté*. Il en est de même de 3 et 6.

Enfin les angles 1 et 7 sont qualifiés d'*extérieurs de même côté*. Il en est de même de 2 et 8.

Les caractères que fournissent ces divers angles servent à reconnaître si deux droites sont concourantes ou parallèles.

THÉORÈME II.

Deux droites sont concourantes lorsqu'elles forment avec une sécante quelconque des angles correspondants inégaux.

Soient les deux droites AB et CD (fig. 50) coupées par la sécante EF. Si les angles correspondants EGB et EHD, sont inégaux, les deux droites sont nécessairement concourantes. Admettons d'abord que l'angle EGB soit plus grand que l'angle EHD, et supposons que les deux droites ne se rencontrent pas, mais soient parallèles. Alors l'angle le plus petit EHD se composerait de la portion de plan indéfinie comprise entre les deux droites supposées parallèles et en outre de l'angle le plus grand EGB, ce qui est

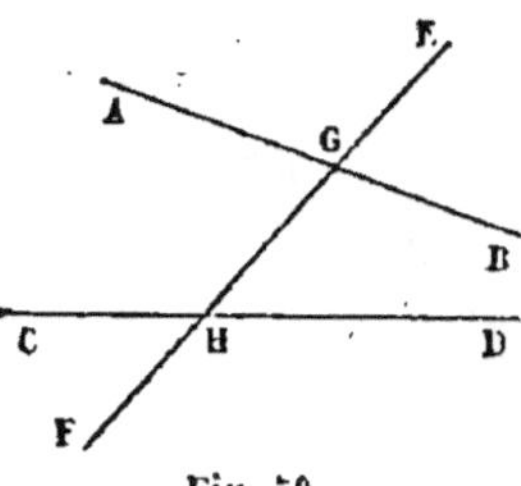

Fig. 50.

absurde. Il faut donc que quelque part l'angle EGB déborde l'angle EHD, en d'autres termes il faut que GB croise quelque part HD.

Supposons en second lieu que EGB soit plus petit que EHD. Alors AGE, supplément du premier est plus grand que CHE, supplément du second. On rentre ainsi dans le cas précédent, et l'on voit que la rencontre des deux droites doit encore avoir lieu, mais à gauche et non plus à droite.

COROLLAIRE I. — L'inégalité des angles soit alternes-internes, soit alternes-externes, entraîne l'inégalité des angles correspondants, comme l'établit l'inspection seule de la figure. Donc *deux droites sont concourantes lorsque les angles alternes-internes sont inégaux; elles sont encore concourantes lorsque les angles alternes-externes sont inégaux.*

COROLLAIRE II. — Si les angles soit intérieurs de même côté, soit extérieurs de même côté, ne sont pas supplémentaires, de ce fait résulte l'inégalité des angles correspondants. Admettons, par exemple, que HGB ne soit pas le supplément de l'autre angle intérieur de même côté GHD; alors EGB supplément de HGB ne peut être égal à GHD, c'est-à-dire que les angles correspondants sont inégaux. Donc *deux droites sont concourantes lorsque les angles soit intérieurs de même côté, soit extérieurs de même côté, ne sont pas supplémentaires.*

THÉORÈME III.

Une perpendiculaire et une oblique sur la même droite sont concourantes.

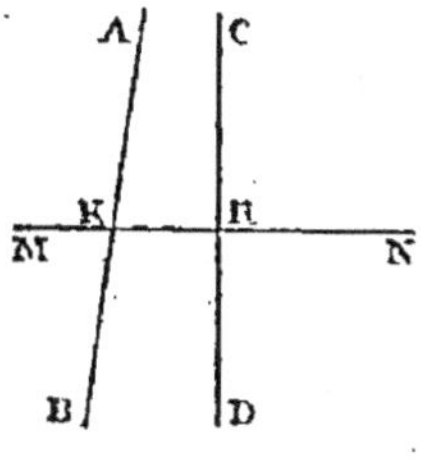

Si AB (fig. 51) est oblique sur MN et CD perpendiculaire, ces deux droites doivent nécessairement se rencontrer, si on les prolonge suffisamment. En effet, AB étant oblique, l'angle MKA est aigu ou obtus, tandis que l'angle MHC est droit, puisque CD est perpendiculaire. Les deux angles correspondants MKA et MHC sont donc inégaux et par conséquent les deux droites sont concourantes (Théor. II).

Fig. 51.

THÉORÈME IV.

Les perpendiculaires sur deux concourantes sont elles-mêmes concourantes.

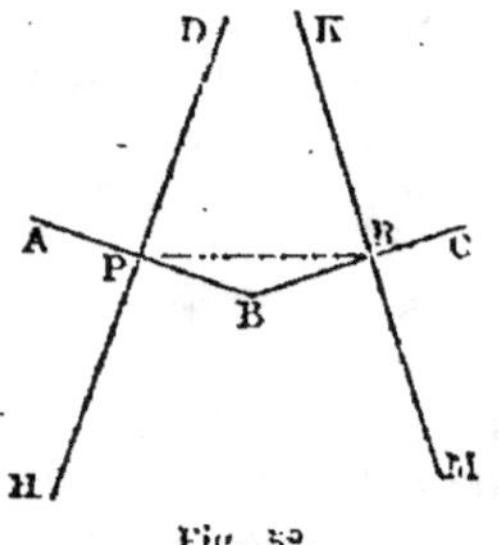

Fig. 52.

Élevons DH et KM respectivement perpendiculaires aux concourantes AB et BC (fig. 52). Ces deux perpendiculaires doivent se rencontrer. Menons en effet PR. L'angle DPR est moindre qu'un angle droit, il en est de même de l'angle KRP. Les angles intérieurs d'un même côté par rapport aux droites DH et KM coupées par la sécante PR, ne valent donc pas ensemble deux angles droits et par suite HD et KM sont concourantes (Coroll. II).

THÉORÈME V.

Deux perpendiculaires à une même droite sont parallèles.
Car si elles se rencontraient, il y aurait deux perpendiculaires abaissées du point de concours sur la même droite, ce qui est impossible.

THÉORÈME VI.

Par un point donné hors d'une droite, on peut toujours mener une parallèle à cette droite, mais on ne peut en mener qu'une.

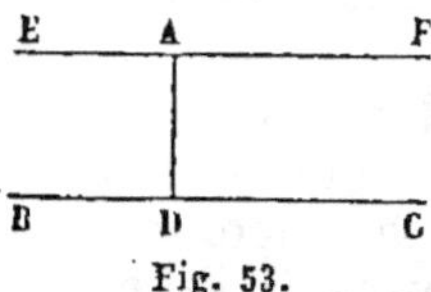

Fig. 53.

Soient A le point donné et BC la droite (fig. 53). Du point A, abaissons AD perpendiculaire sur BC ; et par le même point menons EF perpendiculaire à AD. Les deux droites EF et BC sont ainsi perpendiculaires à la même droite AD, elles sont donc parallèles (Théor. V). Cette construction étant toujours possible, on peut toujours mener par un point extérieur à une droite une parallèle à cette droite.

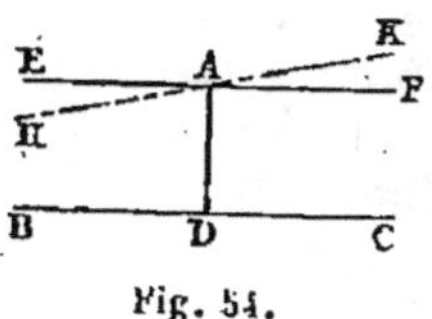

Fig. 54.

Mais on ne peut en mener qu'une seule. Admettons en effet qu'on puisse en mener une seconde, HK par exemple (fig. 54). AF étant perpendiculaire sur AD, AK ne peut être qu'une oblique, elle est donc concourante avec la perpendiculaire BC, et non parallèle (Théor. III).

THÉORÈME VII.

Deux droites A et B parallèles chacune à une troisième droite C sont parallèles entre elles.

Car si elles se rencontraient quelque part, il y aurait par le point de concours deux droites parallèles à la droite C, ce qui est impossible (Théor. VI).

THÉORÈME VIII.

Toute perpendiculaire à une droite A est perpendiculaire aux parallèles B, C, D, etc. de cette droite.

Car si elle rencontrait obliquement l'une d'elles, C par exemple, l'oblique C et la perpendiculaire A seraient concourantes et non parallèles (Théor. III).

THÉORÈME IX.

Deux parallèles sont partout à la même distance. Prenons deux points arbitraires A et C sur la droite HK (fig. 55)

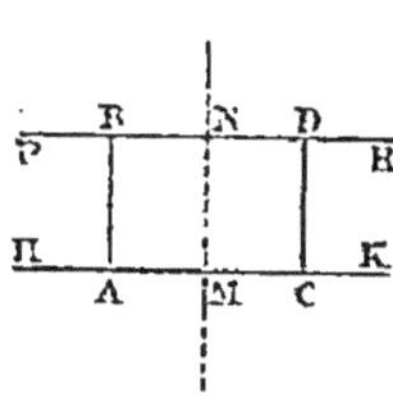

Fig. 55.

et menons AB et CD perpendiculaires à cette droite. AB et CD, d'après le précédent théorème, sont aussi perpendiculaires à la parallèle PR. Il faut démontrer que ces deux perpendiculaires communes ont même longueur. Par le point M, milieu de AC, menons MN perpendiculaire à HK et par suite à PR ; enfin plions le plan de droite à gauche suivant la droite MN. L'angle droit NMK viendra se superposer à son égal l'angle droit HMN, et le point C coïncidera avec A puisque MC = MA. Cela fait, la droite CD prendra la direction de AB à cause de l'angle DCM = l'angle BAM, et le point D de la droite CD tombera quelque part sur AB.

En second lieu NR prendra la direction de NP à cause de l'angle MNR = l'angle MNP comme droits, et le point

D de la droite NR tombera quelque part sur NP. Ainsi le point D, après rabattement, doit se trouver à la fois sur AB et sur NP. Il se confond donc avec leur point d'intersection B, et par suite la perpendiculaire commune CD a même longueur que la perpendiculaire commune AB.

Cette démonstration pouvant se répéter pour des points quelconques pris sur HK, on voit que la perpendiculaire commune à deux parallèles a partout même longueur. Cette perpendiculaire commune, de valeur constante, est la distance des deux parallèles.

THÉORÈME X.

Deux droites parallèles forment avec une sécante quelconque :
1° Des angles correspondants égaux,
2° Des angles alternes-internes égaux,
3° Des angles alternes-externes égaux,
4° Des angles intérieurs de même côté supplémentaires,
5° Des angles extérieurs de même côté supplémentaires.
Car si l'une quelconque de ces cinq propositions n'était pas vraie, les deux droites seraient concourantes et non parallèles (Théor. II et ses Coroll.).

THÉORÈME XI.

Réciproquement deux droites sont parallèles lorsqu'elles forment avec une sécante quelconque,
1° Des angles correspondants égaux,
2° Des angles alternes-internes égaux,
3° Des angles alternes-externes égaux,
4° Des angles intérieurs de même côté supplémentaires,
5° Des angles extérieurs de même côté supplémentaires.

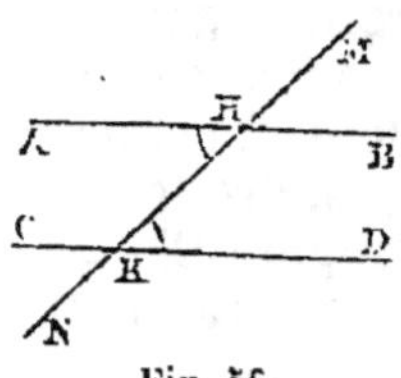

Fig. 56.

Examinons en particulier le second cas. On suppose égaux les angles alternes-internes AHK, DKH (fig. 56) et il faut démontrer que les droites AB et CD sont parallèles. En effet, si ces deux droites se rencontraient quelque part, par exemple à droite de la figure, nécessairement elles se rencontreraient aussi à gauche, ce qui s'établit comme il suit. L'égalité des an-

gles AHK et DKH entraîne l'égalité de leurs suppléments
BHK et CKH. La partie de la figure à droite de KH est
donc en tout pareille à la partie de la figure située à gauche ; et les deux droites AB et CD sont dans des positions
identiques de part et d'autre de la sécante. Si par conséquent l'on admet que AB et CD se rencontrent à droite, il
faut admettre aussi qu'elles se rencontrent à gauche, ce
qui amène à une impossibilité, savoir à deux droites distinctes menées entre deux points. La rencontre ne peut
donc avoir lieu ni d'un côté ni de l'autre, c'est-à-dire que
les droites sont parallèles.

L'égalité des angles alternes-externes MHB et CKN
entraîne l'égalité des angles alternes-internes AHK et HKD
qui leur sont opposés par le sommet. On rentre ainsi dans
le cas précédent.

L'égalité des angles correspondants MHB et HKD entraîne l'égalité des angles alternes internes AHK et HKD,
et par suite le parallélisme des droites.

Si les angles intérieurs de même côté BHK et DKH sont
supplémentaires, AHK supplément de BHK est égal à DKH,
ce qui entraîne le parallélisme des droites.

Si les angles extérieurs de même côté MHB et NKD
sont supplémentaires, AHK égal à MHB comme opposés
par le sommet, et HKD supplément de NKD, sont égaux
entre eux ; ce qui entraîne le parallélisme des droites.

THÉORÈME XII.

*Deux angles dont les côtés sont parallèles chacun à chacun
sont égaux 1° lorsque les côtés sont deux à deux dirigés dans
le même sens, 2° lorsque les côtés sont deux à deux dirigés en
sens contraire. — Ils sont supplémen-
taires si deux côtés sont dirigés dans le
même sens et les deux autres en sens
contraire.*

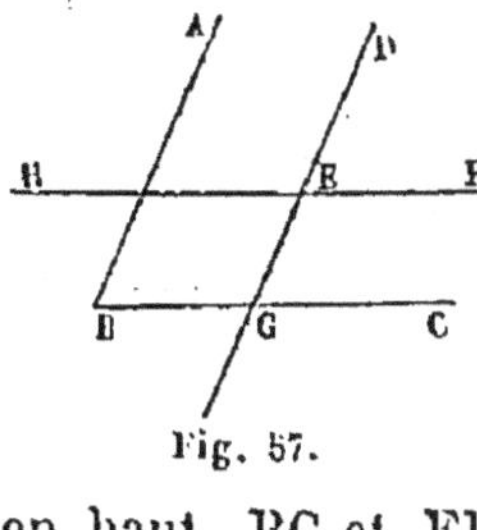

Considérons les angles DEF et ABC
(fig. 57) dont les côtés sont parallèles
chacun à chacun et dirigés deux à
deux dans le même sens : à partir du
sommet, BA et ED sont dirigés de bas

Fig. 57.

en haut, BC et EF sont dirigés de gauche à droite. Prolongeons DE de manière à croiser BC. Les angles DEF

et DGC sont égaux comme correspondants par rapport aux parallèles HF et BC coupées par la sécante DG. D'autre part ABC et DGC sont égaux comme correspondants par rapport aux parallèles AB et DG coupées par la sécante BC. Les angles DEF et ABC, tous les deux égaux à un troisième EGC, sont donc égaux entre eux.

Considérons maintenant l'angle HEG dont les côtés sont parallèles aux côtés de ABC, mais deux à deux en sens inverse : EG est dirigé de haut en bas, BA est dirigé de bas en haut ; EH va de droite à gauche, BC va de gauche à droite. — L'angle HEG est égal à son opposé par le sommet DEF, qui vient d'être démontré égal à ABC. Les angles HEG et ABC sont donc égaux.

Considérons enfin les angles FEG et ABC. La direction de gauche à droite est commune à BC et à EF, mais EG se dirige de haut en bas tandis que BA se dirige de bas en haut. Or l'angle GEF est supplémentaire de FED, égal lui-même à ABC. Donc ABC et FEG sont supplémentaires.

THÉORÈME XIII.

Deux angles dont les côtés sont perpendiculaires deux à deux sont égaux ou supplémentaires.

Soient les deux angles FED et ABC (fig. 58) dont les côtés sont perpendiculaires chacun à chacun : ED est perpendiculaire sur BA, EF est perpendiculaire sur BC. — Par le sommet E menons ED' perpendiculaire à ED et par suite parallèle à BA ; menons aussi EF' perpendiculaire à EF et par suite parallèle à BC (Théor. V). Les deux angles ABC et D'EF' sont égaux comme ayant leurs côtés parallèles et dirigés dans le même sens. En second lieu, les angles DEF et D'EF' sont égaux, car chacun d'eux a pour complément l'angle FED'. Donc ABC et DEF, tous les deux égaux à D'EF', sont égaux entre eux.

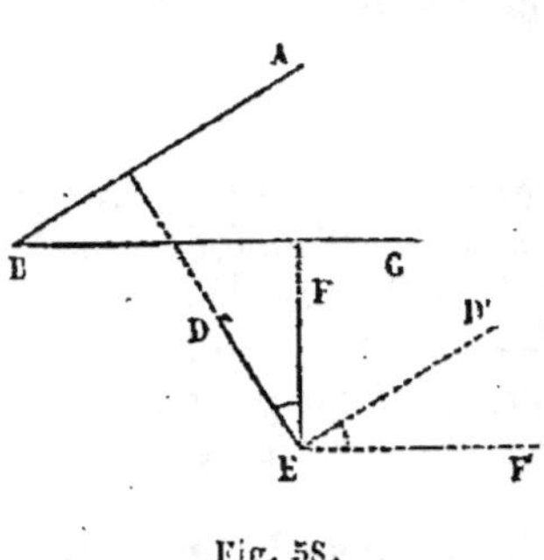

Fig. 58.

Si l'on prolongeait FE dans le bas de la figure, il est évident qu'on formerait avec ED un angle obtus supplément de DEF et par suite de son égal ABC. Donc *deux angles dont les côtés sont perpendiculaires chacun à chacun sont égaux si tous les deux sont aigus, ou tous les deux obtus ; ils sont supplémentaires si l'un est aigu, l'autre obtus.*

APPLICATIONS.

PROBLÈME I.

Par un point donné mener une parallèle à une droite.

Premier procédé. Du point donné A (fig. 59), on abaisse

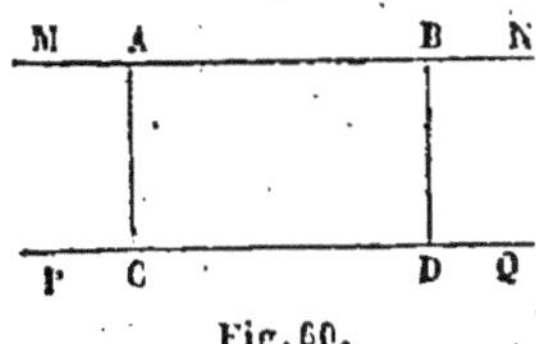

une perpendiculaire AD sur la droite BC ; ensuite on mène AE perpendiculaire sur AD. Les deux droites AE, BC sont parallèles d'après le théorème V. Ce procédé est utilisé sur le terrain pour mener une parallèle au moyen de l'équerre d'arpenteur.

Deuxième procédé. Du point donné A (fig. 60) on abaisse

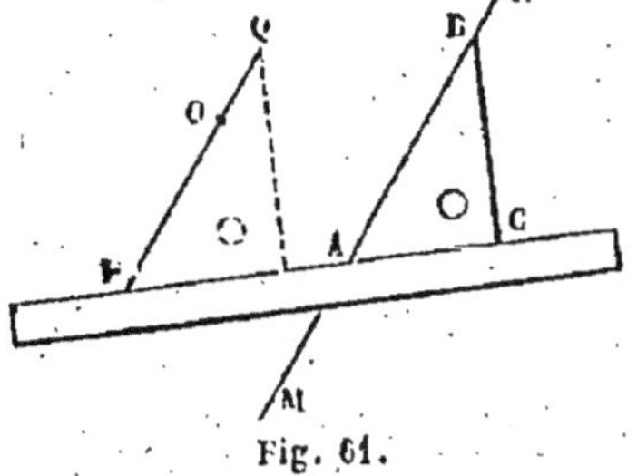

la perpendiculaire AC sur la droite PQ. En un point arbitraire D pris sur cette droite, on élève une perpendiculaire sur laquelle on prend une longueur DB égale à CA. On joint A et B. La droite MN est parallèle à PQ, puisqu'elle en est partout à la même distance.

Troisième procédé. Le moyen suivant est le plus usité pour le tracé graphique. — Soient MN la droite et O le point donnés (fig. 61). On fait coïncider un côté quelconque de l'équerre avec la droite MN ; ensuite on applique une règle contre le côté AC, et tout en maintenant la règle immobile, on fait glisser l'équerre jusqu'à ce que le côté AB, d'abord dans la direction MN, vienne passer par le point O. Avec une pointe écrivante, on trace alors PQ, qui est la paral-

Fig. 61.

lèle demandée. En effet, les angles QPC et NAC sont dans la position d'angles correspondants par rapport aux droites PQ et AN coupées par la sécante PC représentée par la règle. Ces angles sont égaux, puisqu'ils sont la reproduction d'un même angle de l'équerre ; les deux droites sont donc parallèles (Théor. XI).

Il est à remarquer que ce tracé n'est nullement basé sur l'angle droit de l'équerre. Toute équerre est donc bonne à mener des parallèles, lors même qu'elle ne pourrait servir au tracé des perpendiculaires.

PROBLÈME II.

Déterminer l'angle de deux concourantes que l'on ne peut prolonger jusqu'à leur point de rencontre. Soient AB et CD les deux concourantes que l'on ne peut prolonger (fig. 62).

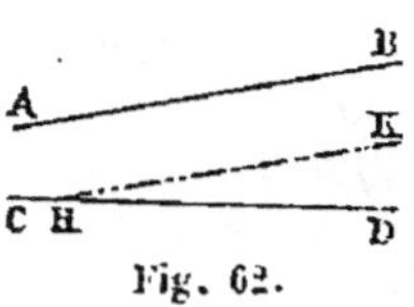

Fig. 62.

Par un point quelconque H pris sur l'une d'elles, on amène HK parallèle à l'autre. L'angle KHD est l'angle demandé. Cet angle en effet est égal à celui des deux concourantes, car les deux sont dans la position d'angles correspondants par rapport aux parallèles HK et AB suffisamment prolongée, et à la sécante CD.

Si HK se confondait avec HD, l'angle des deux droites AB et CD serait nul ; mais alors ces deux droites seraient parallèles. On peut donc dire que deux parallèles sont des droites formant entre elles un angle nul.

PROBLÈMES.

26. En combien de points au plus peuvent se couper 12 droites ?

27. Si sur ces 12 droites 5 sont parallèles, combien peut-il y avoir de points d'intersection ?

28. Déterminer le lieu des points distants d'une longueur l d'une droite donnée.

29. Trouver sur la bissectrice d'un angle un point distant des deux côtés d'une longueur l.

30. Déterminer les différents points d'une ligne sinueuse quelconque qui se trouvent à une distance D d'une droite donnée.

31. Étant données deux droites concourantes A et B, déterminer un point distant de A d'une longueur l et distant de B d'une longueur l'.

32. Démontrer que les bissectrices de deux angles dont les côtés sont

parallèles et dirigés deux à deux dans le même sens, ou deux à deux en sens contraire, sont elles-mêmes parallèles.

33. Démontrer que les bissectrices de deux angles dont les côtés sont parallèles et dirigés deux dans le même sens et les deux autres en sens contraire, sont perpendiculaires l'une à l'autre.

34. Mener la bissectrice d'un angle au moyen de parallèles.

35. Prolonger un alignement au delà d'un obstacle interceptant la vue, en faisant usage de l'équerre d'arpenteur.

CHAPITRE VI

Circonférence.

DÉFINITION. — La *circonférence* est une ligne courbe plane dont tous les points sont également distants d'un point intérieur appelé *centre*. Cette courbe se décrit habituellement avec le compas. Après avoir fixé une pointe de l'instrument sur le plan, on fait faire à l'autre pointe une révolution entière. La trace de la pointe mobile est une circonférence, car sa distance à la pointe fixe occupant le

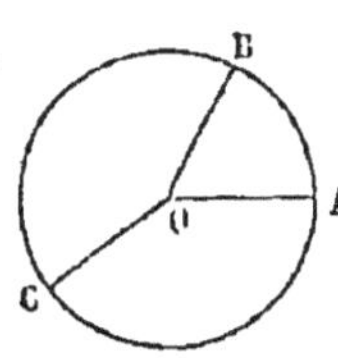

Fig. 63.

centre est constante et égale à l'ouverture du compas. On appelle *rayon* toute droite joignant un point de la circonférence au centre. Le rayon est égal à la distance qui sépare les deux pointes du compas. OA, OB, OC sont des rayons de la circonférence dont le centre est en O (fig. 63). Le nombre des rayons est indéfini. Tous les rayons sont égaux.

On nomme *arc de cercle* une portion quelconque de la circonférence, et *corde* d'un arc la droite qui joint les

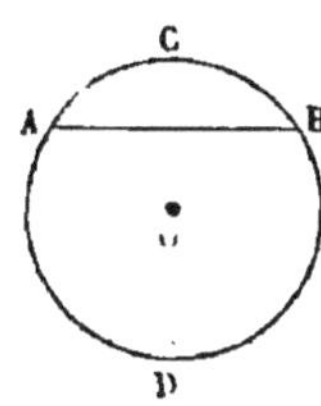

Fig. 64.

extrémités de cet arc. ACB est un arc (fig. 64), AB est sa corde. Toute corde correspond ou *sous-tend* deux arcs, l'un ACB, l'autre ADB, dont l'ensemble constitue la circonférence entière. On ne considère généralement que le plus petit des deux arcs.

La corde prend le nom de *diamètre* quand elle passe par le centre. Le diamètre est le double du rayon ; tous les diamètres sont égaux.

Il ne faut pas confondre le *cercle*, qui est une surface,

avec la *circonférence*, qui est une ligne. Le *cercle* est la portion de plan limitée par la circonférence.

S'il n'y a pas ambiguïté, on désigne une circonférence par une lettre placée au centre ; dans le cas contraire, on emploie deux lettres, l'une au centre, l'autre à l'extrémité d'un rayon quelconque. Ainsi l'on dit circonférence O, ou circonférence OA (fig. 63).

THÉORÈME I.

Une droite ne peut couper une circonférence en plus de deux points.

S'il y avait en effet trois points d'intersection, trois rayons de la circonférence aboutiraient à la droite, ce qui est impossible, puisque d'un point à une droite, on ne peut mener plus de deux obliques égales (Chap. IV. Théor. V, coroll.).

La circonférence appartient ainsi à la catégorie des lignes *convexes*. On appelle convexes les lignes courbes ou brisées qui ne peuvent être rencontrées par une droite en plus de deux points.

THÉORÈME II.

Le diamètre est plus grand que toute corde ; il divise la circonférence en deux parties égales.

D'un même point A menons une corde quelconque AB et un diamètre AD (fig. 65). On a $AC +$ $CB > AB$, et en remplaçant le rayon CB par son égal CD :

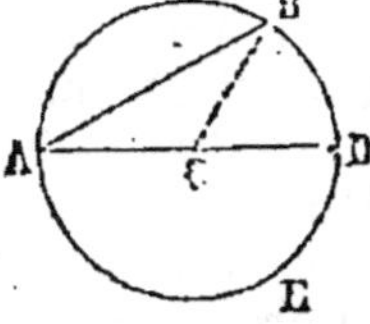

Fig. 65.

$$AC + CD > AB,$$

C'est-à-dire que le diamètre est plus grand que la corde. Plions maintenant le plan suivant le diamètre AD. L'arc supérieur ABD viendra recouvrir exactement l'arc inférieur AED, sinon il y aurait des points de la circonférence inégalement éloignés du centre, ce qui est contre la définition de la circonférence. Tout diamètre divise donc la circonférence en deux parties égales, ou bien un diamètre sous-tend un arc égal à la demi-circonférence.

THÉORÈME III.

Dans une même circonférence ou dans des circonférences égales, des arcs égaux sont sous-tendus par des cordes égales.

Soient les deux circonférences égales O et O′ (fig. 66) et

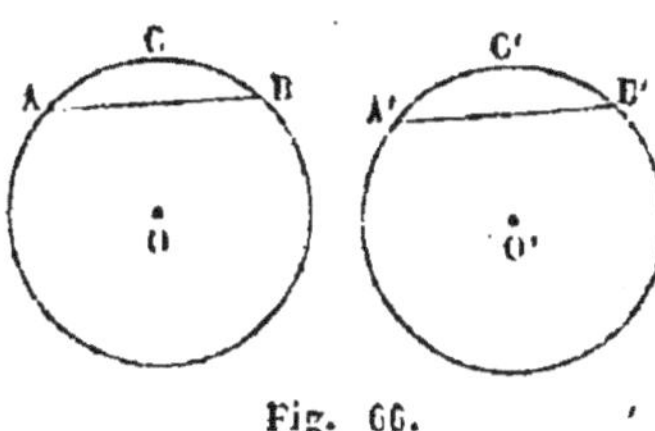

Fig. 66.

les deux arcs égaux ACB et A′C′B′. Les cordes AB et A′B′ doivent être égales. Car, si l'on superpose la circonférence O′ à la circonférence O, de manière que les centres coïncident ainsi que les points A et A′, l'arc A′C′B′ recouvrira l'arc ACB, puisqu'ils sont égaux. Les cordes AB et A′B′ auront ainsi mêmes extrémités, par conséquent elles sont égales.

Si les deux arcs égaux étaient pris sur la même circonférence, on arriverait à la même conséquence en les superposant.

THÉORÈME IV.

Dans une même circonférence ou dans des circonférences égales, de deux arcs inégaux et moindres qu'une demi-circonférence, le plus grand est sous-tendu par la plus grande corde.

Dans deux circonférences égales O et O′ (fig. 67), prenons

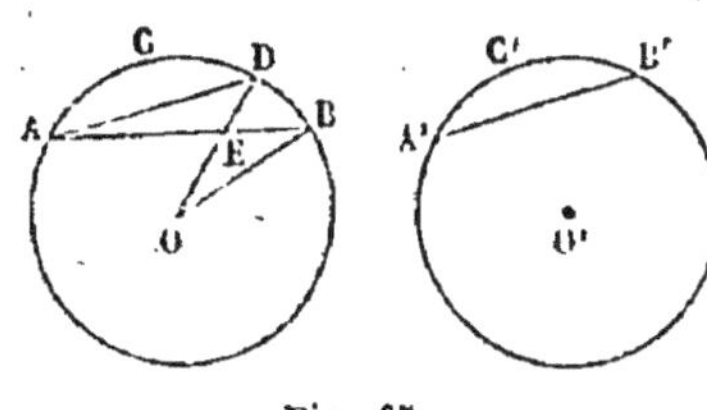

Fig. 67.

deux arcs inégaux ACB et A′C′B′, moindres chacun qu'une demi-conférence. La corde AB du plus grand arc doit être plus grande que la corde A′B′ du plus petit. — Transportons, en effet, la circonférence O′ sur la circonférence O, de manière que les centres coïncident, ainsi que les points A′ et A. Le point B′ tombera entre A et B, en D par exemple, puisque l'arc A′C′B′ est plus petit que l'arc ACB ; et la corde A′B′ deviendra AD. Joignons les points D et B au centre, nous aurons :

$$AE + ED > AD$$
$$OE + EB > OB.$$

Faisons la somme de ces deux inégalités :

$$AE + ED + OE + EB > AD + OB.$$

Mais OE + ED est un rayon OD, égal au rayon OB. En supprimant cette partie commune aux deux membres de l'inégalité, il vient :

$$AE + EB > AD,$$

ou plus simplement :

$$AB > AD.$$

Corollaire. — *Dans une même circonférence ou dans des circonférences égales, des cordes égales sous-tendent des arcs égaux ;* car si les arcs étaient inégaux, les cordes seraient inégales d'après le précédent théorème.

Ce corollaire est d'une grande importance dans la géométrie graphique ; il permet de prendre sur la même circonférence ou sur toute autre circonférence de même rayon, un arc égal à un arc donné. Il suffit de porter sur la circonférence une ouverture de compas égale à la corde de l'arc donné. Pour avoir un arc double, triple, quadruple, etc., on porterait deux, trois, quatre fois de filé, la même ouverture de compas sur la circonférence.

THÉORÈME V.

Dans une même circonférence ou dans des circonférences égales, 1° des cordes égales sont également distantes du centre ; 2° de deux cordes inégales, la plus grande est la plus rapprochée du centre.

Abaissons des centres O et O' (fig. 68) les perpendiculaires OC et O'C' sur les cordes égales AB et A'B'. Ces perpendiculaires mesurent la distance du centre à la corde. Il faut démontrer qu'elles sont égales. — En effet, puisque les cordes sont égales, les arcs sont égaux ; et par suite, si l'on superpose les deux circonférences de manière que les centres coïncident

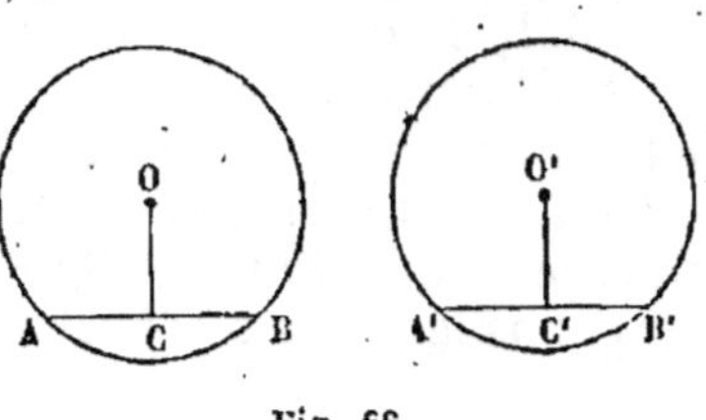

Fig. 68.

ainsi que les points A' et A, les arcs doivent se superposer
exactement, ainsi que leurs cordes. Alors les deux perpendiculaires doivent se confondre, sinon on pourrait
abaisser du centre deux perpendiculaires sur la même
droite, ce qui est impossible. Les deux perpendiculaires
sont par conséquent égales.

Considérons maintenant la corde BG plus grande que
la corde DC (fig. 69). Sa distance au centre OF doit être
moindre que la distance au centre OK
de la plus petite corde. — Puisque la
corde DC est plus petite que BG, l'arc
sous-tendu par la première est moindre
que l'arc sous-tendu par la seconde;
par conséquent, si à partir de B, on
prend un arc BEA égal à l'arc sous-
tendu par DC, le point A doit se trouver en deçà de G. Menons la corde AB,
égale à CD, puisqu'elle sous-tend un
arc égal; menons enfin les perpendiculaires OF, OH. La
perpendiculaire OH est égale à OK, puisqu'elles correspondent à des cordes égales; la question revient ainsi à
démontrer que OF est plus courte que OH. Mais d'après la
figure, on a immédiatement: OF perpendiculaire sur BG
moindre que OI oblique sur la même droite, et à plus forte
raison moindre que OH.

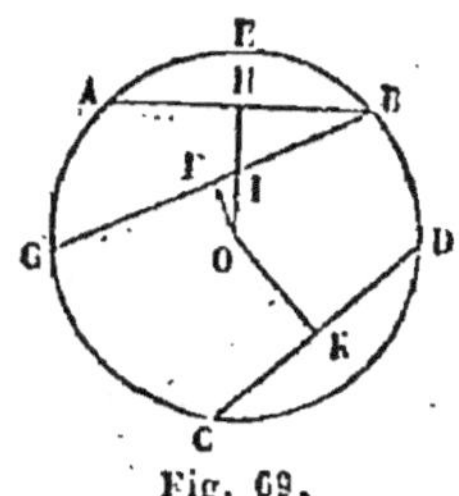

Fig. 69.

THÉORÈME VI.

*Le diamètre perpendiculaire sur une corde divise cette corde
et les deux arcs sous-tendus en deux parties égales.*

Menons le diamètre ED perpendiculaire sur la corde
AB (fig. 70). Il faut démontrer que F est le milieu de
la corde, D le milieu de l'arc ADB, E le
milieu de l'arc AEB. — Plions en effet le
plan suivant le diamètre de manière à rabattre la demi-circonférence DBE sur la
demi-circonférence DAE. Comme les deux
demi-circonférences doivent se superposer
exactement, le point B de l'arc DBE tombera quelque part sur l'arc DAE. En second lieu, la droite FB prendra la direction de FA à cause des angles EFB, EFA égaux comme

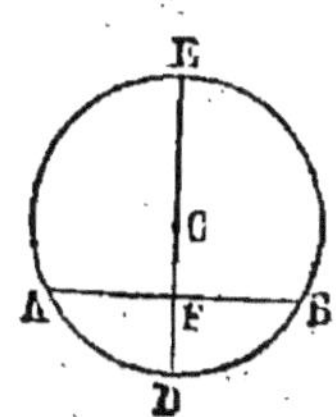

Fig. 70.

tion de FA à cause des angles EFB, EFA égaux comme

droits, et le point B de la droite FB tombera quelque part sur la droite FA. Le point B devant ainsi se trouver à la fois sur l'arc DAE et sur la droite FA, coïncide nécessairement avec A, leur point d'intersection. Par conséquent FB = FA, arc DB = arc DA, arc EB = arc EA ; ou en d'autres termes F est le milieu de la corde ; D et E sont les milieux des arcs sous-tendus.

COROLLAIRE. — La droite ED remplit cinq conditions : elle passe par le centre de la circonférence, elle est perpendiculaire à la corde, elle passe par le milieu de la corde, elle passe par le milieu de chacun des deux arcs. Comme deux conditions sur ces cinq suffisent pour déterminer une droite, il en résulte que toute droite qui remplit deux des cinq conditions que nous venons d'énoncer, remplit aussi les trois autres. Ainsi, *toute droite qui joint le milieu d'une corde et de l'arc sous-tendu, est perpendiculaire sur la corde, passe par le centre, et divise le second arc en deux parties égales. Etc. etc.*

THÉORÈME VII.

La perpendiculaire à l'extrémité du rayon est tangente à la circonférence.

Toute droite qui a deux points communs avec la circonférence est dite *sécante*, toute droite qui n'a qu'un point commun avec la circonférence se nomme *tangente*. — A l'extrémité du rayon AC élevons BD perpendiculaire sur ce rayon (fig. 71). Il faut démontrer que cette perpendi-

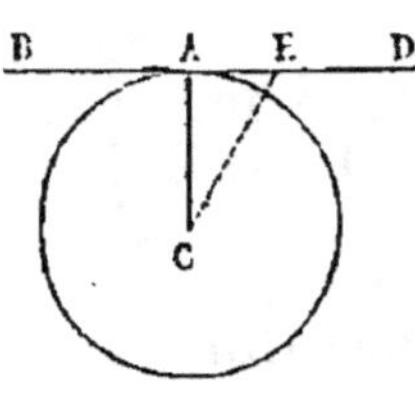

Fig. 71.

culaire n'a que le point A de commun avec la circonférence. — Si l'on joint au centre C tout autre point de la droite, E par exemple, CE sera une oblique, puisque déjà CA est perpendiculaire ; par conséquent le point E est plus éloigné du centre que ne l'est le point A ; ce point se trouve donc hors de la circonférence. Ainsi tous les points de BD sont extérieurs à la circonférence à l'exception du point A, c'est-à-dire que BD n'a que le point A de commun avec la circonférence. Ce point est appelé *point de tangence*, ou *point de contact.*

THÉORÈME VIII.

Réciproquement, la tangente à la circonférence est perpendiculaire à l'extrémité du rayon qui aboutit au point de contact.

Soient la tangente BD et A le point de tangence. Le rayon CA doit être perpendiculaire à BD (fig. 71). — Puisque la doite est tangente, tout point autre que A pris sur cette droite est extérieur à la circonférence, et par conséquent est plus éloigné du centre que ne l'est le point A. La droite CA mesure ainsi la plus courte distance du point C à la droite BD, elle est donc perpendiculaire sur cette dernière.

THÉORÈME IX.

Deux droites parallèles interceptent sur la circonférence des arcs égaux.

Trois cas peuvent se présenter : 1° les deux parallèles coupent la circonférence ; 2° l'une des parallèles est sécante, l'autre est tangente; 3° les deux parallèles sont tangentes.

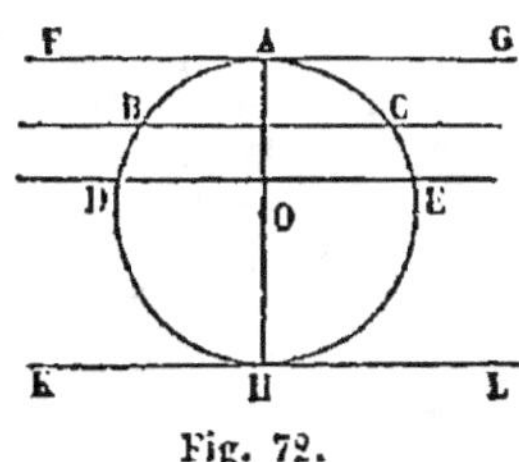

Premier cas. Soient les deux sécantes parallèles BC et DE (fig. 72). Il faut démontrer que l'arc DB est égal à l'arc CE. — Menons le rayon OA perpendiculaire sur la corde DE, ce rayon sera en même temps perpendiculaire sur BC parallèle à DE. Puisque OA est perpendiculaire sur la corde DE, il divise l'arc sous-tendu en deux parties égales (Théor. VI). On a ainsi :

Fig. 72.

$$\text{Arc DA} = \text{arc EA.}$$

Pareillement OA perpendiculaire sur la corde BC divise l'arc sous-tendu en deux parties égales :

$$\text{Arc BA} = \text{arc CA.}$$

Retranchons ces deux égalités membre à membre :

$$\text{Arc DA} - \text{arc BA} = \text{arc EA} - \text{arc CA,}$$

également distants de A et de B; elle est donc perpendiculaire sur la corde AB par son milieu, et par conséquent elle divise l'arc en deux parties égales.

PROBLÈME II.

Décrire une circonférence qui passe par trois points donnés non en ligne droite.

Soient les trois points A, B, C non en ligne droite (fig. 74). Elevons DK perpendiculaire sur AC par son mi-

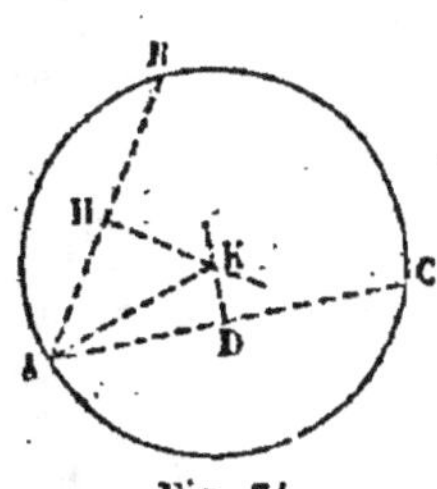
Fig. 74.

lieu, et HK perpendiculaire sur AB par son milieu. Ces deux perpendiculaires à deux concourantes sont elles-mêmes concourantes (chap. V, théor. IV); elles se rencontrent donc en un point K, qui est le centre de la circonférence demandée. En effet, la distance KC est égale à KA puisque le point K appartient à la perpendiculaire élevée sur AC par son milieu; de même la distance KB est égale à KA, puisque le point K appartient à la perpendiculaire élevée sur AB par son milieu. Le point K est ainsi également distant des trois points A, B, C; si donc du point K comme centre, avec un rayon égal à KA, on décrit une circonférence, cette circonférence doit passer par les trois points A, B et C.

Si les trois points A, B et C étaient en ligne droite, les deux perpendiculaires seraient parallèles, et il n'y aurait plus de circonférence possible.

Si les trois points ne sont pas en ligne droite, les deux perpendiculaires se rencontrent toujours. On peut donc toujours faire passer une circonférence par trois points donnés non en ligne droite, mais on ne peut en faire passer qu'une, puisqu'il n'y a qu'un centre de déterminé par l'intersection des deux perpendiculaires. Il résulte de là que trois points suffisent pour déterminer une circonférence. D'une manière générale, *trois conditions sont nécessaires à la détermination d'une circonférence,* comme vont l'établir les problèmes suivants.

pour tangentes AB et CD, qui sont perpendiculaires à l'extrémité du rayon.

PROBLÈME V.

Décrire une circonférence qui passe par un point donné et soit tangente à une droite en un point déterminé.

A cause de la détermination du point de tangence, la seconde condition équivaut à deux : 1° passer par ce point; 2° être tangente à la droite en ce point.

Soient AB la droite, T le point de tangence et C le point donnés (fig. 77). Elevons en T une perpendiculaire sur AB;

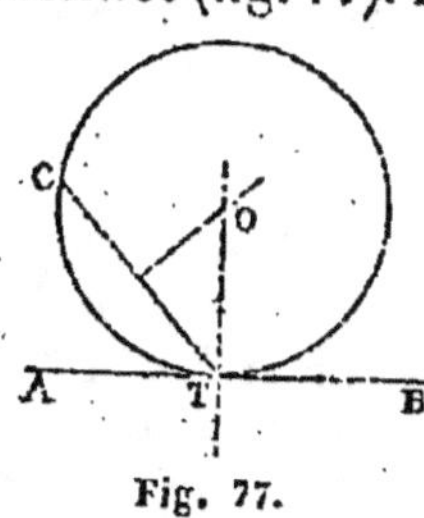

Fig. 77.

élevons enfin une perpendiculaire sur CT par son milieu. O est le centre demandé. En effet, la circonférence décrite avec OC pour rayon passe par C et T, puisque ces deux points sont également éloignés de O; de plus, elle a pour tangente AB, car cette droite est perpendiculaire à l'extrémité du rayon OT.

Raccordement des droites par des arcs de cercle. — Deux droites sont dites *raccordées* par un arc de cercle lorsqu'elles sont reliées par un arc de cercle tangent à l'une et à l'autre. Les points de tangence sont les *points de raccordement.* En ces points, la droite et l'arc se confondent et le passage de la ligne droite à la ligne courbe se fait, sans transition brusque, sans *coude* ni *jarret.*

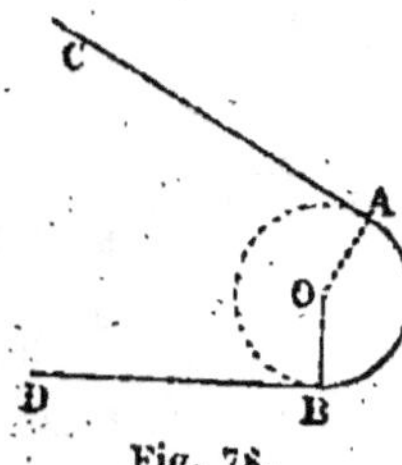

Fig. 78.

Proposons-nous comme exemple de *raccorder deux concourantes par un arc de cercle de rayon donné.* La question revient à décrire avec un rayon donné une circonférence tangente aux droites données CA et DB. On obtient ainsi l'arc de raccordement AB (fig. 78).

PROBLÈMES.

36. Diviser un arc de cercle en 4, 8, 16 parties égales.

37. Prendre sur une circonférence un arc double, triple, quadruple, etc., d'un arc donné sur la même circonférence.

3.

THÉORÈME II.

Réciproquement : si les arcs sont égaux, les angles au centre sont égaux.

Car si l'arc A'B' recouvre l'arc AB (fig. 79), nécessairement B'O' coïncide avec BO et A'O' avec AO. Les deux angles sont donc égaux.

THÉORÈME III.

Le rapport entre deux angles est le même que le rapport des arcs décrits de leurs sommets comme centres avec le même rayon.

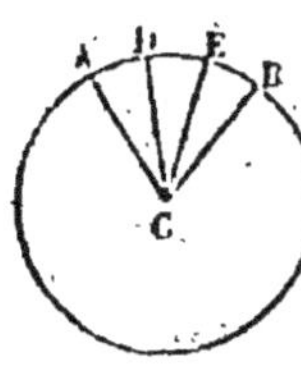

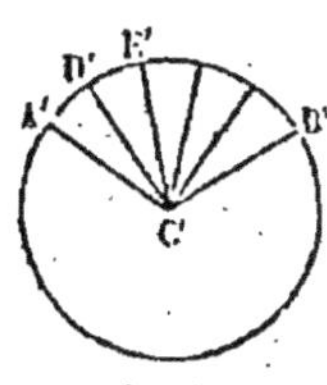

Fig. 80.

Soient les deux angles ACB et A'C'B' (fig. 80). De leurs sommets comme centres, avec un rayon quelconque mais le même dans les deux cas, décrivons deux circonférences. Il faut démontrer que le rapport entre les arcs interceptés AB et A'B' est le même que le rapport entre les angles ACB et A'C'B'. — Supposons que les deux arcs aient une commune mesure, c'est-à-dire qu'ils contiennent l'un et l'autre un nombre exact de fois un certain arc, AD par exemple. Si cette commune mesure est contenue 3 fois dans AB, 5 fois dans A'B', le rapport des arcs est :

$$\frac{AB}{A'B'} = \frac{3}{5}.$$

Par les points de division D, E, D', E', etc., menons des rayons. Les angles ACD, DCE, A'C'D', D'C'E', etc., sont égaux entre eux puisque les arcs interceptés sont égaux (théor. II). Ainsi l'angle ACD est contenu 3 fois dans l'angle ACB, tandis qu'il est contenu 5 fois dans l'angle A'C'B'. Le rapport des deux angles ACB et A'C'B' est donc :

$$\frac{ACB}{A'C'B'} = \frac{3}{5}.$$

De cette égalité et de la précédente, il résulte :

$$\frac{ACB}{A'C'B'} = \frac{AB}{A'B'},$$

c'est-à-dire que le rapport des angles est le même que celui des arcs décrits de leurs sommets comme centres avec le même rayon.

Graduation de la circonférence. — La mesure ou la comparaison des angles est ramenée par le précédent théorème à la comparaison des arcs. Dire qu'un angle est double, triple d'un autre pris pour unité, c'est affirmer que l'arc au centre intercepté entre les côtés du premier est double, triple de l'arc pris pour unité intercepté entre les côtés du second. On est convenu de prendre pour unité d'arc la 360me partie de la circonférence, partie qui prend le nom de *degré*. L'unité d'angle est alors l'angle qui intercepte entre ses côtés un arc au centre de 1 degré.

Toute circonférence se divise en 360 parties égales, appelées *degrés;* chaque degré en 60 parties égales, nommées *minutes;* chaque minute en 60 parties égales, nommées *secondes.* De la sorte, la circonférence entière vaut 360 degrés, ou bien 21600 minutes, ou bien encore 1296000 secondes. On désigne les degrés par le signe °, placé à droite du nombre, les minutes par le signe ', enfin les secondes par le signe ". Ainsi le nombre 28° 14' 12" se lit 12 degrés, 14 minutes, 12 secondes.

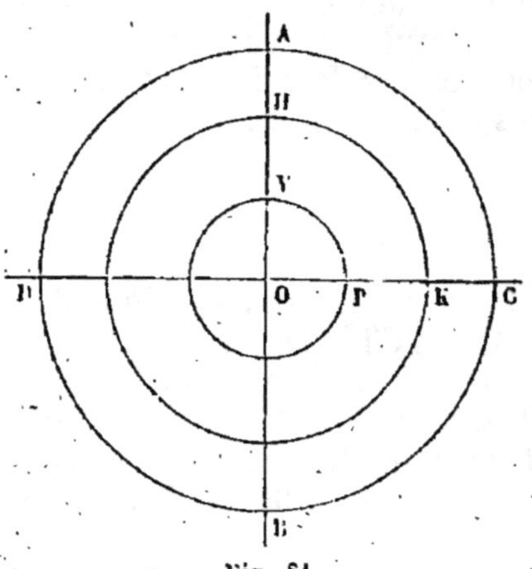

Fig. 81.

Les degrés ne sont pas des valeurs de longueur s'évaluant au mètre; ils indiquent seulement quelle partie de la circonférence embrasse l'arc considéré. Ainsi, dire qu'un arc de cercle est de 90° par exemple, c'est dire simplement que cet arc renferme 90 fois la 360me partie de la circonférence, ou bien qu'il est égal au quart de cette circonférence, sans rien préjuger de son étendue en longueur. L'arc peut être plus petit, plus grand, autant qu'on le voudra,

... chacun fait la moitié de la circonférence...

Un angle du centre a pour mesure l'arc... — Si cet arc embrasse 25 fois la 360e circonférence ou ..., on dit que l'angle ... droit a pour mesure le quart de ... ou 90°.

Théorème IV.

Tout angle inscrit a pour mesure la moitié ...

a pour mesure DB, a pour mesure la moitié de l'arc CB intercepté entre ses côtés.

Deuxième cas. Le centre est compris dans l'intérieur de l'angle inscrit. Menons le diamètre AK (fig. 83). L'angle CAK a pour mesure la moitié de l'arc CK d'après ce qui précède ; pareillement l'angle BAK a pour mesure la moitié de l'arc BK. Par conséquent l'angle donné CAB, somme de CAK et de BAK, a pour mesure la moitié de l'arc CB, somme des arcs CK et BK.

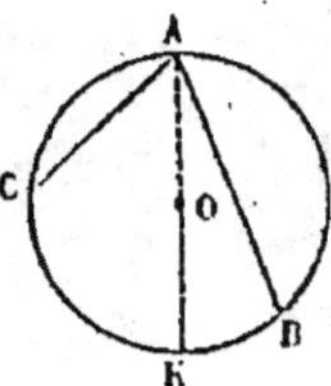

Fig. 83.

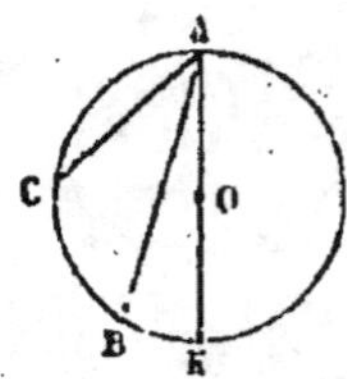

Fig. 84.

Troisième cas. — Le centre est en dehors de l'angle inscrit. Menons encore le diamètre AK (fig. 84). L'angle CAK a pour mesure la moitié de CK, l'angle BAK a pour mesure la moitié de BK. Par conséquent l'angle CAB, différence entre CAK et BAK, a pour mesure la moitié de l'arc CB, différence entre CK et BK.

COROLLAIRE I. — *Tous les angles inscrits dans un même segment sont égaux.* — On nomme *segment* la portion de cercle comprise entre un arc et sa corde. Un angle est *inscrit dans un segment* lorsqu'il a le sommet sur l'arc et que ses côtés passent par les extrémités de la corde. Tels sont les angles ACB, ADB, AHB, AKB (fig. 85). Tous ces

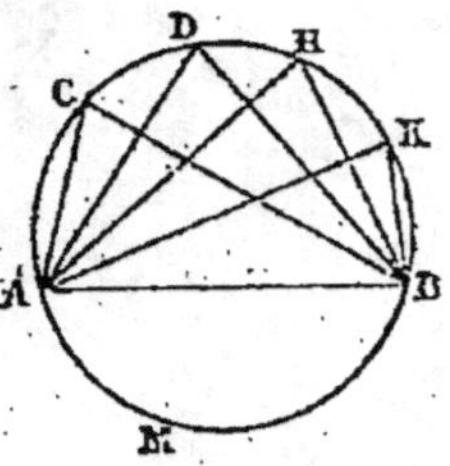

Fig. 85.

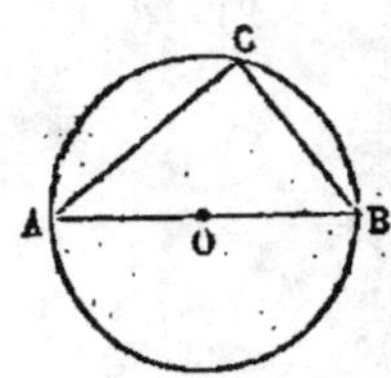

Fig. 86.

angles sont égaux entre eux, car ils ont tous pour mesure la moitié de l'arc AMB compris entre leurs côtés.

pour mesure la moitié de la différence des arcs compris entre ses côtés.

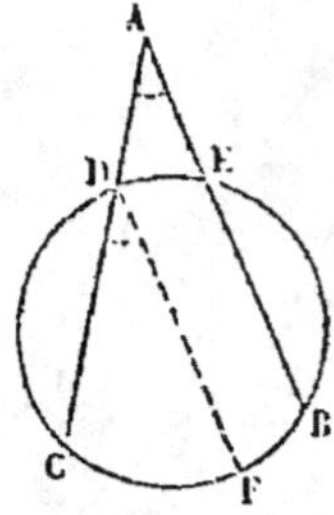

Fig. 89.

Soit CAB l'angle considéré (fig. 89). Menons DF parallèle à AB. L'angle CDF et l'angle CAB sont égaux comme correspondants. Le premier étant un angle inscrit a pour mesure la moitié de l'arc CF ; telle est donc aussi la mesure de l'angle CAB. Mais CF est la différence entre CB et FB, ou bien la différence entre CB et DE, à cause de l'égalité des arcs FB et DE compris entre deux parallèles. Par conséquent l'angle donné CAB a pour mesure la moitié de la différence des arcs CB et DE compris entre ses côtés.

THÉORÈME VII.

L'angle formé par une tangente et une corde issue du point de contact, a pour mesure la moitié de l'arc compris entre ses côtés.

Soit l'angle formé par la tangente BA et la corde AD. Menons le diamètre AE (fig. 90). L'angle BAE est droit,

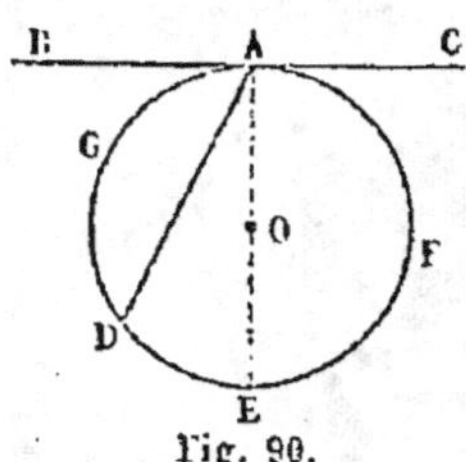

Fig. 90,

parce que la tangente est perpendiculaire à l'extrémité du diamètre qui passe par le point de contact ; cet angle a donc pour mesure la moitié de la demi-circonférence, c'est-à-dire la moitié de l'arc AGE. D'autre part l'angle inscrit DAE a pour mesure la moitié de DE. Donc l'angle donné BAD, différence entre BAE et DAE, a pour mesure la moitié de l'arc AGD, différence entre l'arc AGE et l'arc DE.

On démontrerait de même que l'angle CAD, somme des angles CAE et DAE, a pour mesure la moitié de l'arc AFD, somme des arcs AFE et DE.

APPLICATIONS.

Mesurer un angle sur le papier. Rapporteur. — Un *rapporteur* est un demi-cercle transparent, en corne, gradué de degré en degré. Un diamètre est gravé au bas de l'instrument. A partir de l'une des extrémités de ce diamètre, les degrés se succèdent depuis 0 jusqu'à 180, moitié de la circonférence entière, ou moitié de 360°. Le rapporteur s'emploie pour mesurer les angles sur le papier. Ainsi pour avoir la valeur de l'angle BAC (fig. 91), on applique

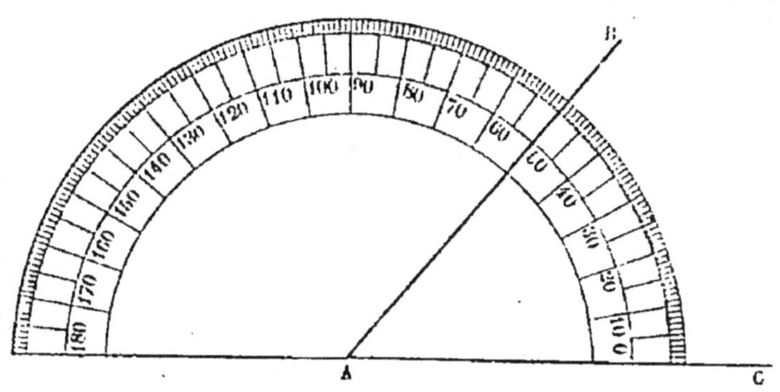

Fig. 91.

le rapporteur sur l'angle, de manière que le centre de l'instrument soit placé au sommet A de l'angle, et que le diamètre coïncide avec l'un des côtés, avec AC par exemple. Cela fait, on lit à quelle division du rapporteur correspond le second côté. Dans le cas représenté par la figure, l'angle est de 50°.

Mesurer un angle sur le terrain. Graphomètre. — Le *graphomètre* est un rapporteur à grandes dimensions. Il se compose d'un demi-cercle en cuivre divisé en degrés et demi-degrés. Son diamètre porte à chaque extrémité (fig. 92) une *pinnule* percée d'une fente étroite *ab* (fig. 92 *bis*) nommée *œilleton*, et d'une autre plus large appelée *croisée* et traversée en son milieu par un fil très-fin *gh* situé sur le prolongement de l'œilleton. La disposition est inverse dans les ouvertures des deux pinnules opposées : à l'œilleton de l'une correspond le fil de la croisée de l'autre. Cette direction coïncide avec le diamètre de l'instrument et porte le nom de *ligne de foi*. Enfin une règle en cuivre ou *alidade*, armée pareillement de deux pinnules, peut tourner autour du centre de l'appareil. Son bord, taillé en biseau, est marqué d'un trait dans la direction de son axe, c'est-à-dire dans la direction d'un œilleton et du fil opposé ; il est en outre muni d'un *vernier* pour l'évaluation des minutes. Enfin le graphomètre est fixé sur un pied à trois branches

Il contient 39 divisions ou degrés

à cette droite. — Il s'agit d'obtenir avec le compas la construction de ce problème déjà résolu par d'autres méthodes (chap. V, probl. 1). — Soient MN la droite et O le point donnés (fig. 95). — Du point O comme centre, avec un

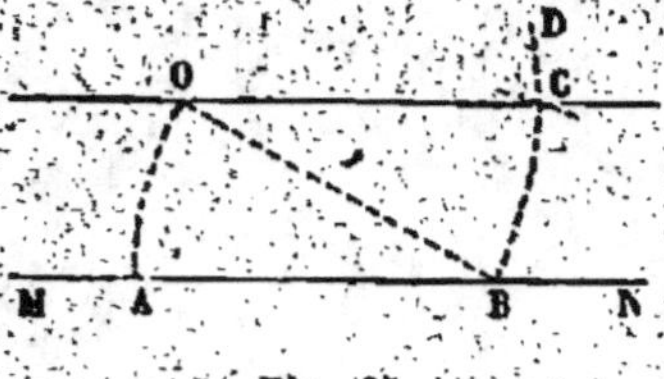

Fig. 95.

rayon arbitraire mais suffisant pour atteindre la droite MN, on décrit un arc de cercle indéfini BD, qui coupe la droite en B. Du point B comme centre, avec le même rayon, on décrit un arc de cercle qui passera nécessairement par O.

Soit AO cet arc de cercle. On prend une ouverture de compas égale à AO et l'on porte cette ouverture de B en C sur l'arc indéfini BD. On détermine ainsi le point C. Enfin on mène OC, qui est la parallèle demandée. — Menons, en effet, OB. Les deux angles OBA et BOC sont égaux, car ils interceptent entre leurs côtés des arcs au centre égaux ; et comme ils sont dans la position d'alternes-internes, les droites OC et MN sont parallèles.

PROBLÈME IV.

Sur une droite déterminée, construire un segment capable d'un angle donné. — Un segment est dit *capable* d'un angle donné, lorsque les angles inscrits dans ce segment sont égaux à cet angle donné. — Soient AB la droite et K l'angle donné (fig. 96). A l'extrémité B de la droite construisons l'angle ABE égal à l'angle K

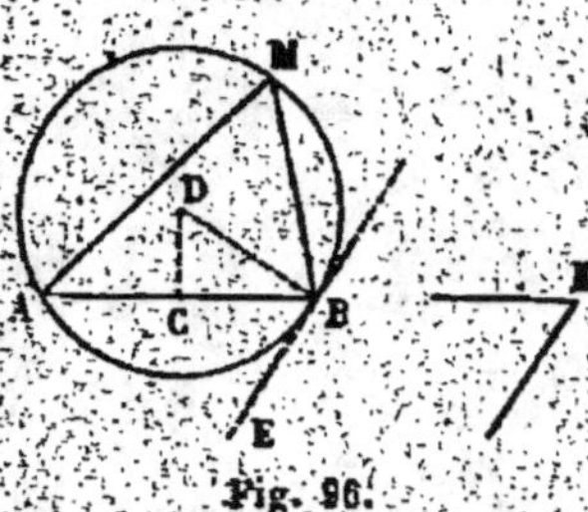

Fig. 96.

et prolongeons EB. Élevons ensuite une perpendiculaire sur AB par son milieu, et une perpendiculaire sur EB par le point B. Du point de concours D des perpendiculaires, avec un rayon égal à DB, décrivons une circonférence. La portion de cercle située au-dessus de AB est le segment demandé. — Inscrivons en effet, un angle quelconque AMB dans ce segment, et démontrons qu'il est égal à l'angle donné K. — L'angle AMB étant inscrit a pour mesure la moitié de l'arc AB ; il en est de même de l'angle ABE

On obtient une seconde solution en menant CE bissectrice de l'angle MCB, et BE bissectrice de l'angle LBC. La démonstration reste absolument la même.

Les deux autres solutions s'obtiennent de la même manière.

PROBLÈMES.

48. Quel est le complément d'un angle de $63° 28' 37''$ (1)?

49. Quel est le supplément d'un angle de $112° 52''$?

50. Que faut-il ajouter, pour obtenir un angle droit, à la somme de deux angles l'un de $14° 20' 85''$, l'autre de $27° 15' 54''$?

51. Que reste-t-il d'une circonférence après en avoir retranché trois arcs, savoir : $A = 84° 28'$, $B = 111° 0' 56''$, $C = 94° 77' 13''$?

52. Quel est le rapport de deux arcs dont l'un mesure $15° 16'$ et l'autre $4° 25''$?

53. Quelle est la valeur de l'angle quintuple de l'angle $A = 21° 15' 12''$?

54. Quelle est la valeur de l'angle égal au quart de $A = 63° 17'$?

55. Comment pourrait-on, avec le graphomètre ou l'équerre d'arpenteur, reconnaître sur le terrain si un point appartient à la circonférence qui serait décrite sur une droite donnée comme diamètre?

56. Comment peut-on vérifier l'angle droit d'une équerre avec une demi-circonférence tracée sur le papier?

57. Démontrer que les cordes parallèles menées des extrémités d'un même diamètre sont égales.

58. Déterminer la suite des points d'où l'on voit une droite donnée sous un angle donné A. (Une longueur est vue sous un angle A lorsque les droites menées du point où l'on est aux extrémités de cette longueur forment entre elles un angle A.)

59. Étant données deux droites B et C ayant une extrémité commune, déterminer un point d'où la droite B soit vue sous un angle A et la droite C sous un angle A'.

60. Étant données deux droites B et C ayant une extrémité commune, déterminer un point d'où ces deux droites soient vues sous le même angle.

61. Une éruption volcanique sous-marine a lieu en un point d'où l'on voit trois phares de la côte A, B, C marqués sur la carte. La distance AB est vue sous un angle de $50°$, la distance BC sous un angle de $38°$. Déterminer sur la carte le point de l'éruption.

62. Par deux points donnés, mener deux droites parallèles dont la distance soit égale à une longueur donnée L.

63. Entre deux rochers distants de 30 mètres, on voudrait faire passer un canal large de 7 mètres et ayant ces deux rochers sur ses bords. On demande le tracé des bords du canal.

64. Raccorder deux concourantes par un arc de cercle tangent à une troisième droite.

65. Étant données deux concourantes, décrire une circonférence tangente à l'une d'elles et tangente à l'autre en un point déterminé.

(1) Consulter notre *Nouvelle Arithmétique* pour le calcul des quantités angulaires.

66. Raccorder deux concourantes par un arc de cercle, le point de raccordement étant déterminé sur l'une d'elles.

67. Démontrer que l'angle formé par une tangente et une sécante issues du même point, a pour mesure la moitié de la différence des arcs interceptés.

68. Démontrer que l'angle formé par deux tangentes a pour mesure la moitié de la différence des arcs interceptés.

69. Mener la bissectrice d'un angle dont on ne peut prolonger les côtés jusqu'à leur point de concours.

70. Étant donnée la corde d'un arc de 70°, déterminer graphiquement le centre et le rayon de la circonférence.

CHAPITRE VIII

Intersection et contact des circonférences.

THÉORÈME I.

Deux circonférences ne peuvent avoir plus de deux points communs.

Car si elles en avaient trois, elles se confondraient (Chap. VI, Probl. II). Deux circonférences qui ont deux points communs sont dites *sécantes*.

PROBLÈME II.

Lorsque deux circonférences se coupent, la ligne des centres est perpendiculaire sur la corde commune et la divise en deux parties égales.

Soient A et B (fig. 102) les points d'intersection des deux circonférences C et C'. AB, qui joint les points d'intersection est la *corde commune*; CC' qui joint les centres est la *ligne des centres*. Il faut démontrer que CC' est perpendiculaire sur AB en son milieu. En effet, le point C est également distant des points A et B, puisque ces derniers appar-

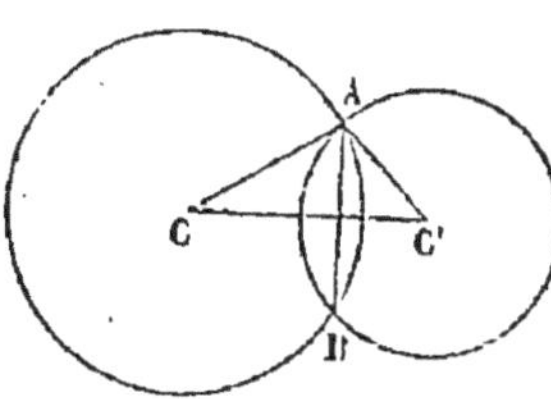

Fig. 102.

tiennent à la circonférence dont le centre est en C; pareillement le point C' est également distant de A et de B. Donc CC' est perpendiculaire sur AB par son milieu.

4

THÉORÈME III.

Lorsque deux circonférences se coupent, chacune des trois longueurs, savoir : les deux rayons et la ligne des centres, est plus courte que la somme des deux autres.

Considérons, en effet, la figure ACC' (fig. 102) formée par les deux rayons et la ligne des centres. Chacune de ces trois longueurs, ligne droite, est plus courte que la somme des deux autres, ligne brisée.

THÉORÈME IV.

Lorsque deux circonférences sont tangentes extérieurement, la ligne des centres est égale à la somme des rayons.

Deux circonférences sont tangentes en un point, lorsqu'elles ont en ce point une tangente commune. Le contact est *extérieur*, si les deux circonférences sont extérieures l'une à l'autre ; il est *intérieur*, si la petite circonférence est renfermée dans l'autre. Dans tous les cas, le point de contact des circonférences et les deux centres se trouvent sur une même droite, puisque les rayons menés à ce point de contact sont perpendiculaires à la tangente commune, et par suite se confondent en une même droite.

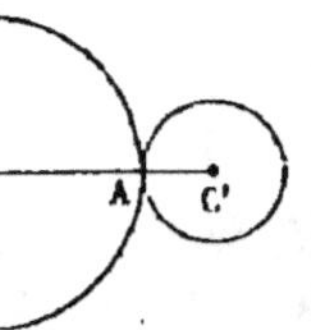

Fig. 103.

Soient C et C' (fig. 103) les deux circonférences tangentes extérieurement. Le point de contact A se trouve sur la ligne des centres d'après ce qui vient d'être dit et l'on a identiquement :

$$CC' \text{ (ligne des centres)} = CA + C'A \text{ (somme des rayons).}$$

THÉORÈME V.

Lorsque deux circonférences sont tangentes intérieurement, le plus grand rayon est égal à la somme de la ligne des centres et du plus petit rayon.

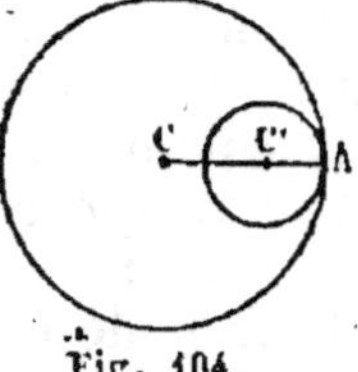

Fig. 104.

Soient C et C' (fig. 104) deux circonférences tangentes intérieurement. D'après ce qui précède, le point de contact A doit se trouver sur la ligne des centres et l'on a de la sorte :

CA (plus grand rayon) = CC′ + C′A (somme de la ligne
des centres et du plus petit rayon).

THÉORÈME VI.

Lorsque deux circonférences sont extérieures l'une à l'autre, la ligne des centres est plus grande que la somme des rayons.

C'est ce qui résulte de la simple inspection de la figure ;
CC′ > AC + BC′ (fig. 105).

THÉORÈME VII.

Lorsque deux circonférences sont intérieures l'une à l'autre, le plus grand rayon est plus grand que la somme de la ligne des centres et du plus petit rayon.

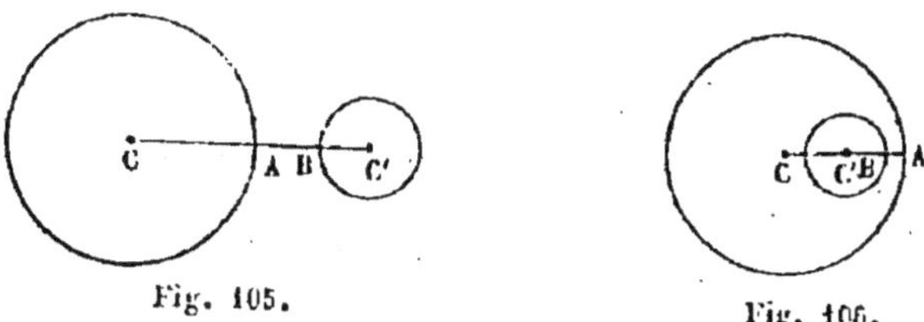

Fig. 105.   Fig. 106.

On a, en effet (fig. 106) : CA > CC′ + C′B.

Mesure de la circonférence. — Imaginons un fil enroulé
suivant une circonférence, puis déroulé et tendu en ligne
droite. La longueur de cette droite est la mesure de la
circonférence. Ce moyen n'est pas toujours praticable et
manque d'ailleurs de précision ; aussi les géomètres ont-
ils cherché une autre méthode plus facile et plus sûre.
Et d'abord il est visible que la valeur linéaire de la circonférence dépend de la longueur du rayon qui sert à la décrire ; avec un rayon double, triple, quadruple, on doit
obtenir une circonférence double, triple, quadruple en
étendue linéaire. Pareille conséquence est évidemment vraie
pour le diamètre qui, devenant deux, trois, quatre fois plus
grand, correspond à une circonférence deux, trois, quatre
fois plus grande. La circonférence et le diamètre augmen-

tent donc ou diminuent à la fois dans la même proportion, et, par conséquent, il y a entre la longueur de la première et la longueur du second un rapport de valeur invariable. En d'autres termes, si l'on désigne par C, C′, C″, C‴, etc., diverses circonférences dont les diamètres sont respectivement D, D′, D″, D‴, etc., le quotient de chaque circonférence par son diamètre doit être le même dans tous les cas :

$$\frac{C}{D} = \frac{C'}{D'} = \frac{C''}{D''} = \frac{C'''}{D'''} \text{, etc.} = \textit{un nombre constant.}$$

Ce nombre constant se désigne par la lettre π (*pi*) de l'alphabet grec, lettre correspondant à notre *p* et initiale du mot περιφέρεια (périphéreia), signifiant circonférence. Nous donnerons plus loin un aperçu des méthodes qui servent à le calculer.

Pour le moment, nous dirons que c'est un nombre incommensurable, que l'on peut obtenir avec tel degré d'approximation que l'on désire sans jamais l'exprimer en entier. En se bornant aux cinq premières décimales, ce qui est suffisant et au delà dans l'immense majorité des cas, on a :

$$\pi = 3,14159.$$

Cela signifie que la longueur du diamètre est contenue 3 fois dans la circonférence avec une fraction 0,14159 en ne tenant pas compte des décimales suivantes.

On doit au célèbre géomètre de l'antiquité Archimède une valeur approchée de π remarquable par sa simplicité ; c'est $\pi = \dfrac{22}{7}$. L'exactitude de ce rapport se maintient jusqu'à la troisième décimale exclusivement.

Un rapport plus approché est celui d'Adrien Métius $\dfrac{355}{113}$, exact jusqu'à la septième décimale exclusivement (1).

(1) On retrouve aisément ce rapport en écrivant deux fois de file, chacun des trois premiers chiffres impairs 113355. On partage le nombre ainsi obtenu en deux tranches de trois chiffres, et l'on prend pour numérateur la seconde tranche et pour dénominateur la première : $\dfrac{355}{113}$

Le rapport de la circonférence au diamètre, ou le nombre π, sert à calculer la circonférence quand on connaît le rayon, et inversement à calculer le rayon quand on connaît la circonférence. On a en effet :

$$\frac{C}{D} = \pi.$$

Ou bien en remplaçant le diamètre D par le double du rayon 2R :

$$\frac{C}{2R} = \pi.$$

D'où l'on déduit :

$$C = 2\pi R.$$

On obtient donc la valeur linéaire de la circonférence en multipliant par π le double du rayon.

De la même égalité, l'on déduit :

$$2R = \frac{C}{\pi}.$$

C'est-à-dire, que *l'on obtient le double du rayon ou le diamètre en divisant la circonférence par π.*

APPLICATIONS.

Raccordement des arcs de cercle. — Deux arcs se raccordent en un point lorsqu'ils ont en ce point une tangente commune. De cette communauté de la tangente résulte le passage sans transition brusque de la courbure d'un arc à la courbure de l'autre. La condition formelle pour que deux arcs de cercle se raccordent est que *le point de raccordement et les deux centres soient sur une même droite.* Si les deux centres sont du même côté du point de raccordement, les deux arcs de cercle tournent leur concavité dans le même sens (fig. 107); si les deux centres sont de côtés différents, les deux arcs de cercle tournent leur concavité en sens inverse (fig. 108). Le raccordement des

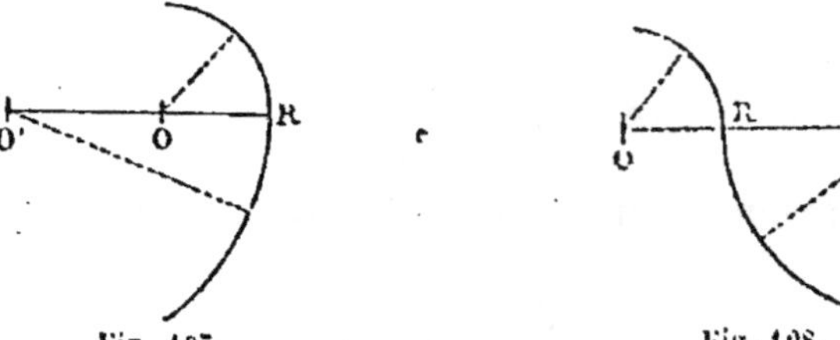

Fig. 107.   Fig. 108.

arcs de cercle est très-usité dans l'architecture et dans les arts; nous allons en donner quelques exemples.

Ovale à quatre centres. — On divise l'axe AB en trois parties égales, et des points de division C et D (fig. 109),

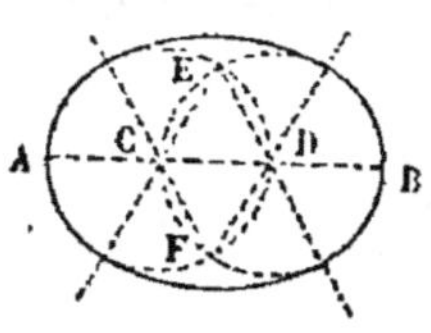

Fig. 109.

avec un rayon égal au tiers de AB, on décrit deux circonférences qui se coupent en E et F. Joignons ces deux points d'intersection aux centres, et prolongeons les droites jusqu'à leur rencontre avec les circonférences. Enfin des points E et F, avec un rayon égal au diamètre AD, on décrit deux arcs de cercle qui se raccordent avec les deux circonférences, aux points où celles-ci sont rencontrées par les droites FC, FD, etc. Le raccordement a lieu parce que chacun des quatre points communs aux arcs de rayon différent est en ligne droite avec les deux centres.

Ove. — Sur AB comme diamètre décrivons une demi-circonférence ADB (fig. 110), et menons une droite indéfinie DE perpendiculaire sur AB en son

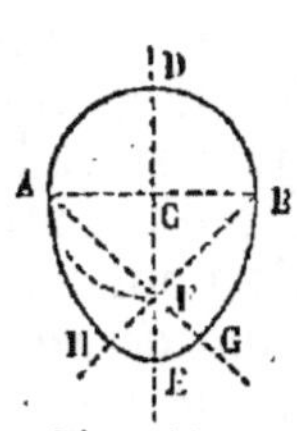

Fig. 110.

milieu. Le prolongement de la demi-circonférence coupe cette perpendiculaire en F. Menons les droites AF et BF que nous prolongeons indéfiniment. Du point A comme centre, avec un rayon égal à AB, décrivons l'arc BG, qui se raccorde en B avec la demi-circonférence, puisque le point B et les deux centres C et A sont en ligne droite. De même, du point B comme centre, dé-

crivons l'arc AH, qui se raccorde en A avec la demi-circonférence. Enfin du point F comme centre, décrivons
l'arc GEH, qui se raccorde en G et en H avec les arcs BG
et AH, puisque les trois points G, F, A sont en ligne droite,
de même que les trois points H, F, B.

Calculer la circonférence dont on connaît le rayon. — Supposons que le rayon soit de 5 mètres. La circonférence,
égale au double du rayon multiplié par π, aura pour valeur le produit $2 \times 5 \times 3,1416 = 31^m,416$ (1).

Calculer le rayon connaissant la circonférence. — Le
rayon s'obtient en divisant la circonférence par 2π. Si la
circonférence est de 100 mètres, par exemple, on aura :

$$R = \frac{100}{2\,\pi} = \frac{50}{\pi} = \frac{50}{3,1416} = 15^m,91.$$

*Calculer la longueur d'un arc de 42° 25′ dans une circonfé-
rence de 4ᵐ de rayon.* — La circonférence entière a pour
valeur $2 \times 4 \times 3,1416$. La valeur d'un arc d'une minute
est de :

$$\frac{2 \times 4 \times 3,1416}{360 \times 60}$$

et la valeur d'un arc de 42° 25′ ou de 2545′ est de :

$$\frac{2 \times 4 \times 3,1416 \times 2545}{360 \times 60} = \frac{3,1416 \times 2545}{90 \times 30} = 2^m,961.$$

PROBLÈMES.

71. Décrire une circonférence qui passe par un point donné et soit
tangente à une circonférence en un point déterminé.

72. Décrire une circonférence qui soit tangente à une droite donnée,
et tangente à une circonférence en un point déterminé sur celle-ci.

73. Combien de points d'intersection 7 circonférences tracées arbitrairement dans un plan peuvent-elles donner au plus?

74. Généraliser le résultat et dire en combien de points au plus
n circonférences peuvent se couper.

75. On donne un certain nombre de points arbitrairement placés sur

(1) En forçant la dernière décimale du nombre 3,14159, on obtient
3,1416. C'est généralement sous cette forme que le nombre π est employé dans les applications ordinaires.

un même plan. Décrire une suite d'arcs de cercle se raccordant entre eux et ayant ces points pour centres.

76. Étant donnée une suite de droites situées dans un même plan, décrire une série d'arcs de cercle qui se raccordent entre eux et soient tangents à ces droites.

77. Quelle est la circonférence d'un puits circulaire dont le diamètre est de 2^m,42?

78. La circonférence de la Terre est de 40 millions de mètres. Calculer le rayon terrestre.

79. On donne à un champ de course circulaire 820 mètres de rayon. Quel trajet fait un cheval pour un tour?

80. Calculer le rayon de la circonférence dans laquelle un arc de 28° mesure une longueur de 11^m.

81. On veut entourer un bassin circulaire de 1^m,5 de rayon d'une grille dont les montants soient distants l'un de l'autre de 0^m,18. Combien la grille aura-t-elle de montants?

82. Une roue dentée de 3 décimètres de rayon est armée de 45 dents. L'intervalle entre deux dents consécutives dépasse de $\frac{1}{11}$ la largeur d'une dent. Calculer la largeur d'une dent, et celle d'un intervalle.

83. Combien de tours fait une roue de voiture de 0^m,56 de rayon pour un parcours de 4 kilomètres?

84. Quelle est la longueur d'un arc horaire dans un cadran d'horloge ayant 0^m,36 de rayon?

85. La Terre est éloignée du Soleil de 38 millions de lieues et décrit autour de lui une orbite à peu près circulaire dans l'intervalle de 365 jours environ. Quelle est la vitesse de translation de la Terre par heure?

86. Quelle est en degrés la valeur d'un arc qui mesure 8^m dans une circonférence de 7^m,4 de rayon?

87. Quel rayon faut-il donner à une circonférence pour que sa longueur entière soit égale à celle d'un arc de 34° 16' dans une circonférence de 1^m de rayon?

88. Calculer la longueur d'un arc d'une minute, d'une seconde, dans une circonférence de 100^m de rayon.

CHAPITRE IX

Triangle.

Définitions. — On nomme *polygone* la portion de plan comprise entre plusieurs droites qui se coupent. Chacune de ces droites est un *côté* du polygone, et leur ensemble prend le nom de *périmètre*, c'est-à-dire contour du polygone. Les *angles* du polygone sont les angles que les côtés forment entre eux; il y en a autant que de côtés. Un polygone est dit *convexe* lorsque son périmètre ne peut être

THÉORÈME (82, 83). Si l'on porte... dans le même sens, égale... les angles extérieurs GBA, etc., leur somme doit être égale à quatre angles droits, quel que soit le polygone. — En effet, ces angles dont les côtés sont prolongés indéfiniment, recouvrent dans leur ensemble tout le plan, moins l'étendue comprise dans le polygone. Mais cette étendue est nulle par rapport à celle du plan, car le polygone était transporté successivement dans toutes les positions possibles, de manière à recouvrir chaque fois une portion différente du plan, il ne pourrait *jamais* recouvrir celui-ci, quelque nombre de fois que l'opération fût répétée. Cela revient à dire qu'une grandeur finie, répétée autant de fois qu'on le voudra, ne peut jamais égaler une grandeur infinie, ni même être comparée. Nous en concluons qu'un polygone est fini par rapport au plan, qu'il ne peut ni l'augmenter ni le diminuer.

Cela étant, l'ensemble des angles extérieurs du polygone équivaut au plan, et par conséquent est égal à quatre angles droits.

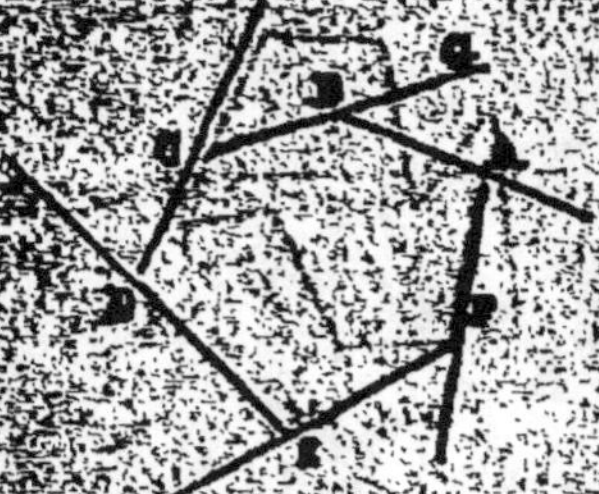

Fig. 111.

Si le polygone n'était pas convexe, certains angles se superposeraient en partie, au lieu de tomber à côté l'un de l'autre, et le théorème ne...

THÉORÈME II.

Dans tout polygone convexe, la somme des angles intérieurs est égale à autant de fois deux angles droits qu'il a de côtés moins 2.

Soit n le nombre des côtés... dont une portion est représentée par la figure 114. On aura $a + a' = 2$ angles droits, $b + b' = 2$ angles droits, ... $= 2$ angles droits, etc., etc. ; ajoutant ces égalités membre à membre... sait qu'il y a n de ces égalités, c'est-à-dire...

Fig. 114.

le polygone a de sommets ou de côtés, on aura :

$$a + b + c + \text{etc.} + a' + b' + c' + \text{etc.} = n \text{ fois } 2 \text{ angles droits.}$$

Ou bien en désignant par Si la somme des angles intérieurs et par Se la somme des angles extérieurs :

$$Si + Se = n \text{ fois } 2 \text{ angles droits.}$$

Mais nous venons de démontrer que la somme des angles extérieurs vaut quatre angles droits, quel que soit le polygone, ou 2 fois 2 angles droits, c'est-à-dire que $Si = $ 2 fois 2 angles droits. On a donc :

$$Si + 2 \text{ fois } 2 \text{ droits} = n \text{ fois } 2 \text{ droits.}$$

Ou bien en retranchant 2 fois 2 droits dans les deux membres :

$$Si = (n - 2) \text{ fois } 2 \text{ droits.}$$

C'est-à-dire que la somme des angles intérieurs vaut 2 droits répétés autant de fois que le polygone a de côtés moins 2.

CorollAIRE I. — Donc dans le polygone de trois côtés ou triangle, la somme des angles vaut 1 fois 2 droits ou bien 2 angles droits.

CorollAIRE II. — Dans le polygone de quatre côtés ou quadrilatère, la somme des angles vaut 2 fois 2 droits ou 4 angles droits.

CorollAIRE III. — Dans le polygone de cinq côtés ou pentagone, la somme des angles vaut 3 fois 2 droits ou 6 angles droits,

Et ainsi de suite pour les autres polygones.

Nous venons d'établir, par un genre de démonstration non encore usité dans les études élémentaires, que la somme des trois angles d'un triangle vaut toujours deux angles droits. Cette marche a l'avantage de présenter sous son vrai jour l'une des vérités les plus importantes de la géométrie et de la faire dériver immédiatement d'un théorème général qui s'impose à l'esprit par simple intuition, au lieu de la déduire péniblement d'un échafaudage de propositions fort détournées du but fondamental. Pour nous conformer aux usages classiques, nous allons reprendre cette vérité en la faisant dépendre de la théorie des parallèles.

THÉORÈME III.

Dans tout triangle, la somme des angles est égale à deux angles droits.

Prolongeons le côté AB du triangle ABC, et par le point B menons BE parallèle à AC (fig. 115). Les angles GAB  et EBD sont égaux comme correspondants par rapport aux parallèles AC et BE coupées par la sécante AD. D'autre part, les angles ACB et CBE sont égaux comme alternes-internes par rapport aux parallèles AC et BE coupées par la sécante CB. La somme des trois angles du triangle est donc représentée par la somme des angles ABC, CBE, EBD. Mais ces trois angles valent deux angles droits, puisqu'ils sont formés autour d'un point du même côté d'une droite. Les trois angles du triangle valent donc ensemble deux angles droits.

Fig. 115.

COROLLAIRE I. — *Un triangle ne peut avoir plus d'un angle droit ou plus d'un angle obtus*, sinon la somme des trois angles dépasserait deux angles droits.

COROLLAIRE II. — *Si les trois angles d'un triangle sont égaux, chacun d'eux est égal au tiers de deux angles droits*, c'est-à-dire au tiers de 180° ou bien à 60°. Le triangle est dit alors *équiangle*.

COROLLAIRE III. — *Si un angle est droit, la somme des deux autres vaut un angle droit ou 90°*. Le triangle est dit *triangle rectangle*, et le côté opposé à l'angle droit se nomme *hypoténuse*.

COROLLAIRE IV. — *Il suffit de connaître deux angles d'un triangle pour avoir la valeur du troisième*, car ce troisième est le supplément de la somme des deux autres.

COROLLAIRE V. — *Tout angle extérieur d'un triangle est le supplément de la somme des deux angles non adjacents*. L'angle extérieur CBD (fig. 115) a pour supplément CBA, lui-même supplément de la somme des deux angles BAC et BCA.

THÉORÈME IV.

Un triangle isocèle est isoangle, et réciproquement un triangle isoangle est isocèle.

On nomme triangle *isocèle* celui qui a deux côtés égaux, et *isoangle* celui qui a deux angles égaux. La première condition entraîne la seconde et réciproquement, ainsi qu'on va le démontrer.

Supposons que dans le triangle ABC (fig. 116) les côtés AB et AC soient égaux. Le triangle est alors *isocèle* et il faut établir qu'il est par suite *isoangle*, c'est-à-dire que les angles ABC et ACB, opposés aux côtés égaux, sont égaux entre eux. — Joignons le sommet A au milieu D de BC. Puisque les points A et D sont chacun en particulier également distants de B et de C, AD est perpendiculaire sur BC par son milieu. Plions le plan de la figure suivant AD

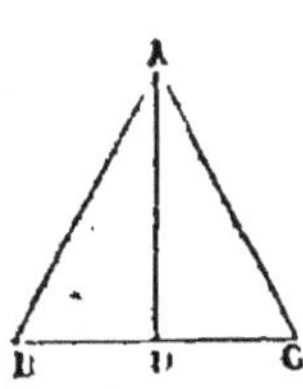

Fig. 116.

pour rabattre la partie de droite sur la partie de gauche. DC prendra la direction de DB, puisque les angles en D sont droits, et le point C coïncidera avec B, puisque DC = DB. Les angles ACD et ABD se recouvriront donc, par conséquent ils sont égaux.

CoROLLAIRE I. — La droite AD qui joint le *sommet* A au milieu du côté opposé BC, appelé *base*, non-seulement est perpendiculaire sur BC, mais encore *divise l'angle* A *en deux parties égales.*

CoROLLAIRE II. — *Il suffit de connaître un angle d'un triangle isocèle, pour avoir la valeur de chacun des deux autres.*

CoROLLAIRE III. — *Tout triangle équilatéral,* c'est-à-dire dont les trois côtés sont égaux, *est équiangle;* car l'égalité des côtés considérés deux à deux a pour conséquence l'égalité des angles opposés.

Supposons maintenant le triangle isoangle, c'est-à-dire supposons que les angles B et C soient égaux et démontrons que les côtés opposés AB et AC sont égaux (fig. 116). — Du sommet A abaissons une perpendiculaire sur la base BC. Les angles BAD et CAD sont égaux, car chacun d'eux a pour complément (Théor. III) l'un des angles B et C supposés égaux entre eux. Si donc l'on plie le plan suivant la droite AD pour rabattre la partie de la figure à droite sur la partie de gauche, la ligne AC prendra la direction de AB, et le point C de la droite AC tombera quelque part sur AB. De même DC prendra la direction de BD, puisque les angles en D sont droits, et le point C de la droite DC tombera quelque part sur DB. Le point C devant se trouver de la sorte, après rabattement, que le côté DE vient coïncider avec B, et par suite le côté AC égal au côté AB.

COROLLAIRE IV. — *Tout triangle équiangle est équilatéral,* car l'égalité des angles considérés deux à deux a pour conséquence l'égalité des côtés opposés.

THÉORÈME V.

Dans tout triangle, chaque côté est plus petit que la somme des deux autres, et plus grand que leur différence.

La première partie de la proposition est évidente, puisque chaque côté est une ligne droite, tandis que l'ensemble des deux autres côtés constitue une ligne brisée aboutissant aux mêmes extrémités.

AB, BC, CA étant les trois côtés d'un triangle on a donc pour l'un quelconque d'entre eux

$$AB < BC + CA;$$

ou, ce qui revient au même :

$$BC + CA > AB.$$

Retranchons CA dans les deux membres de cette inégalité, nous aurons

$$BC > AB - CA.$$

Ce qui démontre, pour un côté quelconque BC, la seconde partie de la proposition.

THÉORÈME VI.

Dans tout triangle, au plus grand angle est opposé le plus grand côté; et réciproquement au plus grand côté est opposé le plus grand angle.

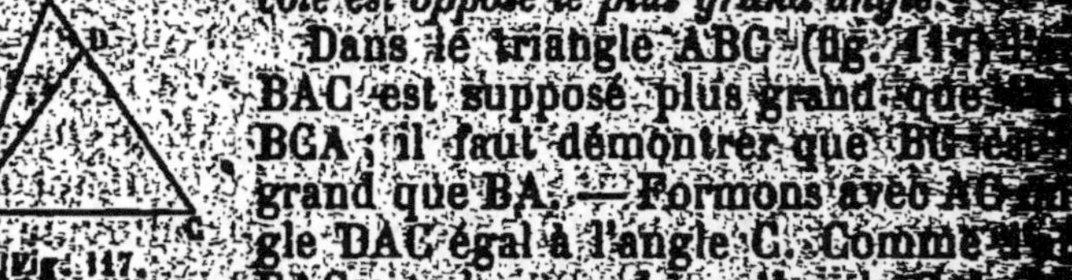

Dans le triangle ABC (fig. 117), l'angle BAC est supposé plus grand que l'angle BCA; il faut démontrer que BC est plus grand que BA. — Formons avec AC un angle DAC égal à l'angle C. Comme l'angle BAC est plus grand que l'angle C, la droite AD sera comprise entre AB et AC, et par conséquent pera BC en un point D situé entre B et C. Le triangle ainsi obtenu ADC est isoangle et par suite isocèle, et l'on a AD = CD. En second lieu AD + DB est plus grand que AB. On obtient donc, en remplaçant AD par son égal CD :

$$CD + DB > AB,$$

ou bien

$$CB > AB.$$

Réciproquement, si le côté BC est plus grand que le côté AB, l'angle BAC opposé au premier est plus grand que l'angle BCA opposé au second. — Ces deux angles, en effet, ne peuvent être égaux, car alors les côtés AB et BC seraient égaux (Théor. IV, réciproque). L'angle A ne peut être plus petit que l'angle C, car alors le côté BC serait plus petit que le côté AB, ce qui est contre la supposition ; l'angle A est donc plus grand que l'angle C.

Égalité des triangles. Deux figures quelconques sont dites *égales* lorsqu'elles peuvent exactement se superposer. La superposition exige évidemment l'égalité des côtés considérés deux à deux et l'égalité des angles considérés également deux à deux ; de sorte que si les figures ont n côtés et par conséquent n angles, la possibilité de la superposition entraîne $2n$ conditions. Pour le triangle, ces conditions sont au nombre de six. Toutefois lorsque, sur ces six conditions, trois sont remplies, parmi lesquelles se trouve au moins un côté, les trois autres sont nécessairement satisfaites. C'est ce qui fait le sujet des principaux théorèmes suivants.

THÉORÈME VII.

Deux triangles sont égaux lorsqu'ils ont un angle égal compris entre des côtés égaux.

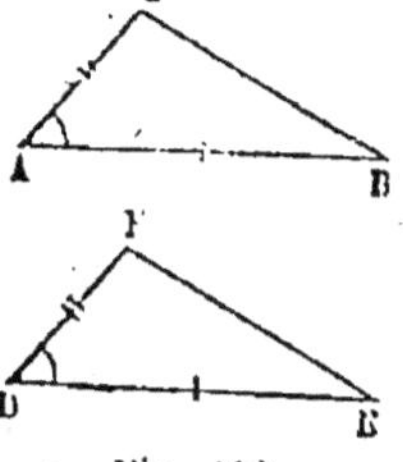

Fig. 118.

Soient les deux triangles ABC et DEF (fig. 118). On suppose : angle A = angle D, AB = DE, AC = DF ; et il faut démontrer que les deux triangles sont égaux ou superposables. — Transportons le triangle DEF sur le triangle ABC, de manière que l'angle D recouvre son égal l'angle A

Puisque DE = AB, le point E tombera en B ; puisque DF = AC, le point F tombera en C. Les trois sommets coïncideront, et par conséquent les deux triangles sont égaux.

THÉORÈME VIII.

Deux triangles sont égaux, lorsqu'ils ont un côté égal adjacent à deux angles égaux chacun à chacun.

On suppose : angle A = angle D, angle B = angle E, AB = DE (fig. 119); et il faut démontrer que les deux triangles sont superposables. — Transportons DE sur son égal AB. Le côté DF prendra la direction du côté AC, puisque les angles D et A sont égaux, et le point F du côté DF tombera quelque part sur AC. Pareillement, le côté EF prendra la direction de BC, puisque les angles E et B sont égaux, et le point F du côté EF tombera quelque part sur BC.

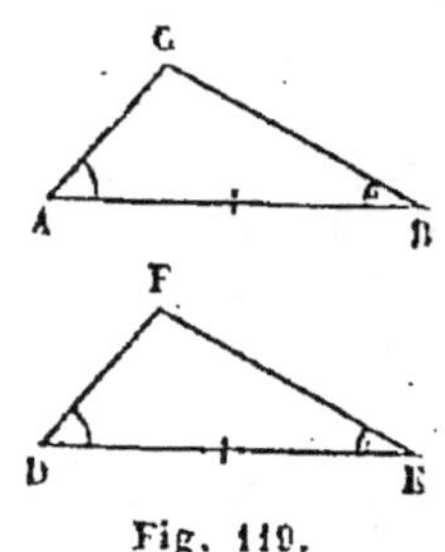

Fig. 119.

Le point F devant se trouver ainsi à la fois sur AC et sur BC, se place nécessairement en C, leur point d'intersection. Les deux triangles coïncident donc, et par conséquent ils sont égaux.

THÉORÈME IX.

Deux triangles sont égaux, lorsqu'ils ont leurs côtés égaux chacun à chacun.

On suppose AB = DE, AC = DF. BC = EF (fig. 120). Avec ces trois conditions, les deux triangles sont superposables. — Transportons, en effet, le triangle DEF sur le triangle ACB, de manière que DE recouvre son égal AB. Le point F du côté EF tombera quelque part sur l'arc K décrit du point B comme centre avec un rayon BC = EF. De même, le point F du côté DF tombera quelque part sur l'arc H décrit du point A comme centre avec un rayon AC = DF. Le point F devant ainsi

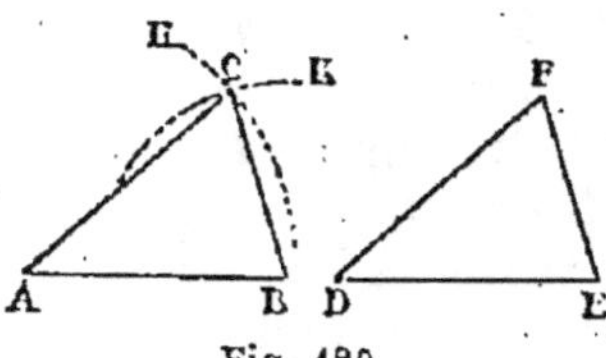

Fig. 120.

un rayon BC = EF. De même, le point F du côté DF tombera quelque part sur l'arc H décrit du point A comme centre avec un rayon AC = DF. Le point F devant ainsi se trouver à la fois sur l'arc H et sur l'arc K, se place sur leur intersection, c'est-à-dire sur le point C, qui est le troisième sommet du triangle. Les trois sommets coïncident donc, et par suite les deux triangles se confondent en se superposant.

THÉORÈME X.

Deux triangles rectangles sont égaux, lorsqu'ils ont l'hypoténuse égale et un côté égal.

On suppose les deux triangles (fig. 121) rectangles en A et D ; de plus BC = EF, AB = DE. — Transportons le triangle DEF sur le triangle ABC, de manière que DE recouvre son égal AB. Le côté DF prendra la direction de AC, puisque les angles D et A sont égaux comme droits, et le point F du côté DF tombera quelque part sur AC. En second lieu, le même point F de l'hypoténuse EF tombera quelque part sur l'arc de cercle H décrit du point B comme centre avec un rayon BC = EF. Par conséquent, le point F coïncidera avec le point C, intersection de AC et de l'arc H ; c'est-à-dire que les deux triangles se superposeront exactement.

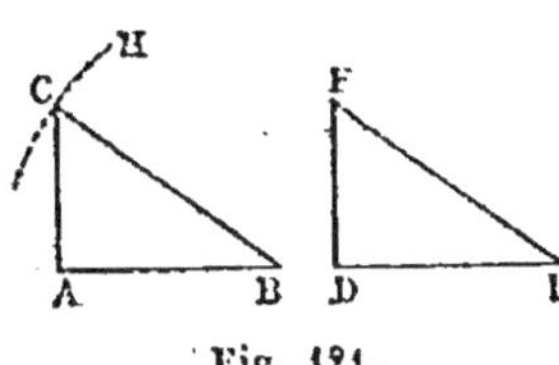
Fig. 121.

THÉORÈME XI.

Si deux triangles ont un angle inégal compris entre deux côtés égaux, au plus grand angle est opposé le plus grand côté.

Juxtaposons les deux triangles par un côté égal AB ; admettons en outre que AC soit égal à AD et que l'angle CAB soit plus grand que l'angle DAB. Il faut démontrer que BC est plus grand que DB (fig. 122). Menons la bissectrice de l'angle total DAC, cette bissectrice se trouvera évidemment dans le plus grand angle, et par conséquent coupera BC en un certain point I. Les deux triangles ainsi obtenus, DAI et CAI sont égaux, puisqu'ils ont AC = AD par hypothèse, AI com-

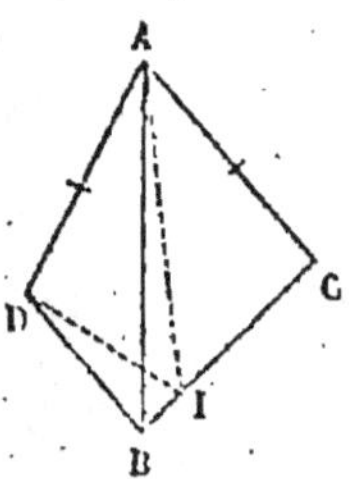
Fig. 122.

mun, et l'angle compris entre ces côtés égal à leur bissectrice. Donc DI = CI. — Mais on a :

$$DI + IB > DB,$$

et en remplaçant DI par son égal CI :

$$CI + IB > DB,$$

ou enfin :

$$CB > DB.$$

THÉORÈME XII.

Réciproquement, si deux triangles ont deux côtés égaux et le troisième inégal, au plus grand côté est opposé le plus grand angle.

Cet angle, en effet, ne peut être ni égal ni plus petit car, dans la première supposition, les triangles seraient égaux, et par suite les côtés opposés aux angles considérés seraient égaux, ce qui est contre l'hypothèse ; dans la seconde supposition, le côté opposé à cet angle serait moindre que celui qu'on lui compare (Théor. XI), ce qui est encore contre l'hypothèse. Il est donc plus grand.

THÉORÈME XIII.

Deux parallèles comprises entre parallèles sont égales.

Soient les deux parallèles MH et NK, comprises entre les deux parallèles AB et CD (fig. 123), il faut démontrer qu'elles sont égales. — Menons, en

effet, HN. Les deux triangles MHN, KHN ont HN commun ; angle MHN = angle KNH comme alternes-internes par rapport aux parallèles MH et KN coupées par la sécante HN ; angle KHN = angle MNH comme alternes-internes, par rapport aux parallèles AB et CD coupées par la sécante HN. Ces deux triangles ont donc un côté égal et les deux angles adjacents égaux. Ils sont donc égaux, d'où résulte l'égalité des côtés HM et KN, opposés à des angles égaux.

THÉORÈME XIV.

Les perpendiculaires élevées sur les trois côtés d'un triangle par leur milieu, concourent au même point.

Élevons deux de ces perpendiculaires FO, EO, qui se rencontrent en O (fig. 124). Comme appartenant à la perpendiculaire OF, le point O est également ment distant de B et de A ; comme appartenant à la perpendiculaire EO, il est également distant de C et de A. Le point O est donc également distant de B et de C, et par conséquent la perpendiculaire élevée sur CB par son milieu doit passer par le point O.

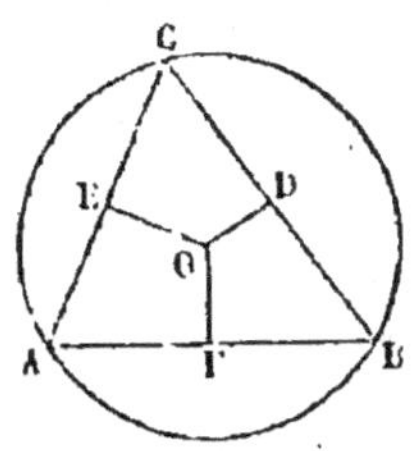

Fig. 124.

Le point de concours O est le centre de la circonférence qui passe par les trois sommets du triangle ABC ; en d'autres termes, c'est le centre de la circonférence *circonscrite* au triangle.

THÉORÈME XV.

Les trois hauteurs d'un triangle concourent au même point.

On nomme *hauteurs* d'un triangle les perpendiculaires abaissées du sommet de chaque angle sur le côté opposé. — Soit le triangle ABC (fig. 125). Menons par chacun des sommets des parallèles aux côtés opposés. On forme ainsi le triangle A'B'C'. Or, BC' = CA comme parallèles comprises entre parallèles ; pareillement BA' = CA. On a donc BA' = BC', c'est-à-dire que le point B est le milieu de A'C'. On démontrerait de la même manière que A est le milieu de B'C', et C le milieu de A'B'.

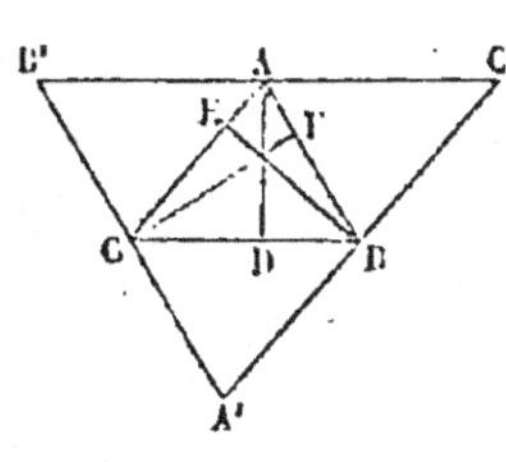

Fig. 125.

Si maintenant on élève des perpendiculaires par le milieu des trois côtés du triangle A'B'C', on sait, d'après le précédent théorème, que ces perpendiculaires concourent au même point. Mais, d'autre part, les perpendiculaires élevées en A, en B, en C sur les côtés A'B', B'C', A'C', ne sont autres que les trois hauteurs du triangle ABC. Donc celles-ci concourent au même point.

Si l'un des angles du triangle est obtus, le point de concours des trois hauteurs est en dehors du triangle.

THÉORÈME XVI.

Les bissectrices des trois angles d'un triangle concourent au même point.

Considérons les deux bissectrices AO et BO (fig. 126).

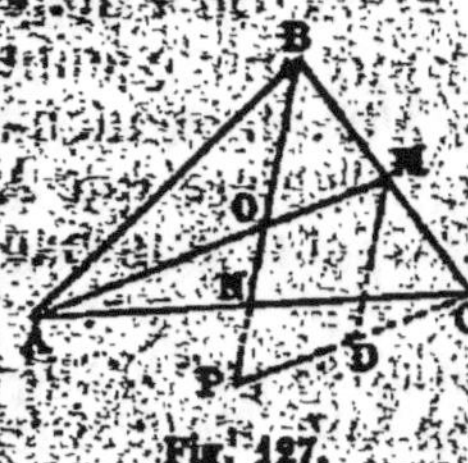
Fig. 126.

Le point O appartenant à la bissectrice AO est également distant des côtés AB et AC. Comme appartenant à la bissectrice BO, il est également distant des côtés BA et BC. Il est donc également distant des côtés CB et CA, et par suite il appartient à la bissectrice de l'angle C. Cette dernière bissectrice doit donc passer par le point de concours des deux autres.

Ce point de concours est le centre de la circonférence tangente aux trois côtés du triangle ou de la circonférence *inscrite*.

THÉORÈME XVII.

Les trois médianes d'un triangle concourent au même point.

On nomme *médianes* les droites qui joignent chaque sommet du triangle au milieu du côté opposé. — Soient deux médianes AM et BN du triangle ABC (fig. 127).

Prolongeons BN et menons CP parallèle à AM, MD parallèle à BN. Les deux triangles MDC et BOM ont MC = MB, puisque le point M est le milieu de BC; angle OBM = angle DMC à cause des parallèles BN et MD; angle BMO = angle MCD à cause des parallèles AM et PC. Ils ont aussi un côté égal et les deux angles adjacents égaux, et par conséquent ils sont égaux; d'où résulte l'égalité DM = OB.

Secondement les deux triangles ANO et PNC ont AN = NC, puisque N est le milieu de AC; angle ANO = angle PNC comme opposés par le sommet; angle OAN = angle PCN à cause des parallèles AM et CP. Ils ont ainsi un côté égal et les deux angles adjacents égaux, ce qui entraîne leur égalité. De là résulte ON = NP, ou bien PO = 2ON.

Mais PO = DM comme parallèles comprises entre parallèles; donc DM ou son égal OB est le double de ON.

On établirait de la même manière que AO est le double de OM. On voit par là que *chacune des médianes est coupée par l'une quelconque des deux autres au tiers de sa longueur à partir du point milieu où elle aboutit.* La troisième médiane doit donc passer par le point O, sinon elle ne pourrait remplir cette condition.

———

APPLICATIONS.

PROBLÈME I.

Construire un triangle connaissant un angle et les deux côtés qui le comprennent.

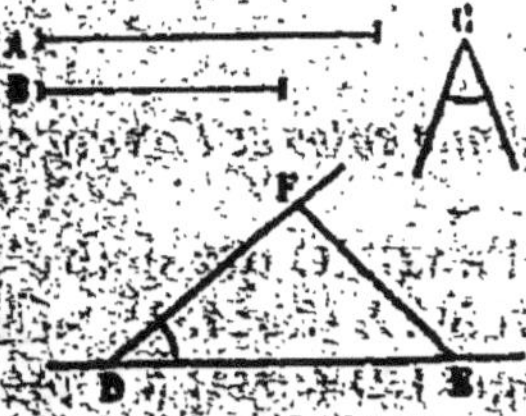
Fig. 128.

Soient C l'angle donné (fig. 128), A et B les deux côtés qui comprennent cet angle. En un point arbitraire D sur une droite indéfinie, on fait un angle D égal à l'angle C. Sur les côtés de cet angle D, on prend DE = A, DF = B, et l'on joint FE. Le triangle ainsi construit est le triangle proposé (Théor. VII).

PROBLÈME II.

Construire un triangle connaissant un côté et les deux angles adjacents.

Soient C le côté et A et B les deux angles adjacents (fig. 129) — Sur une droite indéfinie, prenons DE = C. Faisons en D un angle égal à l'angle A, en E un angle égal à l'angle B. Les deux droites DF, EF ainsi déterminées se croisent en F, et le triangle DEF est le triangle demandé (Théor. VIII).

PROBLÈME III.

Construire un triangle connaissant les trois côtés.
Soient A, B, C les trois côtés (fig. 130). Sur une droite

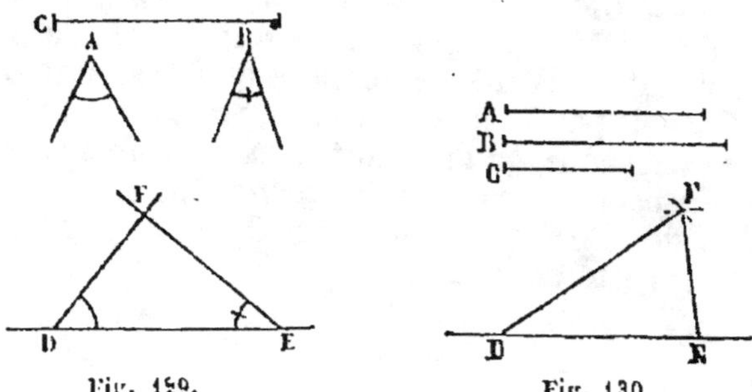

Fig. 129.   Fig. 130.

indéfinie, on prend DE = A. Du point D comme centre, avec un rayon égal à B, on décrit un arc de cercle ; on en fait autant du point E comme centre avec un rayon égal à C. Les deux arcs de cercle se croisent en F, que l'on joint aux points D et E. Le triangle DEF est le triangle demandé (Théor. IX).

PROBLÈME IV.

Construire un triangle connaissant deux côtés et l'angle opposé à l'un d'eux.
On connaît le côté A, le côté B et l'angle C qui doit être opposé au côté A (fig. 131). — On fait un angle GDF égal à l'angle C, et sur le côté DG on prend une longueur DE égale à B. Ensuite, du point E comme centre avec un rayon égal à A on décrit un arc de cercle. Quatre cas peuvent alors se présenter.

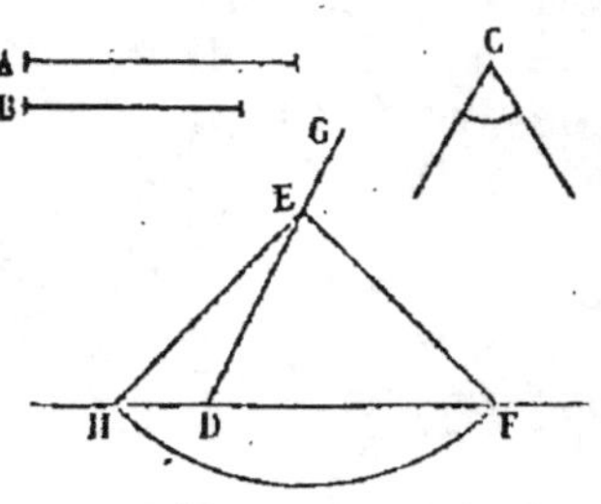

Fig. 131.

Premier cas. L'arc de cercle coupe la droite DF en deux points, l'un F situé à droite du sommet D, l'autre H situé en sens inverse. Si l'on mène sommet D, l'autre H situé en sens inverse. Si l'on mène

EF, le triangle DEF satisfait aux conditions données ; mais l'intersection H doit être écartée, car dans le triangle HDE l'angle en D opposé au côté HE = A, n'est pas égal à l'angle donné C, mais bien à son supplément.

Deuxième cas. L'arc de cerclé coupe DF en deux points tous les deux situés à droite de D. Alors chacun de ces deux points détermine un triangle qui satisfait aux conditions imposées, et le problème est susceptible de deux solutions.

Troisième cas. L'arc de cercle est tangent à DF. Dans ce cas il n'y a qu'une solution et le triangle est rectangle.

Quatrième cas. L'arc de cercle ne coupe pas, n'atteint pas DF. Dans ce cas le triangle est impossible.

PROBLÈME V.

Déterminer autant de points qu'on le voudra d'une circonférence assujettie à passer par trois points donnés sur le terrain.

Soient A, B et C les trois points donnés (fig. 132). Le graphomètre étant placé en A, on met son alidade fixe dans la direction AC, et l'on fait graduellement tourner l'alidade mobile de manière à faire avec AC les angles CAC', CAC", CAC'", etc., croissant régulièrement, par exemple de 5 en 5 degrés, ou bien de 10 en 10 à volonté. Dans chacune des positions de l'alidade mobile, on prend l'alignement ainsi déterminé. — Cela fait, le graphomètre est transporté en B, et son alidade fixe est dirigée suivant BC, tandis

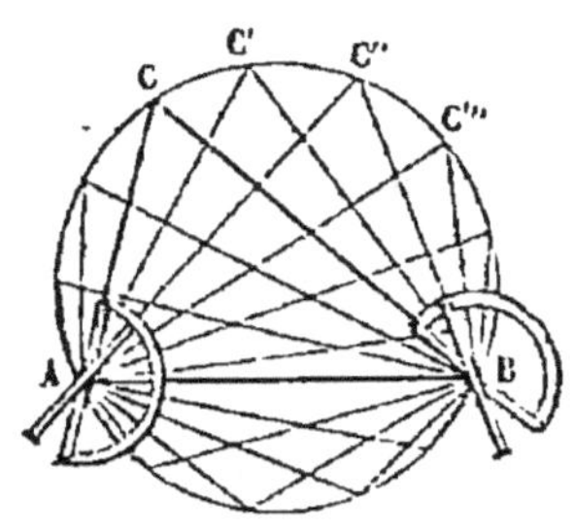

Fig. 132.

que l'alidade mobile forme graduellement avec cette direction les angles CBC', CBC", CBC'", etc., croissant de la même manière que les premiers. On obtient ainsi de nouveaux alignements qui, par leur intersection avec ceux du même ordre dans la première série, déterminent autant de points de la circonférence demandée.

Considérons en effet le point C" donné par l'intersection des deux alignements AC" et BC". L'angle C"AB est moindre que l'angle CAB de deux fois la valeur angulaire que l'on a adoptée pour chaque déplacement de l'alidade. D'autre part l'angle C″BA dépasse l'angle CBA de deux fois cette même valeur angulaire. Par conséquent la somme des angles C″AB et C″BA, est égale à la somme des angles CAB et CBA ; d'où il résulte que les angles C et C″, suppléments de chacune de ces deux sommes (Théor. III), sont égaux entre eux. Ainsi l'angle C″ et ses analogues C′, C‴, etc., ont une valeur constante et sont tous égaux à C. Mais ces angles s'appuient sur la même droite AB, ils sont donc inscrits dans le même segment, c'est-à-dire que leurs sommets appartiennent à la circonférence passant par les trois points A, B, C.

PROBLÈMES.

89. Dans un triangle ABC, l'angle A = 72° 18′, l'angle B = 83° 25. Quelle est la valeur de l'angle C ?

90. Dans un triangle isocèle, l'angle du sommet est égal à 36°. Quelle est la valeur de chacun des deux autres angles ?

91. Un des angles aigus d'un triangle rectangle est de 52° 17′. Quelle est la valeur de l'autre ?

92. Si un triangle rectangle est en même temps isocèle, quelle est la valeur de chacun de ses angles aigus ?

93. Trois angles quelconques étant donnés, comment peut-on reconnaître si ces angles appartiennent ou non à un même triangle ?

94. Déterminer sur le terrain la valeur d'un angle quand on ne peut approcher du sommet.

95. Trois droites quelconques étant données, comment reconnait-on si elles peuvent former ou non un triangle ?

96. Pourrait-on former un triangle avec les trois longueurs 28ᵐ, 56ᵐ, 17ᵐ ?

97. Construire un triangle isocèle connaissant la base et l'angle du sommet.

98. Construire un triangle isocèle connaissant la base et le périmètre.

99. Construire un triangle connaissant un côté, l'angle opposé, et la perpendiculaire abaissée du sommet de cet angle sur le côté connu.

100. Construire un triangle rectangle connaissant l'hypoténuse et la perpendiculaire abaissée du sommet de l'angle droit sur l'hypoténuse.

101. Construire un triangle rectangle connaissant un côté de l'angle droit et l'angle aigu adjacent.

102. Construire un triangle connaissant un côté, un angle adjacent et la somme des deux autres côtés.

103. Construire un triangle connaissant un côté, un angle adjacent et la différence des deux autres côtés.

104. Construire un triangle rectangle connaissant l'hypoténuse et l'un des angles aigus.

105. Si du sommet de l'angle droit d'un triangle rectangle on abaisse

une perpendiculaire sur l'hypoténuse, de quelle manière l'angle droit est-il divisé par cette perpendiculaire?

106. Deux concourantes et un point étant donnés, mener par ce point une droite qui fasse des angles égaux avec les deux concourantes.

107. Construire un triangle connaissant un côté, la perpendiculaire abaissée du sommet de l'angle opposé sur ce côté, et la ligne qui joint le sommet du même angle au milieu du côté donné.

108. Par un point déterminé mener une droite également distante de deux points donnés.

109. Où est le centre de la circonférence qui passe par les trois sommets d'un triangle rectangle?

110. Dans un triangle rectangle, la droite qui joint le sommet de l'angle droit au milieu de l'hypoténuse est égale à la moitié de l'hypoténuse.

CHAPITRE X

Quadrilatères.

DÉFINITIONS. Le quadrilatère, ou polygone convexe de quatre côtés, porte les noms suivants déterminés par les particularités de sa forme :

On l'appelle *trapèze* lorsque deux côtés sont parallèles. Ces côtés parallèles se nomment les *bases* du trapèze, et leur distance est la *hauteur* du trapèze.

On l'appelle *parallélogramme* lorsque les quatre côtés sont parallèles.

Comme variétés du parallélogramme, on distingue le *losange* ou *rhombe*, dont les quatre côtés sont égaux ; le *rectangle*, dont les quatre angles sont droits ; le *carré* dont les quatre angles sont droits et les côtés égaux.

THÉORÈME I.

Dans tout quadrilatère la somme des angles vaut quatre angles droits.

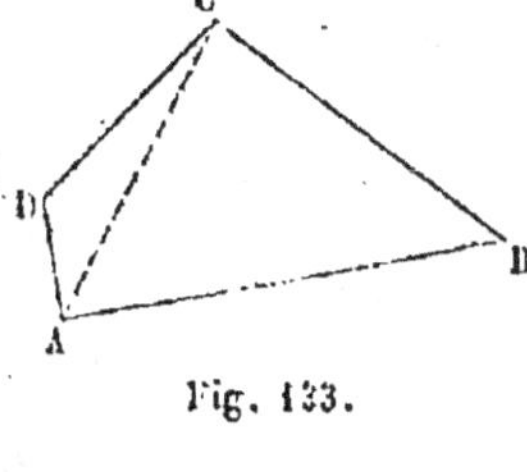

Ce théorème a été déjà démontré par des considérations générales ayant rapport à tous les polygones convexes ; nous allons le démontrer une seconde fois en nous basant sur les propriétés du triangle.

Soit le polygone ABCD (fig. 133).

Menons la droite CA, qui se nomme

Fig. 133.

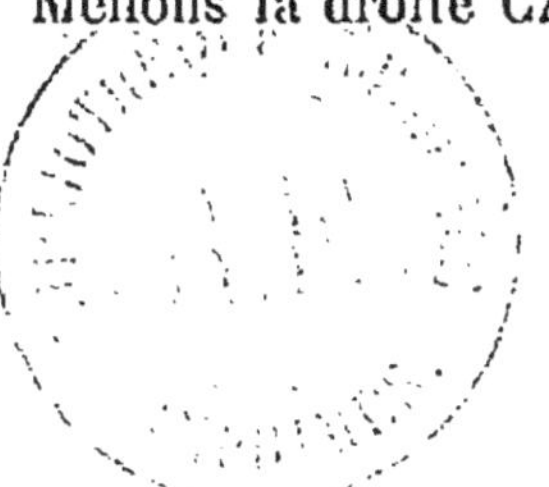

diagonale. Le quadrilatère est ainsi partagé en deux triangles, dont chacun a deux angles droits pour la somme de ses angles. Or, à l'inspection seule de la figure, on voit que l'ensemble des angles des deux triangles représente l'ensemble des angles du quadrilatère. La somme des angles de celui-ci vaut donc 2 fois 2 angles droits, ou 4 angles droits.

THÉORÈME II.

Dans un parallélogramme, les côtés opposés sont égaux, ainsi que les angles opposés.

On suppose AB parallèle à DC, AD parallèle à BC (fig.

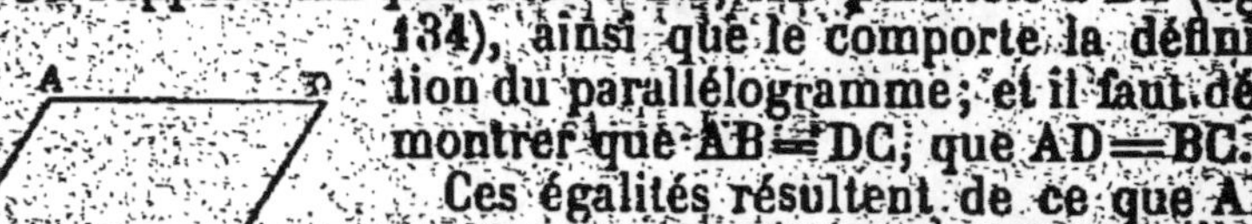

134), ainsi que le comporte la définition du parallélogramme; et il faut démontrer que AB=DC, que AD=BC.

Ces égalités résultent de ce que AB et CD sont deux parallèles comprises entre parallèles, de même que AD et BC. — Quant à l'égalité des angles opposés A et C, D et B, elle résulte de ce que ces angles ont les côtés parallèles deux à deux et dirigés en sens contraires.

THÉORÈME III.

Réciproquement, si les côtés opposés d'un quadrilatère sont égaux, ou bien si les angles opposés sont égaux, la figure est un parallélogramme.

On suppose AB=DC, AD=BC (fig. 135), et il faut dé-

montrer que AB et DC sont parallèles, ainsi que AD et BC. — Menons AC, qui porte le nom de *diagonale.* Les deux triangles ont AC commun, AB=DC par supposition, AD=BC aussi par supposition. Ils sont donc égaux comme ayant les trois côtés égaux chacun à chacun. De là résulte l'égalité des angles qui se correspondent dans les deux figures égales, en particulier l'égalité de l'angle BAC et de l'angle DCA. Mais ces deux angles sont dans la position d'alternes-internes; leur égalité a donc pour conséquence le parallélisme des droites AB et DC. On établirait de même le parallélisme des droites AD et BC au moyen de l'égalité des angles DAC et BCA.

En second lieu, supposons les angles opposés égaux et démontrons le parallélisme des côtés opposés. — La somme des quatre angles vaut quatre angles droits (Théor. I), et comme les angles opposés sont égaux, deux d'entre eux, non opposés, A et D par exemple, valent deux angles droits. Mais si les angles intérieurs de même côté A et D sont supplémentaires, les droites AB et DC sont parallèles. On établirait de même le parallélisme de AD et de BC.

THÉORÈME IV.

Si dans un quadrilatère deux côtés opposés sont égaux et parallèles, les deux autres côtés sont aussi parallèles, et la figure est un parallélogramme.

On suppose AB égal et parallèle à DC (fig. 136), et il faut démontrer que AD est parallèle à BC. — Les deux triangles CAB et ACD ont AC commun, AB = DC par supposition, et l'angle BAC égal à l'angle DCA comme alternes-internes par rapport aux parallèles AB et DC coupées par la sécante AC. Ils ont de la sorte un angle égal compris entre deux côtés égaux, et par conséquent ils sont égaux entre eux.

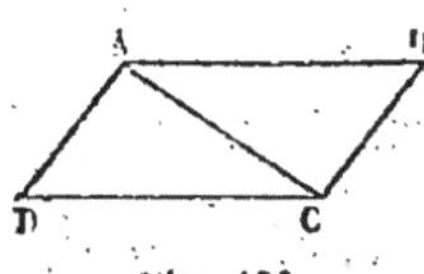
Fig. 136.

De là résulte l'égalité des angles DAC et BCA, alternes-internes par rapport aux droites DA et BC coupées par la sécante AC. Ces deux droites sont donc parallèles.

THÉORÈME V.

Les diagonales d'un parallélogramme se divisent mutuellement en deux parties égales.

Les deux triangles AEB, DEC (fig. 137), ont AB = DC comme côtés opposés d'un parallélogramme, l'angle EAB = l'angle ECD à cause du parallélisme des droites AB et DC; enfin l'angle ABE = l'angle CDE à cause du même parallélisme.

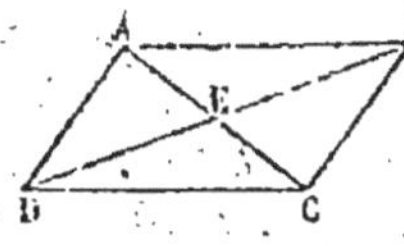
Fig. 137.

Ils sont donc égaux comme ayant un côté égal et les deux angles adjacents égaux. Il y a par conséquent égalité entre les côtés correspondants dans les deux figures, et l'on a : AE = CE, BE = DE.

THÉORÈME VI.

Les diagonales d'un rectangle sont égales.

Comme variété du parallélogramme, le rectangle jouit des propriétés de ce quadrilatère ; mais à ces propriétés communes il en joint d'autres qui lui sont particulières ; telle est l'égalité des diagonales. — Soit le rectangle ABCD (fig. 138). Si l'on mène les deux diagonales, les deux triangles ABC et DBC, superposés en partie, ont BC commun, AB = DC comme côtés opposés d'un parallélogramme, angle B = angle C comme droits, puisque la figure est un rectangle. Ces

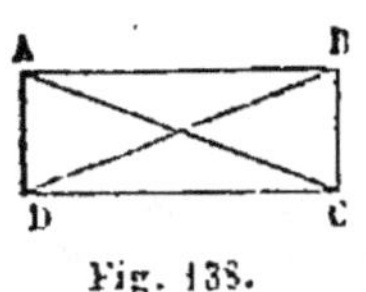

Fig. 138.

deux triangles ont donc un angle égal compris entre deux côtés égaux ; par suite AC, hypoténuse du premier, égale DB, hypoténuse du second.

THÉORÈME VII.

Les diagonales d'un losange sont perpendiculaires l'une à l'autre et sont les bissectrices des angles.

D'après la définition du losange, le point B est également distant de A et de C (fig. 139), il en est de même du point D. BD est donc perpendiculaire, sur AC par son milieu et divise en deux parties égales les angles B et D. Les mêmes propriétés ont lieu pour AC.

Le carré, comme variété du rectangle, a ses diagonales égales ; et comme variété du losange, il a ses diagonales perpendiculaires l'une à l'autre.

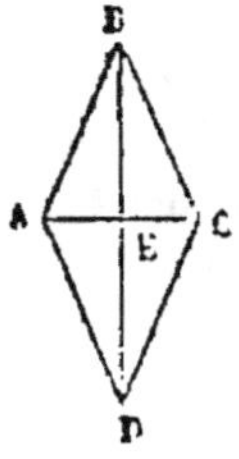

Fig. 139.

THÉORÈME VIII.

La droite menée parallèlement aux bases d'un trapèze par le milieu de l'un des côtés non parallèles, est égale à la demi-somme des bases.

Soit le trapèze ABCD (fig. 140). Par le milieu M du côté AC menons MN parallèle aux bases AB et CD. Il faut

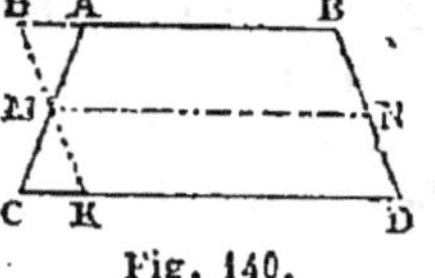

Fig. 140.

démontrer que MN est la demi-somme de AB et CD.

Par le point M menons HK parallèle à BD. La figure HMBN est un parallélogramme, puisque par construction les côtés opposés sont parallèles. On a donc :

$$MN = HA + AB.$$

Pareillement, la figure MKND est un parallélogramme et l'on a :

$$MN = KD = CD - CK.$$

Ajoutant ces deux égalités membre à membre, il vient :

$$2MN = AB + CD + HA - CK.$$

Mais les deux triangles HMA et CMK ont : CM = AM par construction ; angle CMK = angle HMA, comme opposés par le sommet, angle HAM = angle KCM, à cause des parallèles AB et CD. Ils ont ainsi un côté égal et les deux angles adjacents égaux; par conséquent ils sont égaux. De là résulte HA = CK.

Ces deux termes se détruisent donc dans l'égalité précédente, qui se réduit ainsi à :

$$2MN = AB + CD.$$

En divisant par 2, on obtient enfin :

$$MN = \frac{AB + CD}{2}.$$

COROLLAIRE I. — Le point N est le milieu de DB. Cela résulte de ce que les deux parallélogrammes HMBN et KMND ont HM égal à KM. BN et DN opposés à ces côtés sont donc égaux entre eux.

COROLLAIRE II. — Si l'on joint les milieux des côtés non parallèles d'un trapèze, la droite est parallèle aux bases.

APPLICATIONS.

Mener par un point déterminé une droite telle que sa par-

tie interceptée entre deux parallèles données soit égale à une longueur donnée.

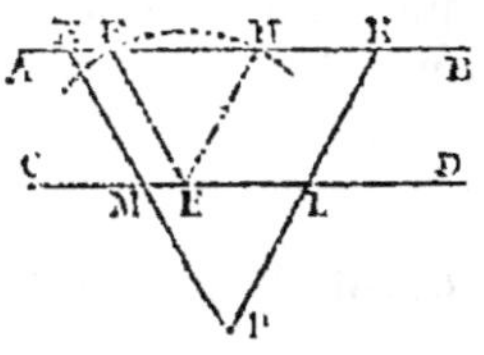

Fig. 141.

D'un point quelconque E (fig. 141) pris sur l'une des parallèles, avec un rayon égal à la longueur donnée, décrivons un arc de cercle qui coupera généralement la seconde parallèle en deux points F, H. Les deux droites EF, FH, sont égales à la longueur donnée. — Par le point donné P menons PK et PN parallèles aux droites EH et EF. Ce sont les droites demandées, car LK = EH comme côtés opposés d'un parallélogramme ; de même MN = EF.

Si l'arc de cercle coupe la parallèle AB en deux points, il y a deux solutions ; il n'y en a qu'une, si l'arc est tangent à la parallèle ; il n'y en a point, si l'arc n'atteint pas la parallèle.

PROBLÈMES.

111. Construire un parallélogramme connaissant un angle et les deux côtés qui le comprennent.

112. Construire un parallélogramme connaissant deux côtés consécutifs et la diagonale qui joint leurs extrémités.

113. Construire un parallélogramme connaissant les deux diagonales et l'angle opposé à l'une d'elles.

114. Construire un losange connaissant les deux diagonales.

115. Construire un losange connaissant le côté et une diagonale.

116. Construire un carré connaissant la diagonale.

117. Construire un rectangle connaissant la diagonale et un côté.

118. Démontrer que toute droite menée dans un parallélogramme par le point de concours des diagonales, est divisée en ce point en deux parties égales.

119. Démontrer que dans tout quadrilatère inscrit dans un cercle, les angles opposés sont supplémentaires. (Un polygone est dit *inscrit* dans un cercle lorsque tous ses sommets se trouvent sur la circonférence.)

120. Quelles conditions doit remplir un quadrilatère pour qu'il puisse être inscrit dans un cercle?

121. Quelle figure forme-t-on en joignant les milieux des côtés d'un parallélogramme?

122. Quelle figure obtient-on en joignant les extrémités de deux diamètres quelconques dans un cercle.

123. Démontrer que si par un point pris dans l'intérieur d'un triangle équilatéral on mène des parallèles aux trois côtés du triangle, la somme de ces parallèles est égale à deux fois le côté du triangle.

124. Démontrer que la droite menée parallèlement aux bases par le milieu d'une des diagonales du trapèze aboutit au milieu de la seconde diagonale et est égale à la demi-différence des bases.

CHAPITRE XI

Polygones.

THÉORÈME I.

Dans un polygone convexe quelconque, la somme des angles est égale à autant de fois deux angles droits que le polygone a de côtés moins deux.

D'un sommet arbitraire A, dans le polygone ABCDEF (fig. 142), menons AC, AD, AE, qui prennent le nom de

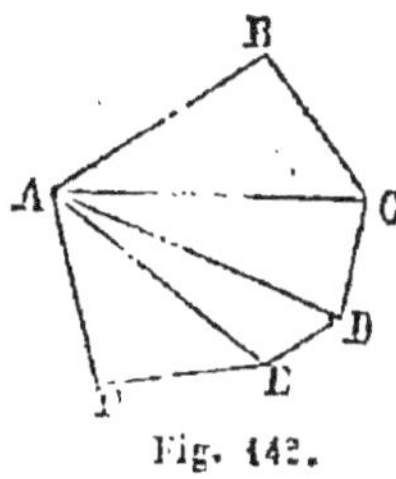

Fig. 142.

diagonales. On voit d'abord que de ce sommet A on peut mener des diagonales aboutissant à chacun des autres sommets, excepté pour le sommet A lui-même et pour les sommets contigus F et B. On peut donc de chaque sommet d'un polygone mener autant de diagonales que le polygone a de sommets ou de côtés moins trois.

Les diagonales issues de A partagent le polygone en triangles ayant tous un sommet commun A ; et pour côtés opposés à ce sommet commun, les côtés BC, CD, DE, EF, non contigus à ce sommet. Le polygone est donc partagé en autant de triangles qu'il a de côtés moins deux. — En second lieu la somme des angles des triangles équivaut à la somme des angles du polygone, car l'angle A du polygone est formé de la somme des angles BAC, CAD, etc. appartenant aux triangles ; l'angle B du polygone appartient à la fois au polygone et à un triangle ; l'angle C du polygone est formé de la somme de deux angles appartenant aux triangles ; et ainsi de suite. La somme des angles d'un seul triangle vaut deux droits ; la somme des angles des triangles, ou la somme des angles du polygone vaut donc deux droits répétés autant de fois que le polygone a de côtés moins deux.

En se basant sur les propriétés du triangle, on arrive ainsi à la même conséquence où nous avait conduits une démonstration indépendante de toute théorie préliminaire. (Chap. IX, Théor. 1).

COROLLAIRE. — Ce théorème permet de calculer l'angle d'un polygone régulier. On nomme *polygone régulier* celui dont tous les côtés sont égaux entre eux ainsi que les angles. Soit *n* le nombre de côtés du polygone régulier. La somme des angles vaut deux droits répétés autant de fois que le polygone a de côtés moins deux, c'est-à-dire est égale à $180°(n-2)$. Le nombre des angles est égal au nombre *n* de côtés. Si le polygone est régulier, tous les angles sont égaux, et chacun d'eux A, est égal à la somme $180°(n-2)$ divisée par *n*.

$$A = \frac{180°(n-2)}{n.}$$

Si dans cette formule on remplace *n* successivement par 3, 4, 5, 6, etc., on aura l'angle du triangle équilatéral, du carré, du pentagone régulier, de l'hexagone régulier, etc. On trouve ainsi :

Angle du triangle équilatéral   = 60°
»   carré   = 90°
»   pentagone régulier   = 108°
»   hexagone régulier   = 120°
»   heptagone régulier   = $128°\,34'\,17''\,\frac{1}{7}$.

        etc.   etc.

THÉORÈME II.

Deux polygones sont égaux lorsqu'ils sont composés d'un même nombre de triangles égaux deux à deux et disposés de la même manière.

Car si les triangles dont les polygones se composent se superposent deux à deux et se succèdent dans le même ordre, évidemment les deux polygones se superposent eux-mêmes.

La même conséquence aurait lieu, si les deux polygones se composaient de polygones partiels superposables deux à deux et disposés dans un ordre pareil.

Ce théorème est d'une grande importance : il sert à construire un polygone égal à un polygone donné.

THÉORÈME III.

*Tout polygone régulier peut être inscrit dans une circonfé-
rence et être circonscrit à une autre circonférence.*

Considérons le polygone régulier ABCDEFGH (fig. 143).
Elevons KO et LO perpendiculaires sur les côtés AB et
BC par leur milieu. Ces deux perpendiculaires se coupent en O, qui est le
centre de la circonférence passant
par les trois points A, B et C. La
même circonférence doit passer par
les autres sommets du polygone régulier, en particulier par le sommet
D. Menons en effet OD et démontrons
que cette ligne est égale à OA, rayon
de la circonférence passant par ABC.
Rabattons le quadrilatère OLCD sur

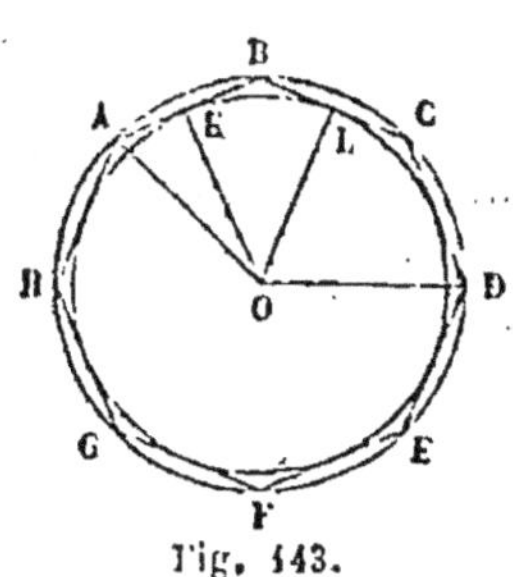
Fig. 143.

le quadrilatère OLBA en pliant le plan suivant LO. La
droite LC prendra la direction de LB, parce que les angles en L sont égaux comme angles droits et le point C
tombera en B, parce que L est par construction le milieu
de BC. Cela fait, CD prendra la direction de BA, parce que
les angles C et B sont égaux à cause de la régularité du
polygone, et le point D tombera en A, parce que CD = BA
toujours à cause de la régularité du polygone. OD recouvrira donc OA. Puisque ces deux lignes sont égales, la
circonférence qui passe déjà par A, B, C, passe donc par D.
— On démontrerait de même qu'elle passe par les autres
sommets, E, F, etc. La circonférence ainsi obtenue est la
circonférence circonscrite.

Considérons maintenant le même polygone avec la circonférence que l'on vient de lui circonscrire. Les côtés du
polygone sont des cordes égales de cette circonférence.
Puisque ces cordes sont égales, elles s'écartent également
du centre (Chap. VI, Théor. V), c'est-à-dire que les perpendiculaires OK, OL, etc. sont égales. Alors une circonférence décrite de O comme centre avec un rayon OK, passe
par le pied de toutes ces perpendiculaires. Cette circonférence, tangente à tous les côtés du polygone en leur
milieu, est la *circonférence inscrite.*

Le point O, centre à la fois de la circonférence inscrite

5.

et de la circonférence circonscrite, se nomme le *centre* du polygone régulier. OA rayon de la circonférence circonscrite porte le nom de *rayon* du polygone régulier; et OK, rayon de la circonférence inscrite, celui d'*apothème* du polygone.

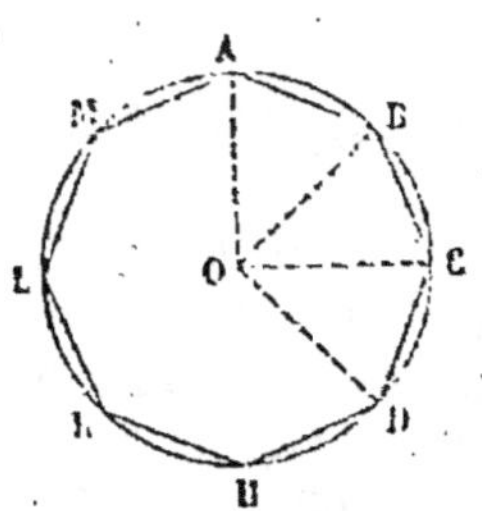

Fig. 144.

Les rayons du polygone régulier divisent celui-ci en triangles isocèles OAB, OBC, OCD (fig. 144) dont le nombre est égal à celui des côtés du polygone. L'angle AOB, de valeur constante pour tous ces triangles, puisqu'il a pour mesure une fraction constante de la circonférence, s'appelle *angle au centre* du polygone.

APPLICATIONS.

PROBLÈME I.

Déterminer les polygones réguliers de la même espèce, qui peuvent s'assembler dans un même plan. — La somme des angles groupés autour d'un même point vaut 360°, puisque l'assemblage se fait exactement; et comme tous ces angles sont égaux, chacun d'eux est égal à 360° divisés par un nombre entier n qui dépend du nombre de polygones assemblés. Donnons à n la série des valeurs 3, 4, 5, 6, 7, etc., et voyons quels sont les angles ainsi déterminés, qui représentent l'angle des divers polygones réguliers (1).

Pour $n = 3$, l'angle vaut $\dfrac{360°}{3} = 120°$, ce qui est la valeur de l'angle de l'hexagone régulier (fig. 145).

Pour $n = 4$, l'angle vaut $\dfrac{360°}{4} = 90°$, ce qui est l'angle du carré (fig. 146).

(1) Il est inutile de considérer la valeur $n = 2$, parce que le résultat 180° ne convient à aucun polygone, dont l'angle est toujours moindre, sinon deux côtés contigus seraient en ligne droite.

Pour $n = 5$, l'angle vaut $\dfrac{360°}{5} = 72°$, et n'appartient à

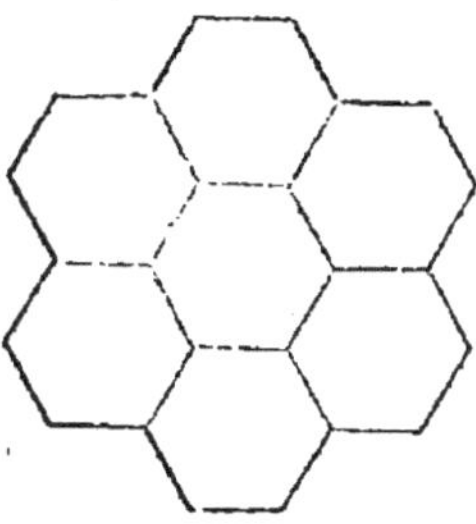

Fig. 145.

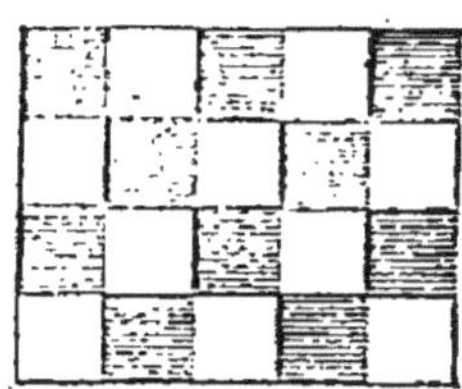

Fig. 146.

aucun polygone régulier comme l'établit le tableau des angles donné ci-dessus, page 104.

Pour $n = 6$, l'angle vaut $\dfrac{360°}{6} = 60°$, ce qui est l'angle du triangle équilatéral (fig. 147).

Pour $n = 7$, l'angle vaut $\dfrac{360°}{7} = 51° \dfrac{3}{7}$, quantité moindre que l'angle du plus simple polygone régulier, c'est-à-dire du triangle équilatéral. Cet angle doit donc être écarté, et à plus forte raison ceux que donneraient les autres nombres 8, 9, 10, etc.

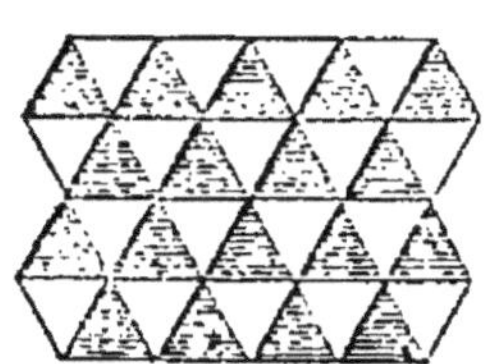

Fig. 147.

Les seuls polygones réguliers qui puissent s'assembler sont donc: le triangle équilatéral, au nombre de 6, autour d'un même point; le carré, au nombre de 4, autour d'un même point; l'hexagone, au nombre de 3, autour d'un même point.

PROBLÈME II.

Construire un polygone égal à un polygone donné. — Soit le polygone ABCDE (fig. 148). Décomposons-le en triangles au moyen des diagonales AD, AC. Maintenant, prenons A'B' = AB, et sur A'B', construisons un triangle A'B'C' égal au triangle ABC, soit au moyen des deux autres côtés, soit au moyen des angles, soit enfin au moyen d'une combinaison d'angles et de côtés d'après les données dont on dispose. Ensuite sur A'C', que vient de déterminer la construction précédente, construisons le triangle A'C'D' égal au triangle ACD, et ainsi de suite de proche en proche. Le polygone ainsi obtenu A'B'C'D'E' est égal au polygone donné, d'après le théorème II.

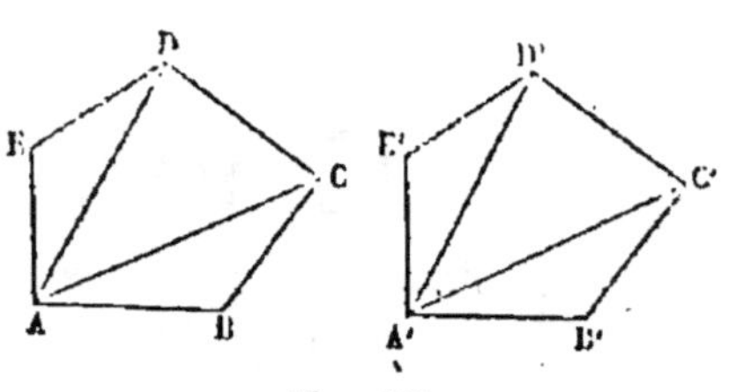

Fig. 148.

On pourrait encore diviser le polygone donné ABCDE (fig. 149) en une combinaison de triangles et de trapèzes

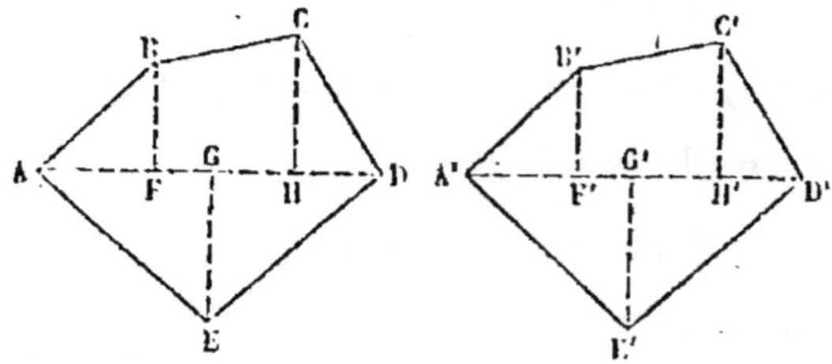

Fig. 149.

comme le représente la figure, et construire un polygone égal A'B'C'D'E' au moyen d'un assemblage pareil de triangles et de trapèzes égaux.

PROBLÈME III.

Inscrire dans une circonférence les polygones réguliers de 4, 8, 16, 32, etc., côtés.

Menons deux diamètres perpendiculaires l'un à l'autre, et joignons leurs extrémités. Nous obtiendrons ainsi la figure ABCD (fig. 150), qui est un polygone régulier de 4 côtés ou bien un carré. En effet, tous les côtés sont égaux comme étant des cordes d'arcs égaux, et tous les angles sont droits comme étant inscrits dans un demi-cercle.

Si l'on divise les arcs AB, BC, CD, etc., en deux parties

égales, et que l'on joigne les points A, B, C, D, aux points milieux des arcs, on obtiendra l'octogone régulier. En effet les huit côtés seront égaux comme étant des cordes d'arcs égaux, et les angles seront égaux, comme étant inscrits dans des segments pareils.

La division en deux parties égales des arcs sous-tendus par les côtés de l'octogone conduirait au polygone régulier de 16 côtés; et ainsi de suite, toujours en doublant le nombre de côtés.

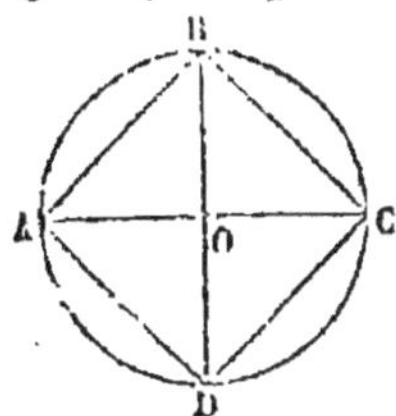
Fig. 150.

PROBLÈME IV.

Inscrire dans une circonférence les polygones réguliers de 3, 6, 12, 24, etc., côtés.

Portons sur la circonférence une corde BC égale au rayon et achevons le triangle équilatéral BOC (fig. 151).

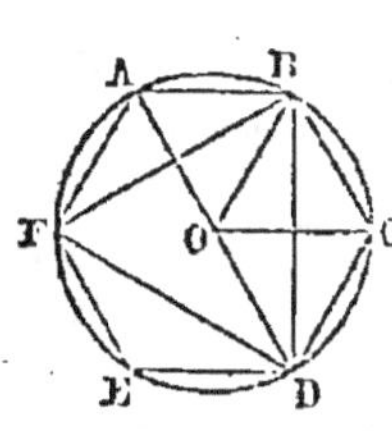
Fig. 151.

L'angle BOC de ce triangle vaut le tiers de 180° ou bien 60°. L'arc BC qui lui sert de mesure est donc de 60°. Mais 60° sont contenus 6 fois dans 360°, valeur de la circonférence entière; par conséquent l'arc BC, sous-tendu par le rayon, est contenu 6 fois dans la circonférence. On peut donc porter 6 fois le rayon sur la circonférence, ce qui donne l'hexagone régulier ABCDEF.

Si l'on joint de deux en deux les sommets de l'hexagone régulier, on obtient le triangle équilatéral BDF.

Si l'on divise en deux parties égales les arcs sous-tendus par les côtés de l'hexagone et que l'on mène les cordes des nouveaux arcs, on obtient le dodécagone régulier. Et ainsi de suite, en doublant toujours le nombre de côtés.

PROBLÈMES.

125. Dans un polygone de n côtés, combien de diagonales peut-on mener d'un même sommet?

126. Dans un polygone de n côtés, quel est le nombre total des diagonales?

127. Calculer l'angle d'un polygone régulier de 10, 11, 12 côtés?

128. Calculer l'angle au centre d'un polygone régulier de n côtés.

129. Connaissant l'angle au centre d'un polygone régulier de n côtés, déterminer l'angle du polygone.

130. Démontrer que dans un polygone régulier l'angle au centre est égal à l'angle extérieur.

131. Pour obtenir le plus de capacité possible avec le moins de cire possible sans laisser d'intervalles inoccupés, les abeilles donnent à leurs cellules la forme hexagonale régulière. Démontrer que cette forme satisfait à ces conditions sachant qu'à égalité de périmètre, c'est le polygone régulier du plus grand nombre de côtés qui occupe la plus grande étendue.

132. Démontrer que l'angle d'un polygone régulier et l'angle au centre sont supplémentaires.

133. Diviser une circonférence en 6 parties égales.

134. Diviser une circonférence en 8 parties égales.

CHAPITRE XII

Lignes proportionnelles.

Rapports. — On nomme *rapport* entre deux quantités de même espèce, le *quotient* de la première quantité par la seconde. Si l'on veut avoir son expression numérique, on évalue d'abord les deux quantités en nombres en les comparant à l'unité de mesure qui leur correspond, puis on divise le premier nombre par le second; mais en général, on se borne à indiquer le rapport entre deux quantités au moyen d'une fraction qui a pour numérateur la quantité dividende et pour dénominateur la quantité diviseur (1). Ainsi le rapport de la quantité A à la quantité de même espèce B s'écrit $\dfrac{A}{B}$.

Proportions. — On appelle *proportion* l'égalité de deux rapports. Quatre quantités sont en proportion lorsque le rapport des deux premières est égal au rapport des deux secondes. Soient par exemple quatre longueurs A, B, C et D. Si le rapport de A à B est le même que celui de C à D, en d'autres termes si l'on a l'égalité

(1) Voir dans notre *Nouvelle Arithmétique*, page 223, comment une fraction représente le quotient du numérateur par le dénominateur.

$$\frac{A}{B} = \frac{C}{D} \quad (1),$$

les quatre longueurs sont en proportion.

De l'égalité ci-dessus, on peut en déduire d'autres qui viennent fréquemment en aide dans les démonstrations géométriques. Nous allons examiner les principales.

On peut multiplier ou diviser les deux termes de chaque rapport par la même quantité sans altérer la proportion, car cela revient à multiplier ou à diviser les deux termes d'une fraction par un même nombre, ce qui ne change pas la valeur de la fraction. Ainsi l'égalité précédente peut être remplacée indifféremment par

$$\frac{m \times A}{m \times B} = \frac{C}{D}, \quad \frac{A}{B} = \frac{n \times C}{n \times D}, \quad \frac{m \times A}{m \times B} = \frac{n \times C}{n \times D}, \text{ etc.,}$$

m et n désignant des quantités arbitraires.

On peut élever à la fois au carré les quatre termes de la proportion, ou bien extraire leurs racines carrées et l'égalité des rapports a toujours lieu; car cela revient à élever les deux fractions au carré, ou bien à extraire leurs racines carrées, opérations qui doivent donner des résultats égaux, puisque les fractions, points de départ, sont égales. De la proportion (1), on déduit donc :

$$\frac{A^2}{B^2} = \frac{C^2}{D^2}, \quad \frac{\sqrt{A}}{\sqrt{B}} = \frac{\sqrt{C}}{\sqrt{D}}.$$

A chaque numérateur on peut ajouter son dénominateur. On peut, en effet, sans troubler l'égalité, ajouter l'unité aux deux termes de la proportion (1),

$$\frac{A}{B} + 1 = \frac{C}{D} + 1.$$

Mettons l'unité sous forme de fraction

$$\frac{A}{B} + \frac{B}{B} = \frac{C}{D} + \frac{D}{D}$$

Faisons la somme d'après la règle des fractions, il viendra finalement :

$$\frac{A + B}{B} = \frac{C + D}{D}.$$

On établirait de la même manière que *de chaque numérateur on peut retrancher son dénominateur.*

Le produit de chaque numérateur par le dénominateur de l'autre rapport est le même.

Réduisons, en effet, au même dénominateur les deux fractions de la proportion (1), d'après la règle donnée en arithmétique.

$$\frac{A \times D}{B \times D} = \frac{C \times B}{D \times B}.$$

Les fractions étant égales et ayant même dénominateur doivent avoir même numérateur ; c'est-à-dire que de l'égalité (1), résulte l'égalité suivante :

$$A \times D = C \times B.$$

On peut renverser les deux rapports d'une proportion.
Divisons, en effet, l'unité par chacun des membres de l'égalité (1). Le quotient de 1 par $\frac{A}{B}$ est $\frac{B}{A}$ d'après les règles de l'arithmétique ; le quotient de 1 par $\frac{C}{D}$ est $\frac{D}{C}$. Ces deux quotients sont égaux puisque les dividendes sont les mêmes et que les diviseurs sont égaux. On a donc :

$$\frac{B}{A} = \frac{D}{C}.$$

Si dans une suite de rapports égaux, on fait la somme des numérateurs et la somme des dénominateurs, on obtient un rapport égal aux précédents :
Soit la série de rapports égaux entre eux.

$$\frac{A}{B} = \frac{C}{D} = \frac{E}{F} = \frac{G}{H} = \frac{I}{K}, \text{etc., etc.}$$

Désignons par q la valeur commune de ces quotients ou

rapports. Le diviseur multiplié par le quotient devant reproduire le dividende, on aura :

$$A = B \times q, \ C = D \times q, \ E = F \times q, \ G = H \times q,$$
$$I = K \times q.$$

Ajoutons ces égalités membre à membre :

$$A + C + E + G + I = (B + D + F + H + K)\, q.$$

D'où l'on déduit :

$$\frac{A + C + E + G + I}{B + D + F + H + K} = q = \frac{A}{B}, \ \text{etc.}$$

THÉORÈME I.

Toute droite menée à travers un faisceau de parallèles équidistantes est divisée en parties égales.

Soit la droite AS menée arbitrairement dans un faisceau de parallèles équidistantes (fig. 152). Des points de division A, C, K, etc., menons les perpendiculaires AD, CH, KM communes à deux parallèles consécutives. Ces perpendiculaires sont égales, puisque les parallèles sont supposées équidistantes. Alors les triangles DAC, HCK, MKN, etc., sont égaux. Ils ont en effet AD = CH = KM, etc. ; les angles D, H, M, etc., égaux comme droits ; les angles DAC, HCK, MKN égaux comme correspondants. Donc, AC = CK = KN = NQ, en d'autres termes AS est divisée en parties égales.

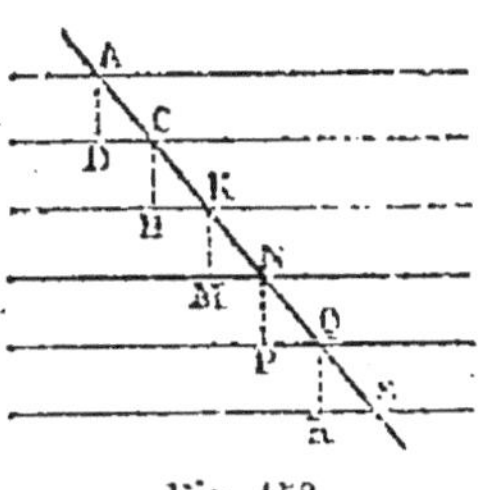

Fig. 152.

Réciproquement, si AC = CK = KN = NQ, enfin *si AS est divisée en parties égales par les parallèles, celles-ci sont équidistantes.* Car alors les triangles ADC, CHK, etc., ont un côté égal AC = CK, etc., et les deux angles adjacents égaux. De là résulte l'égalité des perpendiculaires AD, CH, etc.

THÉORÈME II.

Trois parallèles interceptent sur deux droites des segments proportionnels.

Soient les deux droites AE et BF coupées par les parallèles AB, CD, EF (fig. 153). Il faut démontrer qu'on a la proportion :

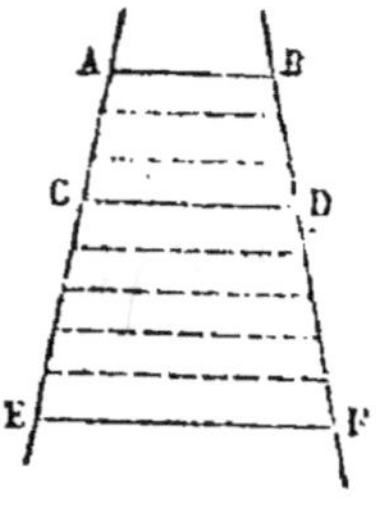

Fig. 153.

$$\frac{AC}{CE} = \frac{BD}{DF}.$$

Admettons, en effet, que AC et CE aient une commune mesure de longueur l contenue 3 fois par exemple dans AC et 5 fois dans CE. Nous aurons AC $= 3l$ et CE $= 5l$. En divisant ces deux égalités l'une par l'autre, il vient :

$$\frac{AC}{CE} = \frac{3l}{5l};$$

ou enfin, en supprimant le facteur commun l :

$$\frac{AC}{CE} = \frac{3}{5}.$$

Maintenant par les points de division de AE menons des parallèles aux trois premières. Les parallèles composant le faisceau divisent AE en parties égales; elles sont donc équidistantes, et par conséquent elles divisent aussi BF en parties égales et de telle manière que l'une de ces parties est contenue 3 fois dans BD et 5 fois dans DF. Désignant par l la longueur de l'une de ces parties, on a de la sorte : BD $= 3l$ et DF $= 5l$.

De ces deux égalités on déduit comme précédemment

$$\frac{BD}{DF} = \frac{3}{5}.$$

Les deux rapports $\frac{AC}{CE}$ et $\frac{BD}{DF}$ ayant même valeur $\frac{3}{5}$, sont égaux entre eux, et par conséquent donnent la proportion :

$$\frac{AC}{CE} = \frac{BD}{DF}.$$

THÉORÈME III.

Toute parallèle à l'un des côtés d'un triangle divise les deux autres côtés en parties proportionnelles.

Dans le théorème précédent, la démonstration est indépendante de la longueur des parallèles, en particulier de la longueur AB. Cette longueur peut devenir plus grande, plus petite, ou même être égale à zéro, et la même proportionnalité existera. Mais si AB devient zéro, c'est-à-dire si les deux points A et B se rejoignent en un point commun O, la figure du précédent théorème devient la figure 154, c'est-à-dire se réduit à un triangle dans lequel CD est parallèle au côté EF. On a donc toujours :

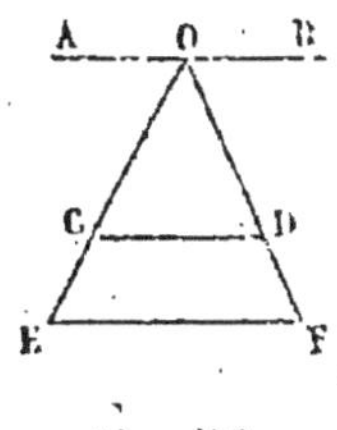

Fig. 154.

$$\frac{OC}{CE} = \frac{OD}{DF}.$$

THÉORÈME IV.

Toute droite qui divise deux côtés d'un triangle en parties proportionnelles est parallèle au troisième côté.

La proportion $\dfrac{AD}{DB} = \dfrac{AH}{HC}$ (fig. 155) étant admise, il faut démontrer que DH est parallèle à BC. — Si DH en effet n'était pas parallèle à BC, on pourrait toujours mener une droite, DK par exemple, parallèle à BC. De ce parallélisme résulterait, d'après le précédent théorème, $\dfrac{AD}{DB} = \dfrac{AK}{KC}$. Le rapport $\dfrac{AD}{DB}$ serait donc égal d'après la proportion admise à $\dfrac{AH}{HC}$, et d'autre part égal à $\dfrac{AK}{KC}$ d'après le parallélisme de DK. Par conséquent on devrait avoir l'égalité $\dfrac{AH}{HC} = \dfrac{AK}{KC}$. Mais cette égalité est impossible

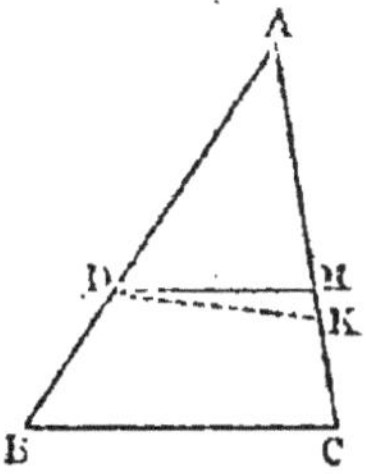

Fig. 155.

car dans le second rapport le numérateur est plus grand que dans le premier, et le dénominateur est plus petit, double condition pour que $\dfrac{AK}{KC}$ soit plus grand que $\dfrac{AH}{HC}$. Toute droite issue du point D, autre que DH, ne peut ainsi être parallèle à BC ; c'est dire que DH est parallèle à BC.

Au lieu de la proportion $\dfrac{AD}{DB} = \dfrac{AH}{HC}$, on pourrait en admettre toute autre dérivant de la première d'après les lois que nous avons fait connaître au commencement de ce chapitre. Chacune d'elles entraînerait le parallélisme de DH et BC, puisqu'elle pourrait être ramenée par des transformations à la proportion fondamentale. Parmi les proportions d'un fréquent usage, nous signalerons la suivante : $\dfrac{AD}{AB} = \dfrac{AH}{AC}$ qui résulte de $\dfrac{AD}{DB} = \dfrac{AH}{HC}$ par les transformations que voici :

A chaque numérateur de cette dernière proportion, ajoutons le dénominateur :

$$\frac{AD + DB}{DB} = \frac{AH + HC}{HC} \text{ ou bien } \frac{AB}{DB} = \frac{AC}{HC}.$$

Divisons maintenant membre à membre les deux égalités $\dfrac{AD}{DB} = \dfrac{AH}{HC}, \dfrac{AB}{DB} = \dfrac{AC}{HC}$, il viendra :

$$\frac{AD \times DB}{DB \times AB} = \frac{AH \times HC}{HC \times AC},$$

ou bien, en supprimant le facteur commun DB dans le premier membre, et le facteur HC dans le second :

$$\frac{AD}{AB} = \frac{AH}{AC}.$$

Inversement, cette dernière proportion étant admise, on remonterait à la proportion fondamentale $\dfrac{AD}{DB} = \dfrac{AH}{HC}$, d'où résulte le parallélisme de DH et BC (1).

(1) L'élève devra s'exercer à effectuer lui-même ces transformations.

THÉORÈME V.

La bissectrice d'un angle d'un triangle divise le côté opposé en segments additifs proportionnels aux côtés adjacents.

Soit AD la bissectrice de l'angle A dans le triangle BAC (fig. 156). Le point D, où elle rencontre le côté opposé BC, divise celui-ci en deux segments DB et DC, qualifiés d'*additifs* parce que leur *somme* reproduit le côté BC. Il faut démontrer que ces deux segments sont proportionnels aux côtés adjacents. A cet effet, menons BE parallèle à la bissectrice, et prolongeons

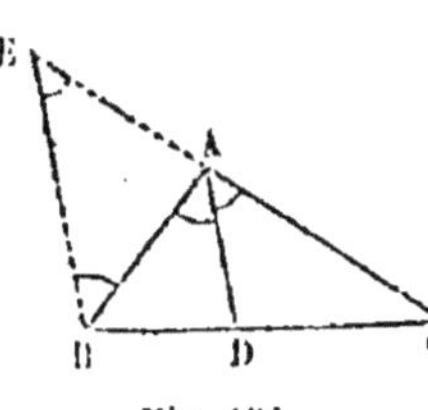

Fig. 156.

CA jusqu'à sa rencontre. Les deux droites BE et DA étant parallèles, on a (Théorème III) :

$$\frac{CD}{DB} = \frac{CA}{AE}$$

Mais le triangle ABE est isoangle, car l'angle ABE égale l'angle BAD comme alternes-internes par rapport aux parallèles BE, DA coupées par la sécante AB ; et d'autre part l'angle BEA égale l'angle DAC comme correspondants par rapport aux mêmes parallèles et à la sécante EC. Les deux angles BAD et DAC étant égaux à cause de la bissectrice, les angles ABE et BEA sont aussi égaux ; d'où résulte l'égalité des côtés AE et AB. Dans la proportion ci-dessus remplaçons AE par son égal AB, et nous aurons la proportion qu'il s'agissait de démontrer, savoir :

$$\frac{CD}{DB} = \frac{CA}{BA}.$$

THÉORÈME VI.

La bissectrice de l'angle extérieur d'un triangle divise le côté opposé en deux segments soustractifs proportionnels aux côtés adjacents.

Considérons l'angle extérieur C'AB du triangle ABC

(fig. 157). Sa bissectrice AD rencontre le prolongement du côté opposé BC en un point D dont les distances DB, DC aux deux extrémités de ce côté, se nomment segments *soustractifs* parce que leur *différence* reproduit la longueur BC.

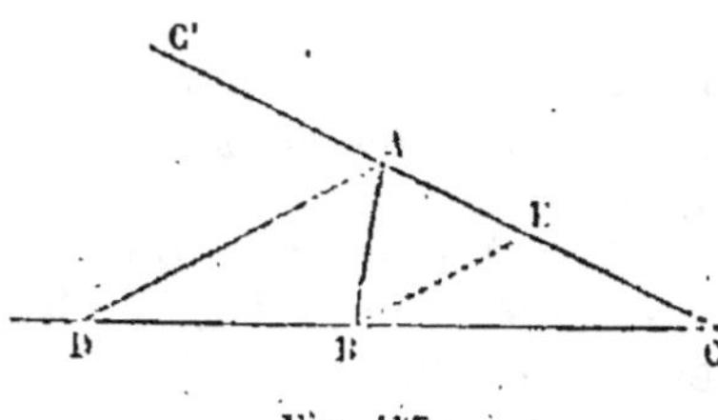

Fig. 157.

Menons BE parallèle à la bissectrice. Ce parallélisme a pour résultat la proportion :

$$\frac{CB}{BD} = \frac{CE}{EA},$$

ou bien, en ajoutant son dénominateur à chaque numérateur :

$$\frac{CB + BD}{BD} = \frac{CE + EA}{EA}, \text{ c'est-à-dire } \frac{CD}{BD} = \frac{CA}{EA}.$$

Or on démontrerait comme précédemment que le triangle ABE est isoangle et que par suite AE est égal à AB. La proportion précédente devient ainsi :

$$\frac{CD}{BD} = \frac{CA}{BA}.$$

Le segment CD adjacent au côté CA, et le segment BD adjacent au côté BA, sont donc dans le même rapport que ces deux côtés.

APPLICATIONS.

PROBLÈME I.

Diviser une droite donnée en un nombre n *de parties égales.*

Soit à diviser la droite AB (fig. 158) en 5 parties égales par exemple. — Par le point A menons une droite arbi-

traire et indéfinie A C, et sur cette ligne à partir de A portons avec le compas 5 longueurs quelconques mais égales
entre elles AD, DE, EF, etc. Joi-
gnons le dernier point de division
H à l'extrémité B de la droite donnée, puis par les points D, E, F, etc.,
menons des parallèles à HB. Ces
parallèles coupent la droite AB en
5 parties égales. En effet, puisque
les longueurs AD, DE, EF, etc.,
sont égales par construction, les
parallèles sont équidistantes

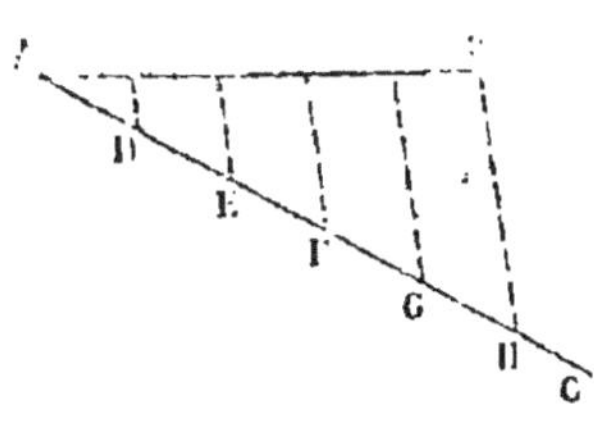

Fig. 158.

(Théorème 1, réciproque); et par conséquent celles-ci divisent AB en parties égales au nombre de 5 (Théorème I).

PROBLÈME II.

*Diviser une droite en segments proportionnels à deux
droites données.*

Soit AB la droite qu'il s'agit de diviser proportionnellement aux deux longueurs M et N (fig. 159). Par l'extrémité A menons une droite quelconque
et indéfinie AD, et à partir de A prenons AM' = M, puis M'N' = N. Joignons l'extrémité B au point N', et
par le point M' menons M'C parallèle

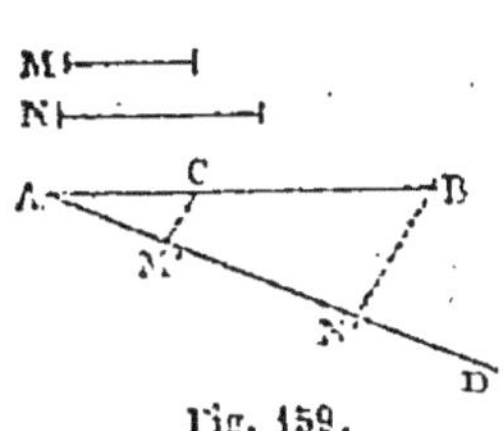

Fig. 159.

à BN'. On aura $\dfrac{AC}{CB} = \dfrac{AM'}{M'N'} = \dfrac{M}{N}$. Le
point C divise donc AB suivant les
conditions demandées.

PROBLÈME III.

*Construire une quatrième proportionnelle à trois droites
données.*

Soient les trois droites M, N, P (fig. 160); on se propose
de déterminer une quatrième droite X telle qu'on ait la
proportion $\dfrac{M}{N} = \dfrac{P}{X}$. La droite encore inconnue X est ce
qu'on nomme une quatrième proportionnelle, parce
qu'elle constitue le quatrième terme d'une proportion.

Faisons un angle quelconque A et sur l'un des côtés

portons AB$=$M, puis BC$=$N. Sur le second côté portons AD $=$ P, joignons enfin les points B et D, et par le point C menons CE parallèle à BD. La longueur DE est la qua-

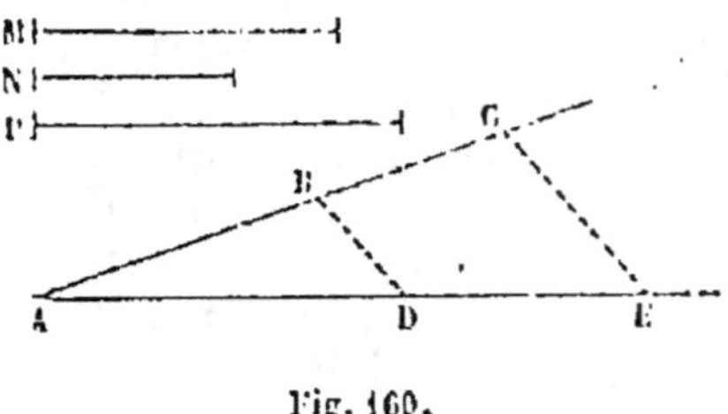

Fig. 160.

trième proportionnelle demandée, car on a par suite des parallèles :

$$\frac{AB}{BC} = \frac{AD}{DE}, \text{ c'est-à-dire } \frac{M}{N} = \frac{P}{DE}$$

PROBLÈME IV.

Déterminer graphiquement l'inconnue d'un problème arithmétique de proportionnalité.

La construction ci-dessus offre un trait d'union remarquable entre la géométrie et l'arithmétique, car elle permet d'effectuer graphiquement les calculs relatifs à tout problème de proportionnalité (1). Nous répéterons encore une fois ici que la méthode géométrique ne peut nullement, dans les applications, remplacer le calcul, bien plus précis et plus sûr dans sa marche ; cependant il n'est pas sans intérêt de voir comment la règle et le compas peuvent jusqu'à un certain point le suppléer.

Soit le problème numérique suivant : *Le prix de 9 journées de travail est de 36 francs; quel est le prix de 7 journées?* — On établit en arithmétique que la valeur de l'inconnue est $x = \dfrac{36 \times 7}{9}$, égalité qui revient à $x \times 9 = 36 \times 7$ en

----

(1) Voir dans notre *Nouvelle Arithmétique* ce qu'il faut entendre par problèmes de proportionnalité et comment on arrive à l'expression de l'inconnue x.

multipliant de part et d'autre par 9 ; et enfin à $\dfrac{9}{36} = \dfrac{7}{x}$ en divisant de part et d'autre par x et par 36. L'égalité primitive étant mise sous cette dernière forme, on voit que l'inconnue est une quatrième proportionnelle, dont la valeur peut se déterminer graphiquement par la méthode qui précède.

Faisons en effet un angle quelconque (fig. 161); sur

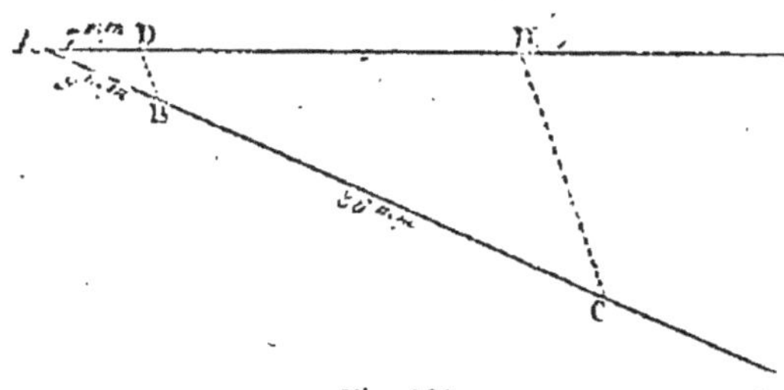

Fig. 161.

l'un des côtés prenons AB égal à 9 fois une certaine longueur arbitraire adoptée pour unité, égal par exemple à 9 millimètres ; prenons ensuite BC égal à 36 millimètres ; et sur le second côté, AD égal à 7 millimètres. Joignons les points D et B et par le point C menons CH parallèle à BD. DH représente la valeur de l'inconnue ; mesurée au millimètre, cette longueur donne 28, qui est en effet la réponse du problème numérique.

Un problème de proportionnalité à plus de quatre termes se résoudrait par une suite de constructions pareilles. Supposons, par exemple, qu'un problème de ce genre amène à l'expression de l'inconnue.

$$x = \frac{27 \times 15 \times 12}{31 \times 19}.$$

Décomposons cette égalité comme il suit :

$$x = \frac{27 \times 15}{31} \times \frac{12}{19},$$

et posons

$$y = \frac{27 \times 15}{31}.$$

Une construction en tout pareille à la précédente nous donnera la valeur de y, représentée par une certaine droite l; et la valeur de x deviendra :

$$x = l \times \frac{12}{19} = \frac{l \times 12}{19}.$$

Cela fait, une nouvelle construction faite avec les longueurs l, 12 et 19, nous donnera la valeur de x.

PROBLÈMES.

135. Déterminer graphiquement la valeur $x = \dfrac{21 \times 30}{17}$.

136. Déterminer graphiquement la valeur $x = \dfrac{14 \times 20 \times 16}{19 \times 31}$.

137. Construire le terme inconnu de la proportion $\dfrac{x}{18} = \dfrac{29}{15}$.

138. Construire le terme inconnu de la proportion $\dfrac{14}{x} = \dfrac{27}{16}$.

139. Construire le terme inconnu de l'égalité $28 \times x = 43 \times 15$.

140. Construire le terme inconnu de l'égalité $\dfrac{1}{x} = \dfrac{9}{32 \times 14}$.

141. Diviser une droite en 11 parties égales.

142. Diviser une droite en deux segments qui soient dans le rapport de 5 à 8.

143. Démontrer qu'en joignant les milieux des côtés d'un quadrilatère quelconque, on obtient un parallélogramme.

144. Avec la chaîne seule, mener sur le terrain, par un point déterminé, une parallèle à une droite donnée.

145. Comment avec un faisceau de parallèles équidistantes pourrait-on obtenir à la fois la division d'une droite donnée en 2, 3, 4, 5, 6, 7, etc. parties égales?

146. A partir de deux sommets opposés d'un quadrilatère quelconque, on divise les quatre côtés dans un même rapport, par exemple dans le rapport de 3 à 5. Quelle figure obtiendra-t-on en joignant les points de division?

CHAPITRE XIII

Triangles semblables.

Définitions. Deux triangles sont dits *semblables* lorsqu'ils ont les angles égaux deux à deux et les côtés *homologues* proportionnels. On entend par côtés homologues les côtés opposés à des angles égaux dans les deux triangles. Soient les deux triangles ABC et abc (fig. 162). Il y a similitude entre les figures si l'on a :

$$A = a,\ B = b,\ C = c;$$
$$\frac{AB}{ab} = \frac{BC}{bc} = \frac{AC}{ac}.$$

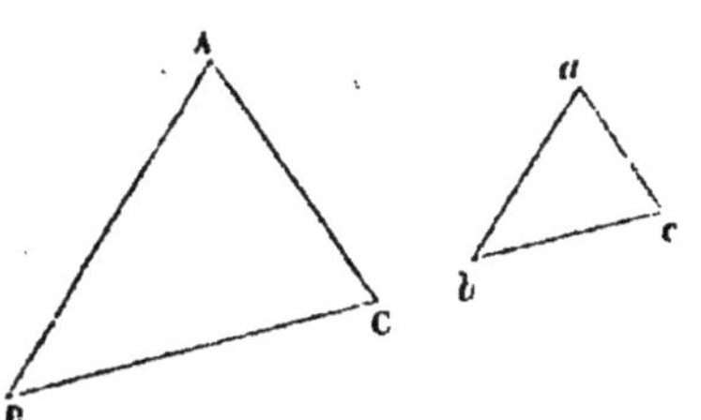

Fig. 162.

Toutefois il n'est pas nécessaire de vérifier que toutes ces conditions sont remplies pour être certain de la similitude de deux triangles, car l'existence d'un certain nombre d'entre elles entraine forcément l'existence des autres, ainsi que vont l'établir les théorèmes suivants.

THÉORÈME 1.

Toute parallèle à l'un des côtés d'un triangle détermine un second triangle semblable au premier.

Menons arbitrairement DE parallèle à BC (fig. 163), et démontrons que les triangles BAC, DAE sont semblables, c'est-à-dire qu'ils ont les angles égaux et les côtés homologues proportionnels.

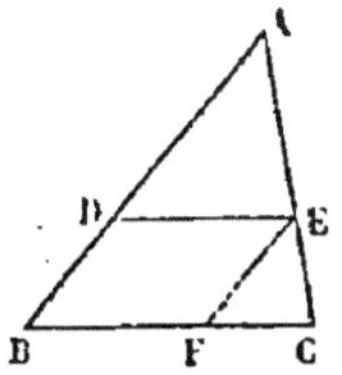

Et d'abord les angles sont égaux, car l'angle A est commun, l'angle D égale B, et l'angle E égale l'angle C à cause du parallélisme de DE et BC.

En second lieu, à cause de DE parallèle à BC, on a

$$\frac{AB}{AD} = \frac{AC}{AE}. \qquad (1)$$

Fig. 163.

Menons EF parallèle à AB. On a pareillement

$$\frac{CA}{EA} = \frac{CB}{FB}.$$

Mais FB est égal à DE puisque la figure DBFE est un pa-

rallélogramme à cause des côtés parallèles deux à deux.
La dernière égalité devient ainsi :

$$\frac{CA}{EA} = \frac{CB}{DE}. \qquad (2)$$

Les égalités (1) et (2) ont un membre commun, savoir :
$\frac{AC}{AE}$. On a donc :

$$\frac{AB}{AD} = \frac{AC}{AE} = \frac{BC}{DE},$$

c'est-à-dire que les deux triangles ont leurs côtés homologues proportionnels. Toutes les conditions de similitude sont par conséquent remplies.

THÉORÈME II.

Deux triangles sont semblables lorsqu'ils ont un angle égal compris entre côtés proportionnels.

Soient les deux triangles ABC et abc (fig. 164). On admet

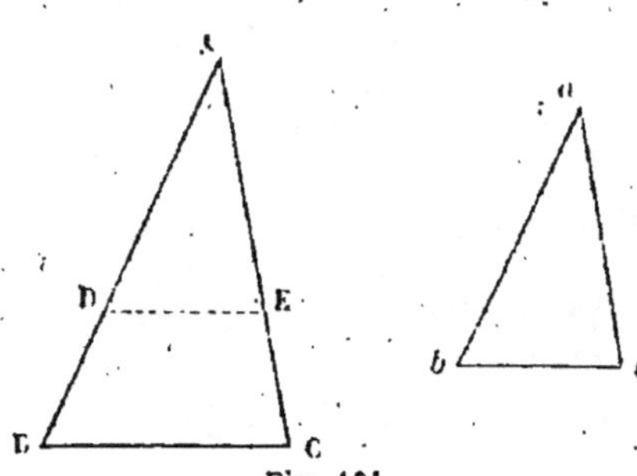

Fig. 164.

$A = a$, $\frac{AB}{ab} = \frac{AC}{ac}$. Ces conditions ont pour conséquence la similitude des deux triangles. — Transportons, en effet, le triangle abc sur le triangle ABC, de manière que l'angle a recouvre son égal A. Le point b tombera en D

et le point c en E, et l'égalité $\frac{BA}{ab} = \frac{AC}{ac}$ deviendra ainsi

$\frac{AB}{AD} = \frac{AC}{AE}$. Mais de cette dernière égalité résulte le parallélisme de DE et BC (chap. XII, théor. IV), et par suite la similitude des deux triangles ABC et ADE d'après le précédent théorème. Donc abc, qui n'est autre chose que ADE, est semblable à ABC.

THÉORÈME III.

Deux triangles sont semblables lorsqu'ils ont les angles égaux chacun à chacun.

Soient les deux triangles ABC et *abc* dont les angles sont supposés égaux chacun à chacun (fig. 165). Trans-

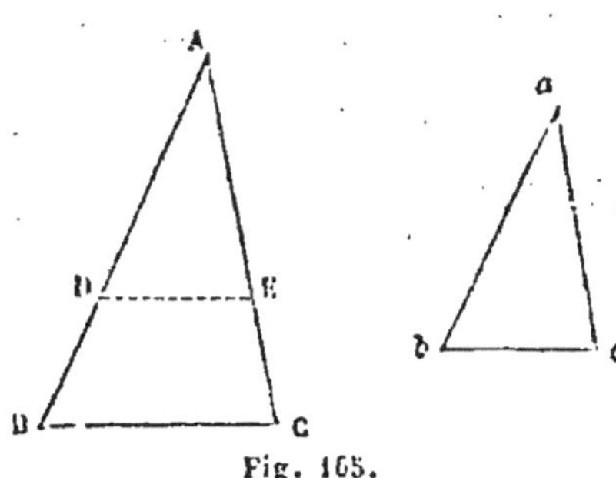

Fig. 165.

portons *abc* sur ABC de manière que l'angle *a* recouvre son égal A. Le point *b* tombera quelque part sur AB, en D par exemple; et le point *c* quelque part sur AC, en E. Les angles E et C sont égaux, il en est de même des angles D et B, puisqu'on admet l'égalité des angles dans les deux triangles donnés. Or, si les angles D et B sont égaux, les droites DE et BC sont parallèles; et par suite le triangle ADE, qui n'est autre chose que *abc*, est semblable au triangle ABC (théor. 1).

CoROLLAIRE I. — Si deux triangles ont deux angles égaux chacun à chacun, les troisièmes angles sont nécessairement égaux, puisque de part et d'autre la somme doit donner 180°, et les deux triangles sont semblables.

CoROLLAIRE II. — Deux triangles rectangles sont semblables lorsqu'ils ont un angle aigu égal.

THÉORÈME IV.

Deux triangles sont semblables lorsqu'ils ont les côtés homologues proportionnels.

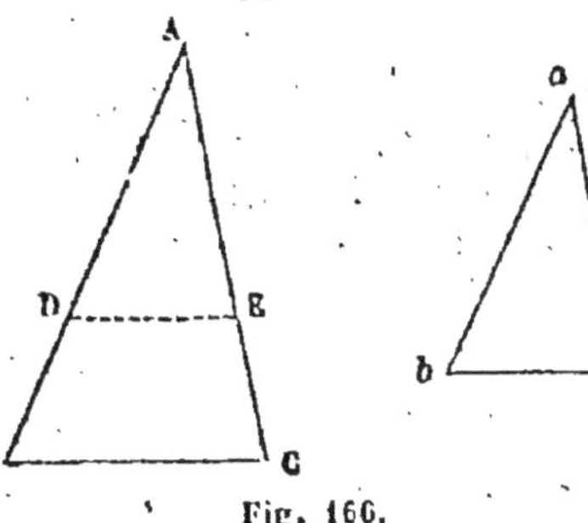

Fig. 166.

La proportionnalité des côtés étant admise, il suffit d'établir l'égalité des angles. Soient donc les deux triangles ABC et *abc* (fig. 166) dans lesquels on suppose $\dfrac{AB}{ab} = \dfrac{AC}{ac} = \dfrac{BC}{bc}$. Prenons

sur AB une longueur AD égale à *ab*, et sur AC une longueur AE égale à *ac*. D'après l'égalité de rapports admise, on aura

$$\frac{AB}{AD} = \frac{AC}{AE};$$

par suite DE est parallèle à BC et les triangles ADE, ABC
sont semblables.

Démontrons maintenant que ADE est égal à *abc*. La si-
militude des deux triangles ABC et ADE donne $\frac{AB}{AD} = \frac{BC}{DE}$,
ou bien, en remplaçant AD par son égal *ab*,

$$\frac{AB}{ab} = \frac{BC}{DE}.$$

En second lieu, on a par supposition :

$$\frac{AB}{ab} = \frac{BC}{bc}.$$

De ces deux dernières égalités il résulte :

$$\frac{BC}{DE} = \frac{BC}{bc}.$$

Le numérateur étant le même dans ces rapports égaux,
les dénominateurs sont nécessairement égaux :

$$DE = bc.$$

Ainsi les triangles ADE, *abc* ont AD $=ab$ par construction, AE $=ac$ par construction, DE $=bc$ ainsi qu'on vient
de l'établir ; ils sont donc égaux et par suite les angles du
premier sont égaux à ceux du second. Donc le triangle
ABC, dont les angles sont égaux à ceux de ADE à cause de
la similitude, sont pareillement égaux à ceux de *abc*, et les
deux triangles proposés sont semblables.

THÉORÈME V.

Les périmètres de deux triangles semblables sont entre eux

dans le même rapport que deux côtés quelconques homologues.
Si les deux triangles ABC et *abc* sont semblables (fig. 167), on a la suite de rapports égaux :

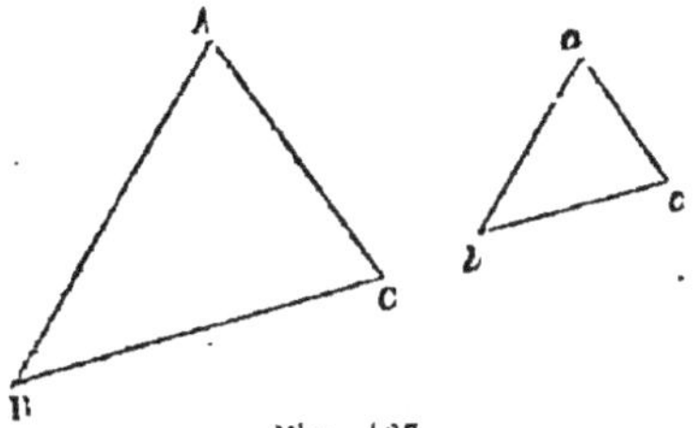

$$\frac{AB}{ab} = \frac{BC}{bc} = \frac{AC}{ac}.$$

Fig. 167.

Faisant la somme des numérateurs, et celle des dénominateurs, nous obtiendrons, d'après un principe établi page 112 :

$$\frac{AB + BC + AC}{ab + bc + ac} = \frac{AB}{ab}.$$

Mais la première somme est le périmètre ou contour du grand triangle, la seconde est le périmètre du petit triangle ; ces deux périmètres sont donc entre eux dans le même rapport que deux côtés quelconques homologues.

Si par exemple AB est 2, 3, 4, etc., fois plus grand que *ab*, le périmètre du premier triangle est 2, 3, 4, etc., fois plus grand que celui du second.

APPLICATIONS.

La similitude des triangles est la partie de la géométrie la plus importante dans ses applications. Nous allons en donner ici quelques exemples.

PROBLÈME I.

Déterminer la distance entre un point accessible et un second point inaccessible, mais visible. — On se propose, par exemple, de déterminer la distance du point A où se trouve l'observateur, au point X séparé du premier par une rivière (fig. 168). A cet effet, on mesure sur le terrain, supposé plan, une longueur arbitraire AB nommée *base*. Pour fixer les idées, admettons que cette base ait 50 mètres. Plaçant ensuite à tour de rôle le graphomètre en A et en B,

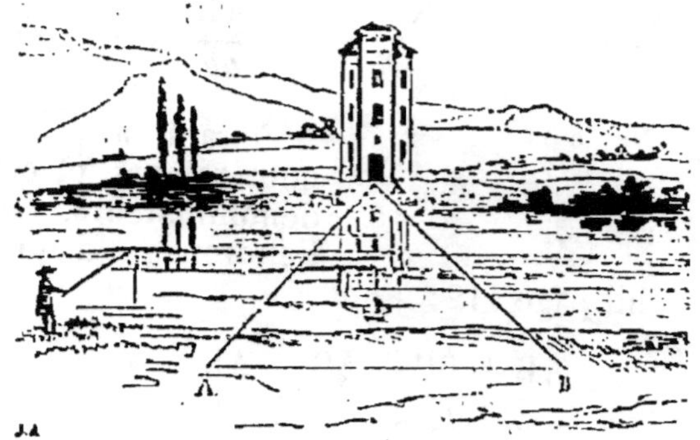

Fig. 168.

on mesure les angles XAB, XBA. Ces trois données suffisent pour obtenir la distance AX.

Traçons en effet sur le papier une droite sur laquelle nous porterons 50 fois une unité de longueur choisie à notre convenance, par exemple le millimètre. Cette droite ab de 50 millimètres de longueur représente la base AB longue de 50 mètres. A l'extrémité a de ab construisons avec celle-ci à l'aide du rapporteur, un angle égal à l'angle A, obtenu avec le graphomètre; construisons pareillement à l'extrémité b un angle égal à l'angle B. Le triangle ainsi obtenu abx et le triangle du terrain ABX sont semblables puisqu'ils ont deux angles égaux (théor. III, coroll. I). Les côtés homologues sont donc dans un même rapport, et puisque déjà par construction ab est 1000 fois plus petit que AB à cause du millimètre adopté pour représenter le mètre, il faut que ax soit 1000 fois plus petit que AX. On mesure donc ax sur le papier, et si l'on trouve pour sa longueur 38 millimètres, par exemple, cela signifie que AX est de 38 mètres.

Pour la même opération géométrique, on peut employer l'équerre d'arpenteur au lieu du graphomètre. Soit AX la longueur qu'il s'agit de déterminer (fig. 169). Avec l'équerre, on élève une droite AB perpendiculaire sur AX.

D'un point arbitraire B pris sur cette droite, on élève BD perpendiculaire sur AB; et l'on prend sur cette perpendiculaire un point quelconque D. Enfin on détermine le point d'intersection O de l'alignement AB avec l'alignement DX. — Les deux triangles AXO et DBO sont semblables,

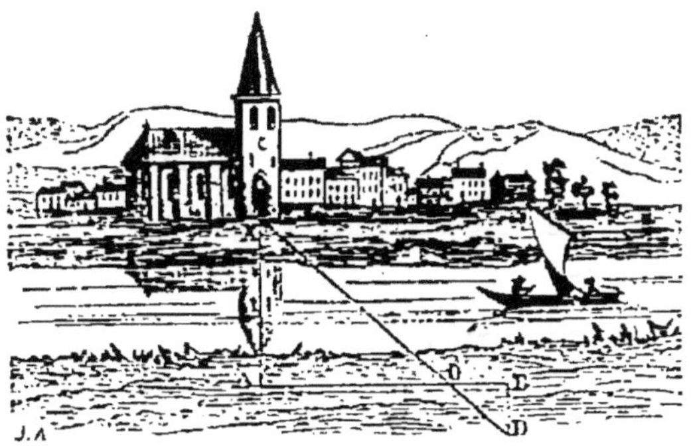

Fig. 169.

car ils sont rectangles et ils ont un angle aigu égal en O (théor. III, coroll. II). On a donc l'égalité

$$\frac{AX}{DB} = \frac{AO}{BO}.$$

Si, par conséquent, on mesure à la chaîne les trois longueurs AO, BO, DB, de ces données on déduira AX :

$$AX = \frac{DB \times AO}{BO}.$$

PROBLÈME II.

Déterminer la distance entre deux points inaccessibles. — Soit XY la distance que doit déterminer un observateur placé en A (fig. 170). On commence par déterminer la longueur AX et la longueur AY par une double opération en tout pareille à celle que nous venons d'exposer dans le précédent problème. Supposons que AX soit de 60 mètres et AY de 95 mètres. On mesure finalement l'angle XAY.

C.

Avec ces trois données, on peut construire un triangle semblable.

On construit sur le papier un angle égal à l'angle A ; sur l'un de ses côtés, on prend une longueur ax égale à 60 millimètres, et sur l'autre une longueur ay égale à 95 millimè-

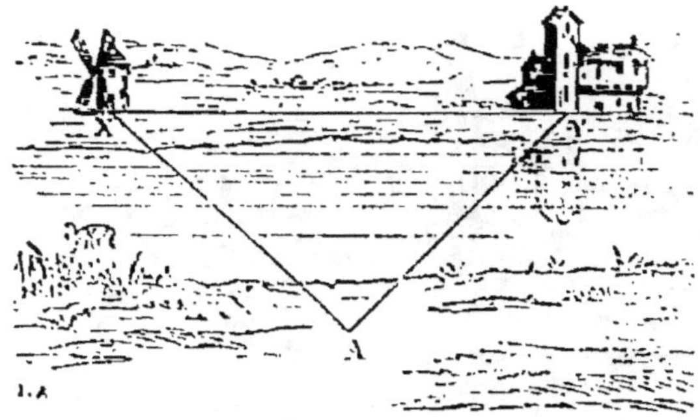

Fig. 170.

tres et l'on termine le triangle. Le triangle ainsi obtenu axy est semblable au triangle du terrain AXY à cause d'un angle égal compris entre côtés proportionnels (théor. II). Si donc on mesure xy sur le papier et qu'on trouve ce côté égal à 80 millimètres, cela signifie que la distance XY sur le terrain est de 80 mètres.

On peut se dispenser de mesurer l'angle A et construire sur le terrain le triangle semblable, ce qui permet de déterminer la distance XY avec le secours seul de l'équerre d'arpenteur. Après avoir obtenu la valeur de AX et celle de AY par la méthode de l'équerre, on prend sur ces lignes deux longueurs Ax et Ay qui soient proportionnelles aux longueurs AX et AY. Enfin on mesure xy. — Les deux triangles Axy et AXY étant semblables comme ayant un angle égal compris entre côtés proportionnels, on a :

$$\frac{XY}{xy} = \frac{AX}{Ax},$$

égalité qui donne la distance cherchée au moyen des trois longueurs connues xy, AX, Ax.

$$XY = \frac{xy \times AX}{Ax}.$$

PROBLÈME III.

Déterminer la hauteur d'une tour dont le pied est accessible.

Le sol étant supposé horizontal, on place le graphomètre en B (fig. 171) de manière que son limbe soit vertical et que son alidade fixe soit horizontale. On mesure alors l'angle ABC, ainsi que la distance AB. Admettons que

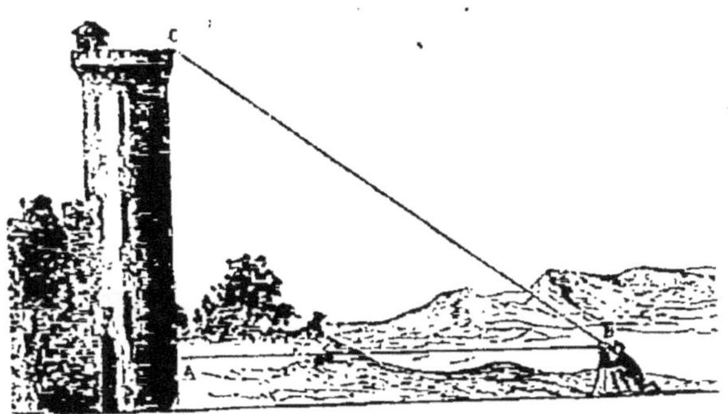

Fig. 171.

AB soit de 25 mètres. Aux deux extrémités d'une ligne de 25 millimètres, on fait d'une part un angle droit, d'autre part un angle égal à l'angle ABC. Le triangle ainsi construit est semblable au triangle ABC à cause de l'égalité des angles. Il permet donc de déterminer AC, qui, augmenté de la hauteur du graphomètre, est l'élévation de la tour.

On peut encore faire usage de l'ombre pour déterminer la hauteur d'un édifice, d'un arbre, etc. L'extrémité de l'ombre est déterminée par la ligne droite qui joindrait le sommet de l'édifice, de l'arbre, etc., au soleil. A cause de l'immense distance de cet astre, on peut regarder comme ne se rencontrant jamais, comme étant parallèles, diverses droites voisines menées d'ici au soleil. Cela étant, implantons verticalement dans le sol un jalon, un bâton, dont la longueur h nous soit connue; et mesurons la longueur o de son ombre. Mesurons d'autre part la longueur O de l'ombre de l'édifice dont la hauteur inconnue est H. Les deux hauteurs, les deux longueurs d'ombre et les deux droites joignant l'extrémité de chaque objet à l'extrémité de l'ombre correspondante, forment deux triangles semblables à cause du parallélisme des côtés et par suite de l'égalité des angles. On a donc

$$\frac{H}{h} = \frac{O}{o},$$

d'où l'on déduit :

$$H = \frac{h \times O}{o}.$$

PROBLÈME IV.

Déterminer la hauteur d'un édifice dont le pied est inaccessible.

On mesure sur le terrain une base AB (fig. 172) et les

Fig. 172.

deux angles CBA et CAB. On peut construire avec ces données un triangle semblable au triangle CBA, ce qui détermine la valeur de GB, comprise dans le même plan que la verticale CD, hauteur de l'édifice. Cela fait, on mesure l'angle CBD. On connaît ainsi dans le triangle CBD, le côté CB, l'angle D qui est droit, le terrain étant supposé horizontal, et l'angle CBD. Avec ces données on peut construire un triangle semblable, ce qui détermine la hauteur CD.

REMARQUE. — Telles que nous venons de les exposer, les méthodes de détermination des longueur que l'on ne peut parcourir sont, en principe, d'une rigueur mathématique ; mais, dans les applications, elles laissent beaucoup à désirer à cause de l'extrême difficulté de construire et d'évaluer le triangle semblable dont les opérations sur le terrain ont fourni les éléments. Comment, par exemple, tenir compte avec un rapporteur, des minutes et à plus forte raison des secondes, qui peuvent entrer dans la valeur d'un angle? Les procédés graphiques, satisfaisants pour les exigences de l'esprit, sont donc remplacés, dans les applications, par des calculs spéciaux qui permettent de déterminer trois éléments d'un triangle, angles ou côtés, quand on connaît trois autres éléments, parmi lesquels se trouve au moins un côté. Ces calculs font l'objet de la *trigonométrie*.

Échelle de proportion. Dans les applications qui précèdent, nous avons pris, pour plus de simplicité, le millimètre comme unité de longueur représentant le mètre dans la construction des triangles semblables. Mais cette unité est parfaitement arbitraire; on peut adopter telle longueur qu'il nous conviendra, n'ayant aucun rapport avec nos longueurs métriques. Toutefois il est préférable de prendre pour unité une longueur dérivant du mètre et ayant avec lui un rapport simple conforme à notre numération décimale.

Adoptons par exemple l'*échelle* $\frac{1}{2500}$, c'est-à-dire représentons le mètre par $\frac{1}{2500}$ de mètre, et proposons-nous de construire ce qu'on appelle une *échelle de proportion*. Si la longueur d'un mètre sur le terrain est représentée par la longueur de $\frac{1}{2500}$ de mètre dans le tracé graphique, 10 mètres sont représentés par 4 millimètres. — Sur une droite indéfinie AC, on porte 10 ouvertures de compas arbitraires, et par les points de division on mène des perpendiculaires à cette droite (fig. 173). On porte de A en F 10 longueurs égales chacune à 4 millimètres, et à partir de F numéroté O, on écrit les nombres 10, 20, 30, 40, etc., comme le représente la figure. La distance d'une division

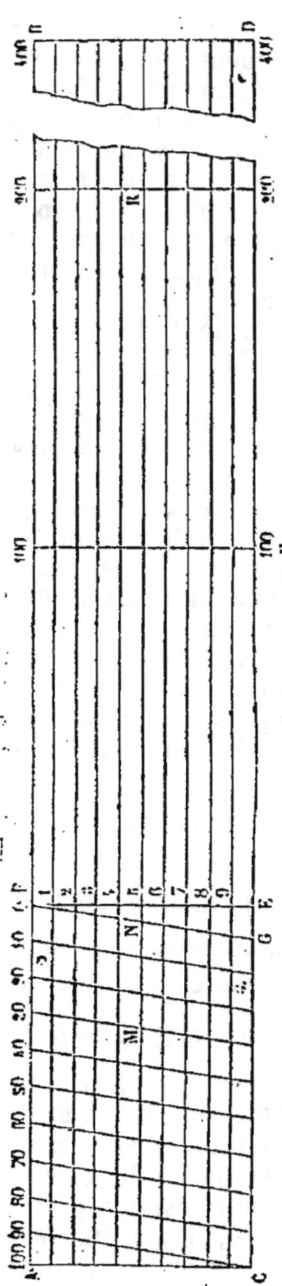

Fig. 173.

à l'autre étant de 4 millimètres, représente 10 mètres d'après notre convention ; et la distance FA représente 100 mètres. On prend cette distance et on la porte à droite de F autant de fois que le permet la longueur de l'échelle. Les points de divisions ainsi obtenus sont numérotés 100, 200. Portons maintenant sur CE les dix divisions de AF et joignons obliquement les divisions supérieures avec les divisions inférieures, ainsi que le montre la figure. Enfin menons les perpendiculaires FE, H, D, etc., et sur la perpendiculaire FE inscrivons les numéros d'ordre 1, 2, 3, 4, etc.. de haut en bas. La construction de l'échellle est alors terminée.

Quant à son usage, le voici. Soit à représenter sur le tracé graphique une longueur de 235 mètres mesurée sur le terrain. On place une pointe du compas en R sur la perpendiculaire 200 et l'autre pointe en M sur l'oblique 30. La longueur MR est, d'après la convention adoptée, la représentation de 235 mètres. En effet, de R à la division 5 de la perpendiculaire FE, il y a la longueur qui représente 200 mètres ; de N en M, il y a la longueur qui représente 30 mètres ; enfin de N à la division 5 de la perpendiculaire FE, il y a la longueur qui représente 5 mètres. Ce dernier fait est une conséquence de la similitude des triangles FN5 et FGE. Puisque F5 vaut 5 dixièmes de

FE, N5 vaut 5 dixièmes de GE, qui représente 10 mètres; N5 représente donc 5 mètres.

Compas de réduction. Il se compose de deux branches égales, tournant autour d'un axe M que l'on peut déplacer en le faisant glisser dans la rainure des deux lames évidées (fig. 174). Des points de divisions, marqués sur ces lames, indiquent en quel point il faut placer l'axe pour qu'il y ait entre les deux longueurs MA et MD un rapport déterminé. Cet instrument sert à réduire dans un même rapport les diverses droites d'une figure géométrique. Si, par exemple, l'axe est fixé en un point tel que MB soit le double de MC, toute longueur prise avec les deux pointes A et B sera représentée avec une dimension moitié moindre par la longueur comprise entre les pointes C et D. Les deux triangles ABM et CDM sont en effet semblables à cause d'un angle égal compris entre côtés proportionnels, et puisque MC est la moitié de MB, CD est aussi la moitié de AB.

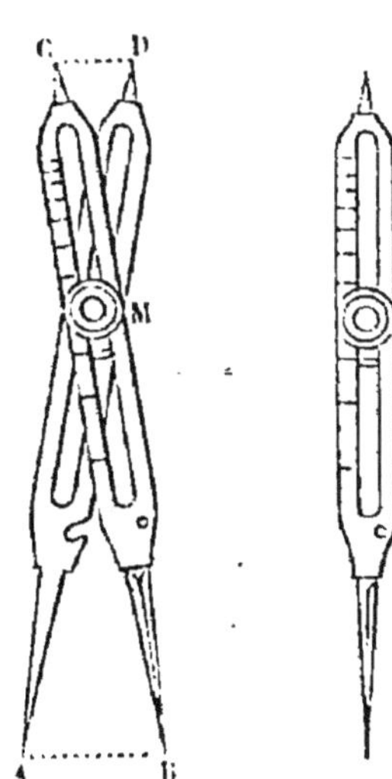

Fig. 174

Il est évident que si la longueur donnée est prise avec les pointes C et D, cette longueur est représentée, amplifiée, par la distance entre les pointes A et B. Le compas peut donc indifféremment servir à réduire ou bien à amplifier dans un même rapport.

Méthode des carreaux. Cette méthode de réduction n'est pas une application des triangles semblables, nous la décrivons ici pour rapprocher deux sujets analogues. Sur la figure à réduire ou bien à amplifier, on trace deux séries de parallèles équidistantes se coupant à angle droit ; on en fait autant sur la feuille de papier où le dessin doit être reproduit, mais en distançant plus ou moins les parallèles suivant les dimensions que l'on se propose d'obtenir. On opère ensuite le tracé d'un carré à l'autre, soit en s'aidant du compas, soit par simple estime. Si les carrés de la seconde figure ont leurs côtés 2, 3, 4 fois plus petits que

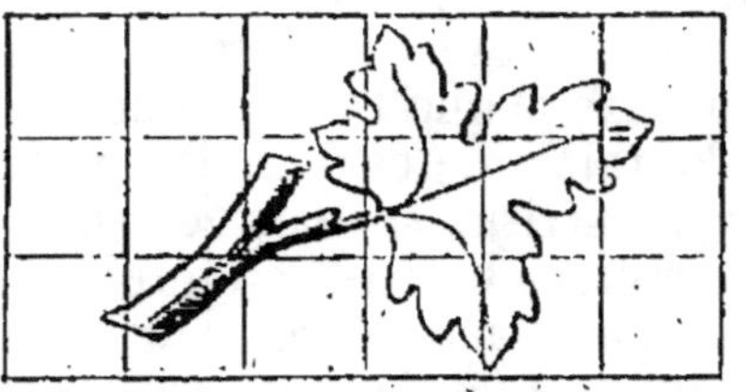

Fig. 175.

ceux de la première, le dessin reproduit a des dimensions 2, 3, 4 fois plus petites (fig. 175).

PROBLÈMES.

147. La base d'un triangle tracé sur le terrain est de 158 mètres. L'un des angles adjacents est de 50° l'autre de 64°. Déterminer graphiquement les deux autres côtés du triangle.

148. Du point A on mesure la distance à deux points inaccessibles B et C. On trouve pour la distance AB 240 mètres, pour la distance AC 350 mètres. Enfin l'angle BAC est de 60°. Déterminer graphiquement la distance BC et les deux autres angles du triangle.

149. L'ombre d'un peuplier mesure 34 mètres. Au même moment l'ombre d'un bâton vertical de 3 mètres de hauteur mesure 3m,52. Quelle est la hauteur du peuplier?

150. Les trois côtés d'un triangle sont respectivement de 150 mètres, 132 mètres, et 100 mètres. Déterminer graphiquement les trois angles du triangle.

151. La distance du graphomètre à une tour dont on veut savoir la hauteur est de 45 mètres. L'angle que forme l'alidade horizontale avec l'alidade dirigée vers le sommet de la tour est de 38°. La hauteur du pied du graphomètre est de 1m,38. Déterminer graphiquement la hauteur de la tour.

152. Dans un triangle rectangle, l'un des angles aigus est de 63° et l'hypoténuse mesure 200 mètres. Déterminer graphiquement les deux côtés de l'angle droit.

153. Soient trois points A, B et C sur le terrain. Du point A on voit la distance BC sous un angle de 85°: du point B on voit la distance AC sous un angle de 44°. On sait d'ailleurs que la distance AB est de 2000 mètres. Déterminer graphiquement la distance AC et la distance BC.

154. Du point où il se trouve en pleine mer, un navire voit trois points de la côte A, B et C formant un triangle dont les côtés, d'après la carte, ont pour valeur : AB = 2000 mètres, BC = 2600 mètres, AB = 3500 mètres. AB est vu sous un angle de 38°; BC est vu sous un angle de 22°. A quelle distance le navire se trouve-t-il de chacun des trois points? (*Segment capable d'un angle donné.*)

155. Un plan est construit à l'échelle de $\frac{1}{2500}$. Quelle est la véritable distance de deux points A et B sur le terrain, si leur distance sur le plan est de 168 millimètres?

156. En se servant de l'échelle $\frac{1}{5000}$, représenter sur le papier un triangle dont les côtés sont 345 mètres, 420 mètres et 515 mètres.

157. Le périmètre d'un triangle est de 1000 mètres. L'angle A = 52°, l'angle B = 68°. Déterminer les trois côtés du triangle.

158. Démontrer, en se basant sur les triangles semblables, que les médianes d'un triangle se coupent au tiers de leur longueur à partir des côtés du triangle.

159. Démontrer que deux triangles sont semblables lorsqu'ils ont leurs côtés perpendiculaires chacun à chacun.

160. On se trouve à 300 mètres de distance de chacune des extrémités d'une droite que l'on voit sous un angle de 40°. Quelle est la longueur de cette droite?

161. Démontrer que deux triangles sont semblables lorsqu'ils ont leurs côtés parallèles deux à deux.

CHAPITRE XIV

Polygones semblables.

DÉFINITIONS. Deux polygones sont dits *semblables* lorsqu'ils ont les angles égaux chacun à chacun et les côtés *homologues* proportionnels. On qualifie d'*homologues* les côtés, les sommets, les angles, les diagonales, les points, qui se correspondent dans deux polygones semblables.

THÉORÈME I.

Deux polygones semblables peuvent être décomposés en un même nombre de triangles semblables chacun à chacun et semblablement disposés.

Soient les deux polygones ABCDE, et A'B'C'D'E' (fig. 176) entre lesquels on a les égalités : A = A', B = B', C = C',

$$D = D', \quad E = E'; \quad \frac{AB}{A'B'} = \frac{BC}{B'C'} = \frac{CD}{C'D'} = \frac{DE}{D'E'} = \frac{EA}{E'A'}.$$

D'après la définition, ces deux polygones sont semblables. Il faut démontrer que si des sommets homologues A et A' on mène dans les deux polygones toutes les diagonales possibles, on obtient deux séries de triangles semblables chacun à chacun et disposés de la même manière.

Et d'abord les triangles ABC et A'B'C' sont semblables, car angle B = angle B'; et de plus on a la proportion $\dfrac{AB}{A'B'} = \dfrac{BC}{B'C'}$. Ils ont ainsi un angle égal compris entre côtés proportionnels.

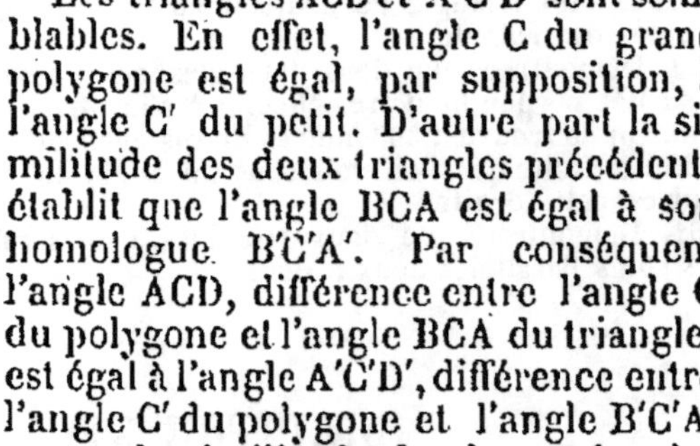

Fig. 176.

Les triangles ACD et A'C'D' sont semblables. En effet, l'angle C du grand polygone est égal, par supposition, à l'angle C' du petit. D'autre part la similitude des deux triangles précédents établit que l'angle BCA est égal à son homologue B'C'A'. Par conséquent l'angle ACD, différence entre l'angle C du polygone et l'angle BCA du triangle, est égal à l'angle A'C'D', différence entre l'angle C' du polygone et l'angle B'C'A' du triangle. D'autre part, la similitude des deux triangles BCA et B'C'A' fournit la proportion :

$$\frac{BC}{B'C'} = \frac{CA}{C'A'};$$

et la similitude des deux polygones fournit cette autre proportion :

$$\frac{BC}{B'C'} = \frac{CD}{C'D'}.$$

De ces deux égalités, qui ont un membre commun, résulte :

$$\frac{CA}{C'A'} = \frac{CD}{C'D'}.$$

Les deux triangles ACD et A'C'D' sont donc semblables comme ayant un angle égal compris entre côtés proportionnels.

Une marche en tout pareille établirait la similitude des autres triangles.

THÉORÈME II.

Deux polygones, composés d'un même nombre de triangles semblables chacun à chacun et disposés de la même manière, sont semblables.

On suppose que dans les deux polygones ABCDE et A'B'C'D'E' (fig. 177), les triangles ABC, sont semblables aux triangles A'B'C', etc., et disposés de la même manière ; il faut démontrer que les polygones sont semblables, c'est-à-dire qu'ils ont les angles homologues égaux et les côtés homologues proportionnels.

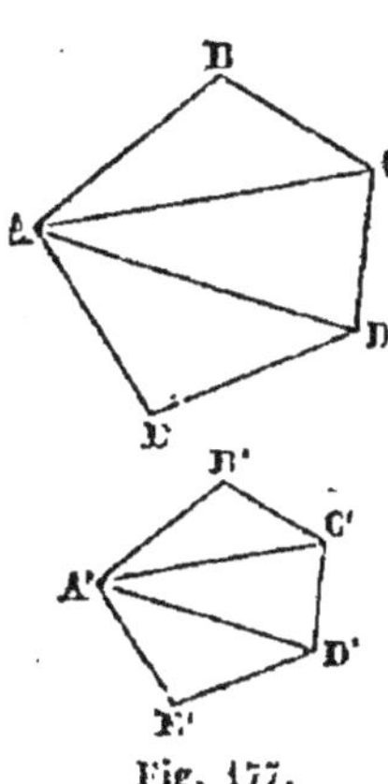

Fig. 177.

Les angles B et B' des polygones sont égaux comme étant homologues dans les deux triangles semblables ABC et A'B'C'. Les angles C et C' des polygones sont égaux comme étant la somme des angles BCA et DCA, B'C'A' et D'C'A', angles homologues dans des triangles semblables. Et ainsi de suite.

La similitude des deux triangles ABC et A'B'C' fournit :

$$\frac{AB}{A'B'} = \frac{BC}{B'C'} = \frac{CA}{C'A'};$$

celle des deux triangles ACD et A'C'D' donne :

$$\frac{CA}{C'A'} = \frac{CD}{C'D'} = \frac{DA}{D'A'};$$

celle des deux triangles ADE et A'D'E' donne :

$$\frac{DA}{D'A'} = \frac{DE}{D'E'} = \frac{EA}{E'A'}.$$

Ces trois séries de rapports sont reliées par des rapports communs fournis par les diagonales, savoir : $\dfrac{DA}{D'A'}$, $\dfrac{CA}{C'A'}$.

Les autres rapports sont donc égaux entre eux, et l'on a la proportionnalité des côtés des polygones :

$$\frac{AB}{A'B'} = \frac{BC}{B'C'} = \frac{CD}{C'D'} = \frac{DE}{D'E'} = \frac{EA}{E'A'}.$$

THÉORÈME III.

Les périmètres de deux polygones semblables sont proportionnels aux côtés homologues.

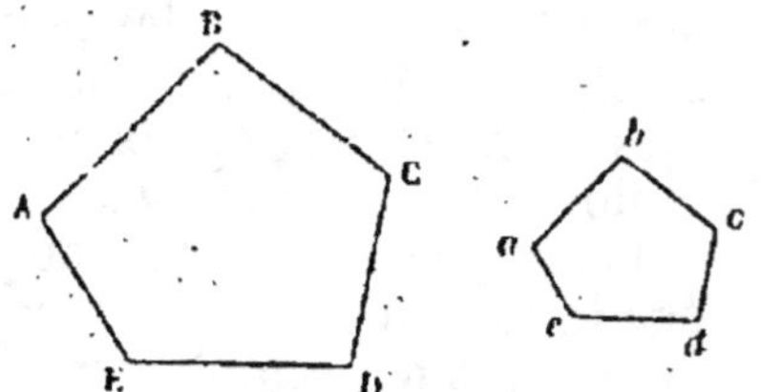

Fig. 178.

Les deux polygones ABCDE et *abcde* étant semblables (fig. 178), on a :

$$\frac{AB}{ab} = \frac{BC}{bc} = \frac{CD}{cd} = \frac{DE}{de} = \frac{EA}{ea}.$$

D'où l'on déduit, en faisant la somme des numérateurs et celle des dénominateurs :

$$\frac{AB + BC + CD + DE + EA}{ab + bc + cd + de + ea} = \frac{AB}{ab}.$$

Si donc le côté quelconque AB est double, triple, etc., de son homologue *ab*, le périmètre du premier polygone est double, triple, etc., du périmètre du second.

APPLICATIONS.

PROBLÈME I.

Construire un polygone semblable à un polygone donné.

Soient ABCDE le polygone donné, et *ab* le côté homologue
de AB dans le polygone semblable qu'il s'agit de construire (fig. 179). — Décomposons le polygone ABCDE en

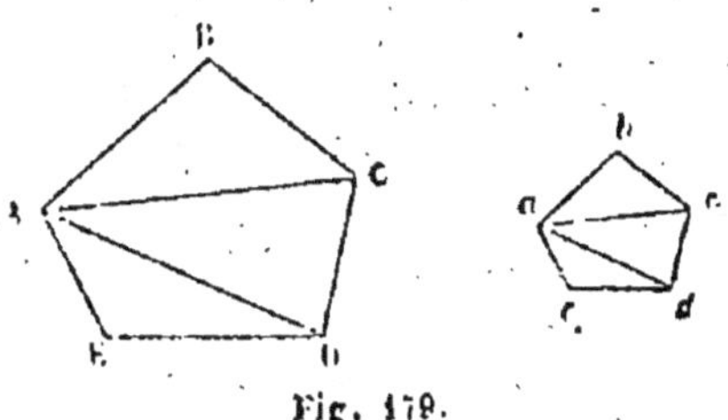

Fig. 179.

triangles en menant
d'un même sommet les
diagonales AC et AD.
Construisons ensuite sur
ab comme homologue
de AB, un triangle *abc*
semblable à ABC, soit
au moyen des côtés,
soit au moyen des an-
gles, soit enfin au moyen d'une combinaison d'angles et
de côtés. — Le triangle *abc* obtenu, construisons sur *ac*
homologue de AC, un triangle *acd* semblable à ACD ; et
ainsi de suite. Les deux polygones seront semblables
comme étant composés d'un même nombre de triangles
semblables chacun à chacun et disposés de la même manière (théor. II).

PROBLÈME II.

Lever le plan d'un terrain avec la chaîne seule. Le plan
de la configuration d'un terrain, dont la surface est sup
posée plane, est une figure semblable tracée sur le papier.
Le tracé de cette figure est basé sur la théorie des polygones semblables. On peut employer diverses méthodes
que nous allons rapidement passer en revue.

Admettons d'abord que le contour du terrain soit exclusivement terminé par des lignes droites, de manière à
former un polygone quelconque. On décomposera ce polygone en triangles dont on mesurera à la chaîne tous les
côtés. Avec ces données, on pourra construire une série
de triangles semblables disposés de la même manière que
sur le terrain, et le polygone du dessin sera semblable à
celui du terrain. Pour cette construction, il faudra réduire
dans un même rapport toutes les longueurs mesurées sur
le terrain, et représenter, par exemple, 1 mètre par 1 millimètre. On dit alors que le plan est à l'échelle de $\frac{1}{1000}$.

PROBLÈME III.

Lever le plan d'un terrain avec la chaîne et l'équerre. On mène dans le polygone que forme le terrain ABCDEFG, (fig. 180) une diagonale AE, sur laquelle on abaisse des

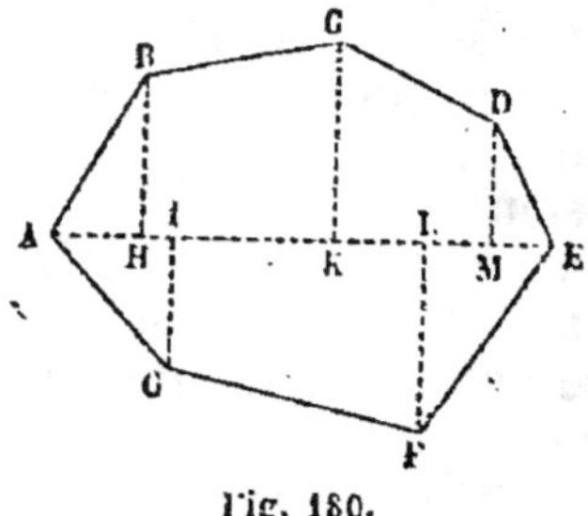

Fig. 180.

perpendiculaires des divers sommets du polygone. On mesure ces perpendiculaires, ainsi que les distances AH, HI, IK, etc., entre leurs pieds. Avec ces données, on peut tracer sur le papier une série de triangles et de trapèzes dont l'ensemble détermine un polygone semblable à celui du terrain. Il suffit de prendre sur une droite représentant la diagonale AE, des longueurs proportionnelles aux distances AH, HI, IK, etc., et d'élever par les points de division des perpendiculaires proportionnelles aux lignes HB, IG, KC, etc. On joint enfin deux à deux les sommets ainsi déterminés.

PROBLÈME IV.

Lever le plan d'un terrain que l'on ne peut parcourir. Soit le terrain boisé ABCDEF, etc. (fig. 181), qui ne permet pas de prendre des mesures dans son intérieur. Avec

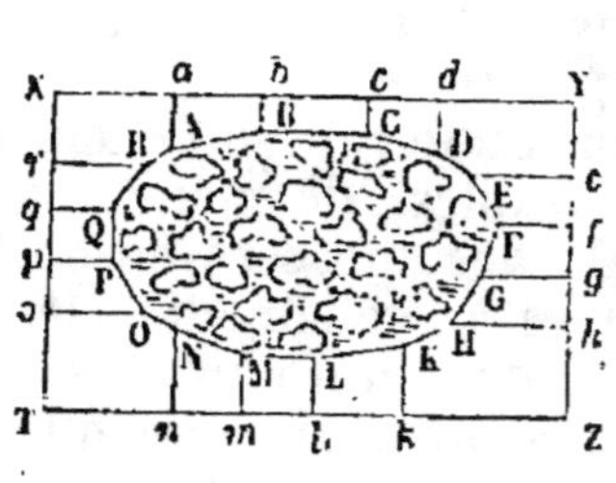

Fig. 181.

l'équerre, on l'entoure d'un rectangle TXYZ ; et sur les côtés de ce rectangle on abaisse des perpendiculaires des divers sommets du polygone, A, B, C, D, etc. On mesure ces perpendiculaires ainsi que les distances entre leurs pieds, *ab, bc, cd,* etc. Avec ces données, la construction d'une figure semblable n'offre plus de difficulté.

PROBLÈME V.

Lever le plan d'un terrain terminé par des lignes courbes,

On prend sur la ligne courbe différents points a, b, c, d,

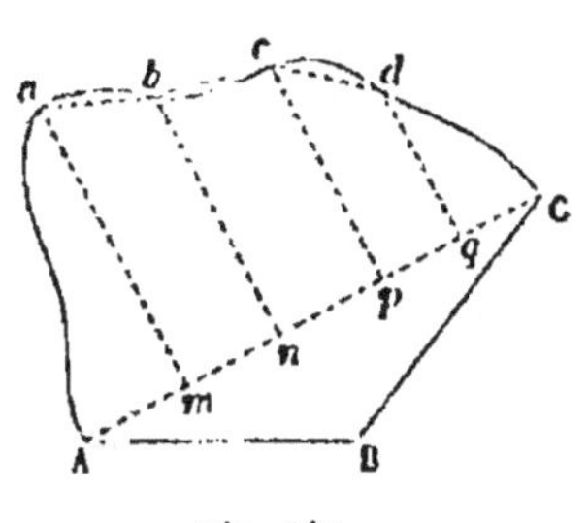

Fig. 182.

(fig. 182) que l'on suppose joints par des droites. Ces points doivent être assez rapprochés pour que la ligne brisée $abcd$, diffère peu de la ligne courbe. On lève enfin le plan de cette ligne brisée au moyen des perpendiculaires am, bn, cp, dq, abaissées sur une diagonale AC, et l'on joint par un trait courbe les sommets ainsi déterminés.

PROBLÈME VI.

Lever le plan d'un terrain avec le graphomètre et la chaîne. On mesure à la chaine les divers côtés du polygone ; et les angles avec le graphomètre. Si le polygone est convexe, la somme des angles mesurés doit être égale à autant de fois deux angles droits que le polygone a de côtés moins deux ; ce qui fournit une importante vérification des mesures prises. Les côtés et les angles étant connus, on a toutes les données nécessaires pour construire une figure semblable. On peut encore, avec plus de précision, décomposer le polygone du terrain en triangles ; puis mesurer les côtés et les angles nécessaires pour construire une série de triangles semblables.

PROBLÈME VII.

Lever le plan d'un terrain avec la planchette. Cet instrument est une tablette en bois A, sur laquelle est tendue

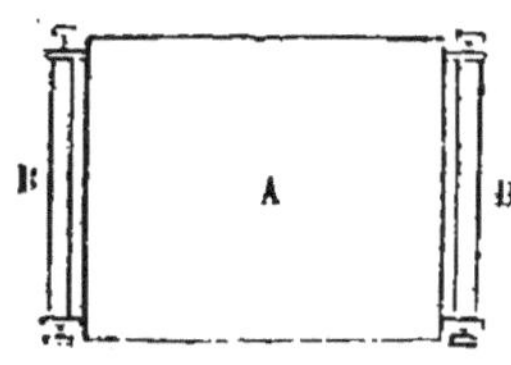

Fig. 183.

une feuille de papier au moyen de deux rouleaux BB

(fig. 183). On le dispose horizontalement sur un pied à trois branches. La planchette est accompagnée d'une *alidade à pinnules* dont l'arête ou *ligne de foi* MN est déterminée par la ligne de visée passant par les deux pinnules.

Méthode à une seule station. Soit ABCDEF le terrain (fig. 184). Disposons la planchette en O dans l'intérieur du terrain et fixons verticalement une aiguille vers le centre de la feuille. Ensuite dirigeons tour à tour l'alidade vers les sommets A, B, C, etc., du terrain en appliquant sa ligne de foi contre l'aiguille et traçons à mesure, sur le papier, des droites suivant les lignes de visée. Mesurons enfin à la chaîne les distances OA, OB, OC, etc., et

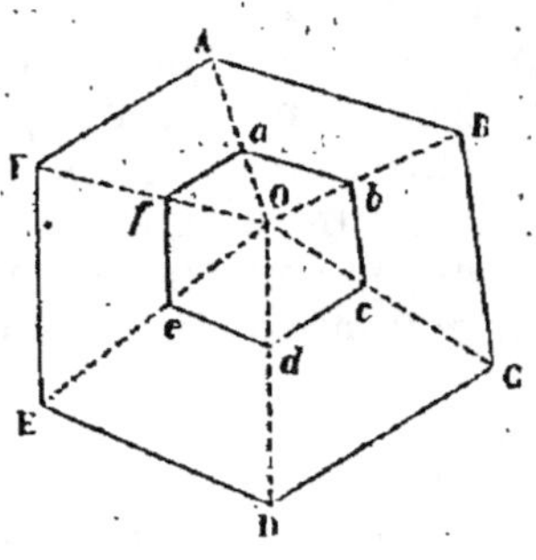

Fig. 184.

portons sur les droites tracées sur le papier des longueurs *oa*, *ob*, *oc*, etc., proportionnelles à ces distances. Nous obtiendrons ainsi une série de triangles semblables à ceux du terrain et par conséquent une figure semblable.

Méthode à deux stations. La planchette étant en A sur le terrain (fig. 185) on dirige l'alidade suivant AB, AC, AD, AE, et l'on trace à mesure les droites correspondantes, *ab, ac, ad, ae*. On mesure AB, côté du polygone nommé *directrice*, et l'on prend sur le dessin une longueur *ab* destinée à représenter ce côté suivant l'échelle adoptée. La planchette est alors transportée en B sur le terrain de manière que le point *b* du dessin soit sur la même verticale que B,

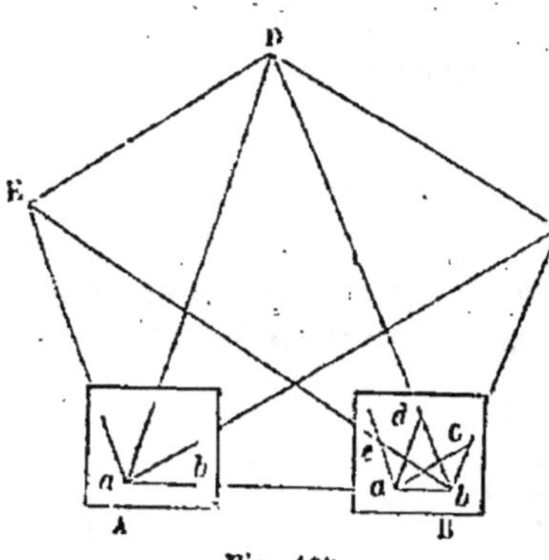

Fig. 185.

et que le côté *ba* soit dans la direction BA. L'alidade est alors dirigée suivant BE, BD, BC, ce qui fournit de nouvelles droites, qui par leurs intersections avec les premières, déterminent les sommets du polygone semblable *abcde*.

La légitimité de cette construction peut se démontrer ainsi : — Soit ABCDE le polygone du terrain (fig. 186). Décomposons-le en triangles au moyen des diagonales issues du point C, et opérons une décomposition pareille au moyen des diagonales issues du point D. Ensuite, sur

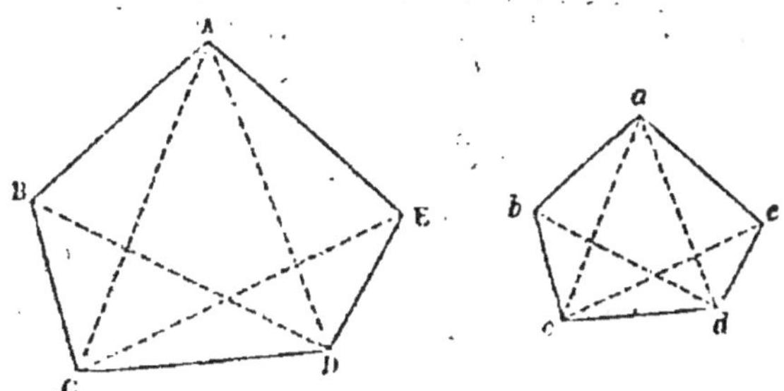

Fig. 186.

cd, homologue de CD, construisons les deux séries de triangles semblables. La figure obtenue dans chacune de ces constructions sera semblable au polygone du terrain (Théor. II). Mais dans la construction au moyen des triangles formés par les diagonales issues de C et de son homologue c, le sommet a de la figure semblable se trouve sur ca, homologue de CA. Dans la construction au moyen des triangles formés par les diagonales issues de D et de son homologue d, le même sommet a se trouve sur da, homologue de DA. Donc le sommet a se trouve à l'intersection de ca et de da. La même démonstration s'applique aux autres sommets.

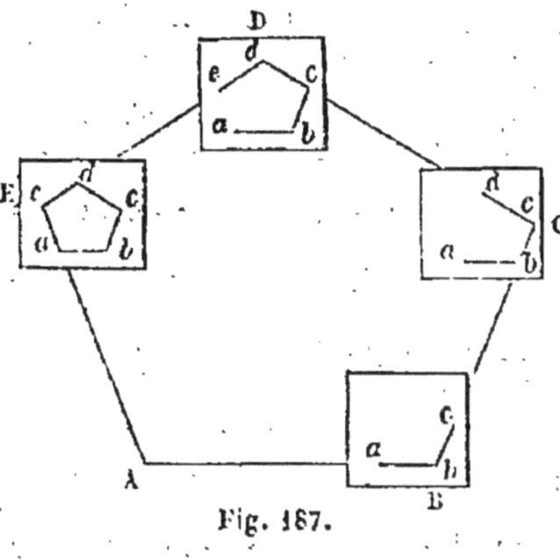

Fig. 187.

Méthode du contour. On fait une station à chacun des angles du terrain, et l'on dispose la planchette de manière qu'à chaque station l'angle du dessin coïncide avec l'angle du terrain. On mesure en même

7

temps les côtés du polygone, et l'on porte sur le dessin des longueurs proportionnelles (fig. 187). Les deux figures sont semblables parce qu'elles ont les angles égaux et les côtés homologues proportionnels. Cette méthode, plus sujette à erreur que les précédentes, ne doit être employée que lorsque des obstacles empêchent l'application de l'une ou de l'autre des deux premières.

PROBLÈMES.

162. Dans deux polygones semblables le côté A égale 120ᵐ et son homologue a égale 17ᵐ,5. Combien de fois le périmètre du second polygone est-il contenu dans le périmètre du premier?

163. Démontrer que deux parallélogrammes sont semblables lorsqu'ils ont un angle égal compris entre côtés proportionnels.

164. Aux extrémités de deux droites A et a on élève des perpendiculaires P et P', p et p' de manière que l'on ait $\dfrac{A}{a} = \dfrac{P}{p} = \dfrac{P'}{p'}$, et l'on joint les extrémités de ces perpendiculaires. Démontrer que les deux trapèzes ainsi construits sont semblables.

165. Combien de longueurs a-t-on à mesurer pour lever à la planchette le plan d'un polygone de n côtés par la méthode à une station?

166. Démontrer que si d'un point quelconque on mène des droites aux divers sommets d'un polygone et que l'on construise entre ces droites un polygone dont les côtés soient parallèles à ceux du premier, on obtient un polygone semblable.

167. On a mesuré au graphomètre les divers angles d'un polygone du terrain. Comment peut-on vérifier l'exactitude des mesures prises?

168. Démontrer que deux quadrilatères sont semblables lorsqu'ils ont trois angles égaux chacun à chacun, et les côtés de l'angle situé entre les deux autres proportionnels.

169. Démontrer que deux quadrilatères sont semblables lorsqu'ils ont les côtés proportionnels et deux angles opposés égaux chacun à chacun.

170. Démontrer que deux parallélogrammes sont semblables lorsqu'ils ont des diagonales proportionnelles se coupant sous le même angle.

171. Quelles conditions faut-il pour que deux rectangles soient semblables?

172. Quelle condition faut-il pour que deux losanges soient semblables?

173. Dans un polygone, on connaît les côtés et les angles, moins deux côtés et l'angle compris; peut-on avec ces données construire un polygone semblable?

174. On connaît dans un polygone tous les côtés et les angles, moins trois de ces derniers consécutifs; peut-on avec ces données construire un polygone semblable?

175. On connaît dans un polygone les côtés et les angles, moins un côté et les deux angles adjacents; peut-on avec ces données construire un polygone semblable?

CHAPITRE XV

Relations numériques entre les éléments d'un triangle.

Les éléments d'un triangle, en particulier les côtés, les hauteurs, les bissectrices, les médianes, étant évalués en nombres par leur comparaison avec l'unité de longueur, on obtient entre ces nombres des relations remarquables que nous allons étudier dans ce chapitre. Certaines expressions, communes à la fois à l'arithmétique et à la géométrie, se retrouveront ici; il convient de ne leur donner que la signification arithmétique, puisqu'il s'agit uniquement de rapports numériques. Ainsi le mot *carré*, que l'arithmétique emploie pour désigner la *seconde puissance* d'un nombre ou le produit de ce nombre par lui-même, est usité en géométrie pour désigner le quadrilatère dont les quatre côtés sont égaux et les angles droits. Si éloignés que soient en apparence les deux objets en vue, il y a cependant entre les deux un rapport très-direct, car pour obtenir la surface du carré géométrique, il faut, ainsi qu'on le verra plus loin, faire la seconde puissance ou le carré arithmétique du nombre qui représente son côté. De là peut résulter une certaine confusion, si le lecteur n'est pas prévenu. Nous l'avertirons donc que le mot *carré*, tant qu'il s'agit de relations numériques, signifie *seconde puissance* d'un nombre, sans aucune association d'idée de surface.

THÉORÈME I.

Si du sommet de l'angle droit d'un triangle rectangle, on abaisse une perpendiculaire sur l'hypoténuse, on a les relations numériques suivantes : 1° le carré du côté de chaque angle droit est égal au produit de l'hypoténuse entière par le segment adjacent.

2° Le carré de la perpendiculaire est égal au produit des deux segments de l'hypoténuse.

Du sommet de l'angle droit A du triangle rectangle BAC (fig. 188) abaissons AD perpendiculaire sur l'hypoténuse BC. — On partage ainsi le triangle primitif en deux triangles DAB et DAC, semblables au triangle BAC. Considérons en particulier le triangle BDA et comparons-le au triangle BAC. Ces deux triangles sont rectangles, le premier en D, le second en A. Ils ont en outre l'angle B commun. Ils sont donc semblables comme ayant leurs angles égaux chacun à chacun (Chap. XIII, Théor. III.) Par conséquent le rapport entre AB, hypoténuse du petit triangle, et BC, hypoténuse du grand, est le même qu'entre BD opposé à l'angle BAD dans le petit triangle et AB opposé à l'angle ACB dans le grand. (Ces deux derniers côtés sont opposés à des angles égaux dans les deux triangles semblables, et par suite sont homologues.) On a ainsi l'égalité :

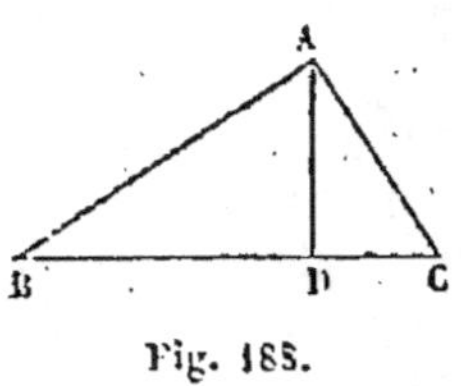

Fig. 185.

$$\frac{AB}{BC} = \frac{BD}{AB} ;$$

d'où l'on déduit en chassant les dénominateurs :

$$\overline{AB}^2 = BC \times BD.$$

La seconde puissance du côté AB de l'angle droit est donc égale au produit de l'hypoténuse entière BC par le segment adjacent BD.

On démontrerait de la même manière que le petit triangle ADC est semblable au grand triangle ABC, et de cette similitude on déduirait :

$$\overline{AC}^2 = BC \times DC.$$

Pour la seconde partie du théorème, comparons les deux triangles BAD et CAD. Ces deux triangles, ayant leurs angles égaux chacun à chacun à ceux du grand triangle BAC, ont entre eux les angles égaux chacun à chacun et par suite sont semblables. Du reste, cette égalité des angles peut s'établir directement. Et d'abord les deux petits triangles sont rectangles en D. Ensuite l'angle DBA est complément de l'angle DAB, puisque le triangle ADB est rectangle. Mais d'autre part l'angle CAD est complément de l'angle DAB, puisque l'angle A est droit ; l'angle DBA est donc égal à l'angle CAD comme ayant même complément. On démontrerait de même l'égalité des angles ACD et DAB. Comparant les côtés homologues des deux triangles semblables, on voit que le rapport de BD opposé à l'angle DAB dans le premier et de AD opposé à l'angle ACD dans le second, est le même que le rapport entre AD opposé à l'angle ABD dans le premier et DC opposé à l'angle DAC dans le second.

$$\frac{BD}{AD} = \frac{AD}{DC}.$$

De cette égalité on déduit :

$$\overline{AD}^2 = BD \times DC.$$

La seconde puissance de la perpendiculaire est donc égale au produit des deux segments de l'hypoténuse.

THÉORÈME II.

Le carré de l'hypoténuse est égal à la somme des carrés des deux côtés de l'angle droit.

Le théorème précédent nous a donné les deux égalités suivantes :

$$\overline{AB}^2 = BC \times BD,$$
$$\overline{AC}^2 = BC \times DC.$$

Ajoutons ces égalités membre à membre, en tenant compte du facteur commun BC :

$$\overline{AB}^2 + \overline{AC}^2 = BC \times (BD + DC).$$

La somme entre parenthèses étant l'hypoténuse BC, on a finalement :

$$\overline{AB}^2 + \overline{AC}^2 = \overline{BC}^2.$$

REMARQUE. — Ce théorème est des plus importants de la géométrie. Il sert de base à de nombreuses relations numériques, parmi lesquelles nous signalerons les suivantes :

THÉORÈME III.

Dans tout triangle, le carré d'un côté opposé à un angle aigu est égal à la somme des carrés des deux autres côtés, moins le double produit de l'un des côtés par la projection de l'autre sur le premier.

Dans le triangle ABC considérons le côté BC opposé à l'angle aigu A (fig. 189). Abaissons la perpendiculaire BP.

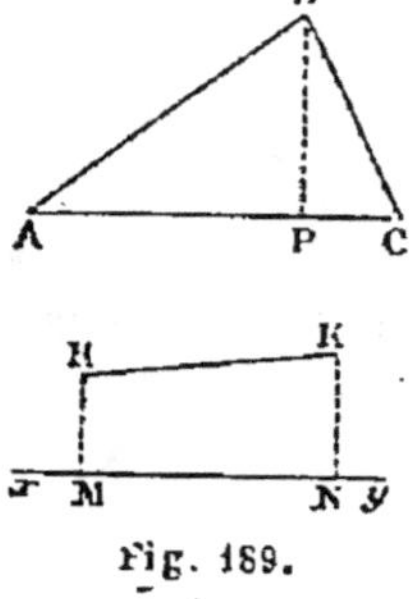

On nomme AP la *projection* de AB sur AC ; pareillement PC est la projection de BC sur AC. D'une manière générale, *on appelle* projection *d'une droite sur une autre la distance entre les pieds des perpendiculaires abaissées des extrémités de la première sur la seconde.* Ainsi MN est la projection de HK sur xy. Si le point H était sur xy, la perpendiculaire HM serait nulle et la projection MN rentrerait dans le cas de AP projection de AB.

Fig. 189.

Revenons maintenant au triangle ABC (fig. 189). Le triangle BCP étant rectangle, on a, d'après le théorème précédent :

$$\overline{BC}^2 = \overline{BP}^2 + \overline{PC}^2. \qquad (1)$$

Mais PC = AC — AP. Élevons au carré les deux membres de cette égalité d'après les règles algébriques, il viendra :

$$\overline{PC}^2 = \overline{AC}^2 + \overline{AP}^2 - 2AC \times AP.$$

En remplaçant $\overline{PC}^2$ par sa valeur, l'égalité (1) devient :

$$\overline{BC}^2 = \overline{BP}^2 + \overline{AC}^2 + \overline{AP}^2 - 2AC \times AP. \qquad (2)$$

Remarquons maintenant que le triangle BAP est rectangle et fournit :

$$\overline{AB}^2 = \overline{AP}^2 + \overline{BP}^2,$$

ou bien :

$$\overline{BP}^2 = \overline{AB}^2 - \overline{AP}^2.$$

Portons cette valeur de $\overline{BP}^2$ dans (2)

$$\overline{BC}^2 = \overline{AB}^2 - \overline{AP}^2 + \overline{AC}^2 + \overline{AP}^2 - 2AC \times AP,$$

ce qui se réduit à :

$$\overline{BC}^2 = \overline{AB}^2 + \overline{AC}^2 - 2AC \times AP. \qquad (M)$$

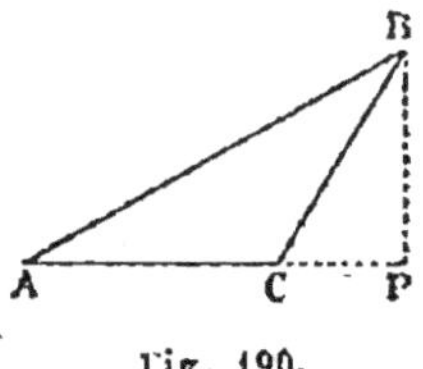

Fig. 190.

Si l'angle C était obtus (fig. 190), la perpendiculaire BP serait extérieure au triangle et la projection de AB serait AP. On aurait alors PC = AP — AC, au lieu de PC = AC — AP comme précédemment. Mais la seconde puissance de AP — AC et de AC — AP est la même et égale à $\overline{AP}^2 + \overline{AC}^2 - 2AP \times AC$. La démonstration qui précède n'é-prouve donc aucun changement et le théorème reste le même.

THÉORÈME IV.

Dans tout triangle, le carré d'un côté opposé à un angle obtus est égal à la somme des carrés des deux autres côtés, plus le double produit de l'un des côtés par la projection de l'autre sur le premier.

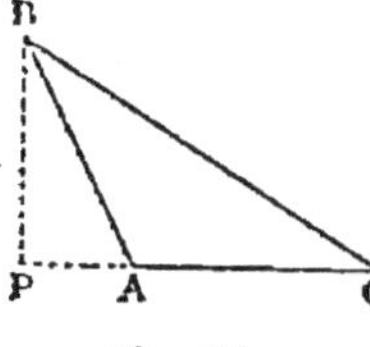

Fig. 191.

Soit le côté BC opposé à l'angle obtus A (fig. 191). La perpendiculaire abaissée du sommet B sur le côté opposé étant BP, la projection de AB sur ce côté est AP.

Le triangle rectangle BCP fournit :

$$\overline{BC}^2 = \overline{PC}^2 + \overline{BP}^2. \qquad (1)$$

Mais PC = AP + AC. Élevant au carré les deux membres de cette égalité, on a :

$$\overline{PC}^2 = \overline{AP}^2 + \overline{AC}^2 + 2AC \times AP,$$

valeur qui substituée dans (1) donne :

$$\overline{BC}^2 = \overline{AP}^2 + \overline{AC}^2 + 2AC \times AP + \overline{BP}^2. \qquad (2)$$

En second lieu, le triangle rectangle BAP fournit :

$$\overline{BP}^2 = \overline{AB}^2 - \overline{AP}^2,$$

et par suite l'égalité (2) devient :

$$\overline{BC}^2 = \overline{AP}^2 + \overline{AC}^2 + 2AC \times AP + \overline{AB}^2 - \overline{AP}^2,$$

ou finalement :

$$\overline{BC}^2 = \overline{AB}^2 + \overline{AC}^2 + 2AC \times AP. \qquad (M')$$

REMARQUE. — Entre les relations (M) et (M') des deux précédents théorèmes, la similitude est frappante : les deux seconds membres ne diffèrent que par le changement de signe du double produit de l'un des côtés par la projection de l'autre. Quant à ce changement de signe, il est en parfait accord avec ce que nous avons déjà dit relativement aux longueurs, que l'on considère comme positives ou comme négatives suivant qu'elles se trouvent à droite ou à gauche d'un point de départ nommé *origine* (Chap. II, Probl. III). Pour le théorème III, la projection AP du côté AB est comptée de gauche à droite à partir de l'origine A ; mais pour le théorème IV, elle est comptée en sens inverse, de droite à gauche, comme l'établissent les figures. A ce changement de direction correspond un changement de signe de AP, et par conséquent du double produit 2AC $\times$ AP. Pareil fait se répète toutes les fois qu'une droite est tour à tour évaluée en deux directions inverses.

APPLICATIONS.

PROBLÈME I.

Déterminer l'hypoténuse d'un triangle rectangle, connaissant les deux côtés de l'angle droit.

Soient a et b les longueurs connues des deux côtés de l'angle droit, et h la longueur inconnue de l'hypoténuse. On doit avoir (Théor. II) :

$$h^2 = a^2 + b^2,$$

d'où l'on déduit :

$$h = \sqrt{a^2 + b^2}.$$

Comme exemple numérique, prenons $a = 3^m$; $b = 4^m$. Dans ce cas la valeur de l'hypoténuse est

$$h = \sqrt{9 + 16} = \sqrt{25} = 5^m.$$

PROBLÈME II.

Connaissant les deux côtés de l'angle droit, déterminer la perpendiculaire abaissée du sommet de l'angle droit sur l'hypoténuse.

Appelons p la perpendiculaire inconnue, a et b les côtés connus de l'angle droit, et x et y les segments adjacents de l'hypoténuse h. On aura d'après le théorème I, 1re partie :

$$a^2 = xh,$$
$$b^2 = yh,$$

et en multipliant terme à terme :

$$a^2 b^2 = xyh^2,$$

mais $h^2 = a^2 + b^2$ (Théor. II) et $xy = p^2$ (Théor. I, 2e partie). On a ainsi :

$$a^2 b^2 = p^2 (a^2 + b^2),$$

d'où :

$$p = \frac{ab}{\sqrt{a^2 + b^2}}.$$

7.

PROBLÈME III.

Connaissant les deux côtés de l'angle droit, calculer les deux segments que détermine la perpendiculaire abaissée du sommet de l'angle droit sur l'hypoténuse.

En se servant de la notation précédente, on a :

$$a^2 = xh,$$
$$b^2 = yh,$$

ou bien :

$$a^2 = x \sqrt{a^2 + b^2},$$
$$b^2 = y \sqrt{a^2 + b^2},$$

ce qui donne pour les segments x et y :

$$x = \frac{a^2}{\sqrt{a^2 + b^2}}, \; y = \frac{b^2}{\sqrt{a^2 + b^2}}.$$

PROBLÈME IV.

Déterminer une moyenne proportionnelle entre deux droites données.

On entend par *moyenne proportionnelle* entre deux quantités, une troisième quantité dont le carré, ou seconde puissance, soit égal au produit des deux autres. — Soient M et N (fig. 192) les deux droites données. Sur une droite indéfinie, on porte AB = M, et à la suite BC = N. Sur BC comme diamètre, on décrit une demi-circonférence. Au point de division B, on élève une perpendiculaire BD, qui est la moyenne proportionnelle demandée. — Si, en effet, on joint le point D au point

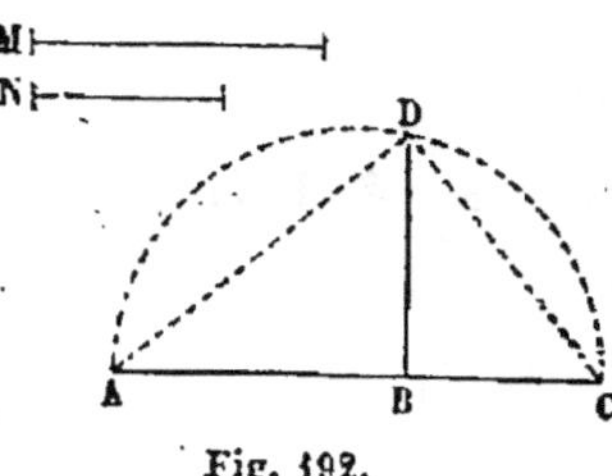

Fig. 192.

A et au point C, le triangle ADC est rectangle, parce que l'angle D est inscrit dans une demi-circonférence. Donc DB, perpendiculaire abaissée du sommet de l'angle droit sur l'hypoténuse, est moyenne proportionnelle entre les segments de l'hypoténuse, c'est-à-dire que son carré est égal au produit des deux segments :

$$\overline{BD}^2 = AB \times BC = M \times N.$$

On arrive au même résultat de la manière suivante. Soient A et B les deux droites données (fig. 193). Sur une droite indéfinie, on porte $CD = A$, et à partir de la même extrémité $CE = B$. Sur CD comme diamètre, on décrit une demi-circonférence ; on élève la perpendiculaire EF, et l'on mène CF qui est la moyenne proportionnelle demandée. Si l'on joint effectivement le point F au point D, on obtient un triangle rectangle, dans lequel CF, côté de l'angle droit, est moyenne proportionnelle entre l'hypoténuse entière CD et le segment adjacent CE.

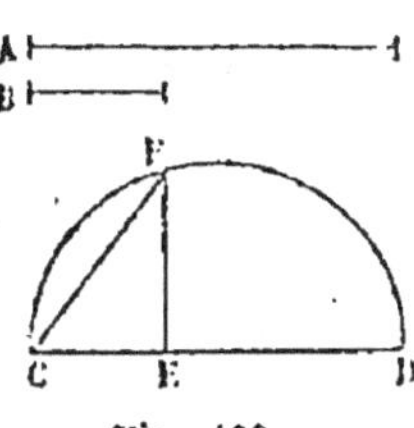

Fig. 193.

$$\overline{CF}^2 = CD \times CE = A \times B.$$

PROBLÈME V.

Déterminer graphiquement la racine carrée d'un nombre.
Soit 15 le nombre proposé. Décomposons-le en deux facteurs arbitraires, 3 et 5 par exemple. Sur une droite indéfinie portons une longueur égale à 3 unités arbitrairement choisies, et à la suite une longueur de 5 unités. Sur la ligne totale décrivons une demi-circonférence, et par le point de division élevons une perpendiculaire p. D'après le précédent problème, on a :

$$= 3 \times 5 = 15,$$

ou bien :

$$p = \sqrt{15}.$$

La perpendiculaire p évaluée en nombre au moyen de l'unité de longueur choisie, est donc la racine carrée de 15.

Si le nombre proposé était premier, l'un de ses facteurs serait l'unité et l'autre le nombre proposé lui-même: Ainsi pour 7, on prendrait une longueur 1, et à la suite une longueur 7; et sur la ligne totale on décrirait une demi-circonférence. La perpendiculaire p, élevée au point de division, donnerait l'égalité :

$$p^2 = 1 \times 7 = 7,$$
$$p = \sqrt{7}.$$

Cette construction, rigoureuse en principe, établit un nouveau point de contact entre l'arithmétique et la géométrie, mais ne peut évidemment remplacer le calcul à cause de l'impossibilité où nous sommes de tracer exactement une figure géométrique et d'évaluer exactement la longueur de ses lignes.

PROBLÈME VI.

Connaissant le côté d'un carré, calculer la diagonale.

Si l'on mène une diagonale D dans un carré dont le côté est c, on obtient deux triangles rectangles isocèles, dont chacun fournit la relation suivante :

$$D^2 = c^2 + c^2 = 2c^2,$$

ou bien :

$$D = c\sqrt{2}.$$

On obtient donc la diagonale en multipliant le côté par la racine carrée de 2.

Le rapport de D à c est :

$$\frac{D}{c} = \sqrt{2}.$$

On établit en arithmétique que la racine carrée de 2 est incommensurable, c'est-à-dire ne peut s'obtenir exactement, si loin que le calcul soit poursuivi (*Nouvelle Arithmétique*, page 272). Le rapport entre la diagonale et le côté d'un carré est donc incommensurable, et par conséquent il n'existe pas entre ces deux lignes de commune mesure ; en d'autres termes, il n'y a pas de longueur, si petite qu'on la suppose, qui soit contenue un nombre exact de fois dans la diagonale et dans le côté. Si l'on appliquait à ces lignes la méthode exposée au chapitre II pour la détermination de la plus grande commune mesure entre deux droites, l'opération ne se terminerait jamais, ou plutôt elle n'aurait qu'une terminaison illusoire du moment que les longueurs à évaluer échapperaient à nos sens. La raison ici va plus loin que le compas et affirme que l'opération ne peut avoir de fin, parce que le rapport des deux lignes est un nombre incommensurable.

PROBLÈME VII.

Connaissant le rayon de la circonférence, déterminer le côté du triangle équilatéral inscrit.

On a vu que le rayon peut être porté 6 fois sur la cir-

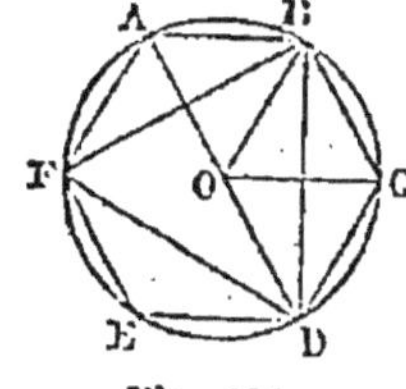

conférence, ce qui donne la construction de l'hexagone régulier ; on a vu aussi qu'en joignant de deux en deux les sommets de l'hexagone régulier, on obtient le triangle équilatéral inscrit (fig. 194). Soient donc AB le côté de l'hexagone, BD le côté du triangle équilatéral et AD un diamètre passant par les deux sommets opposés A et D de l'hexagone. Le triangle ABD est rectangle, puisque l'angle B est inscrit dans une demi-circonférence. On a ainsi :

Fig. 194.

$$\overline{BD}^2 = \overline{AD}^2 - \overline{AB}^2.$$

Représentons le rayon de la circonférence par R. AD vaut 2R, et AB vaut R. On a donc :

$$\overline{BD}^2 = 4R^2 - R^2 = 3R^2,$$

$$BD = R\sqrt{3},$$

$$\frac{BD}{R} = \sqrt{3}.$$

Le côté du triangle équilatéral inscrit est donc égal au rayon multiplié par la racine carrée de 3. De plus, ce côté et le rayon sont incommensurables, puisque leur rapport est égal à $\sqrt{3}$, nombre incommensurable.

PROBLÈMES.

176. Dans un triangle rectangle, un côté de l'angle droit est de 25^m, l'autre est de 31^m. Calculer l'hypoténuse.

177. Dans le même triangle, calculer la perpendiculaire abaissée du sommet de l'angle droit sur l'hypoténuse.

178. Dans le même triangle, calculer les deux segments de l'hypoténuse.

179. Connaissant les trois côtés d'un triangle, comment peut-on par le calcul déterminer si l'angle opposé à l'un d'eux est aigu, droit ou obtus?

180. Les trois côtés d'un triangle sont respectivement de 30^m, 48^m, 62^m. L'angle opposé au côté de 62^m est-il aigu, droit ou obtus?

181. Les deux segments de l'hypoténuse ont pour valeur 7^m et 11^m. Calculer les deux côtés de l'angle droit.

182. Quelle est la diagonale d'un rectangle dont les côtés sont : $a = 15^m$, $b = 21^m$?

183. Le côté d'un triangle équilatéral est de 10^m. Calculer la perpendiculaire abaissée d'un sommet sur le côté opposé.

184. Calculer l'apothème d'un hexagone régulier dont le côté est égal à 4^m.

185. Démontrer que dans tout triangle la somme des carrés de deux côtés est égale à deux fois le carré de la moitié du troisième côté, plus deux fois le carré de la médiane correspondant à ce troisième côté. (Se servir des Théorèmes III et IV.)

186. Les trois côtés d'un triangle, sont : $a = 12^m$, $b = 26^m$, $c = 20^m$. Calculer les trois médianes au moyen de la propriété précédente.

187. A une circonférence de rayon $r = 3^m$, on mène une tangente par un point distant de 14^m du centre. Calculer la longueur de cette tangente.

188. Un observateur est à 20^m de distance, à partir du centre, d'une tour ronde dont le rayon est de 1^m. Quelle différence de distance y a-t-il entre le point visible le plus rapproché et le point visible le plus éloigné du spectateur, les deux points étant sur la circonférence de la tour?

189. Un arc de rayon égal à 5^m est sous-tendu par une corde de 8^m. Calculer la corde qui sous-tend la moitié de cet arc.

CHAPITRE XVI

Propriétés des sécantes et des tangentes.

THÉORÈME I.

Si d'un point situé dans le plan d'un cercle, on mène à travers celui-ci autant de sécantes que l'on voudra, le produit des distances de ce point aux deux points d'intersection de la circonférence est constant.

Considérons d'abord un point A extérieur au cercle (fig. 195), et menons par ce point deux sécantes quelconques AC et AE. Il faut démontrer que $AC \times AB = AE \times AD$.

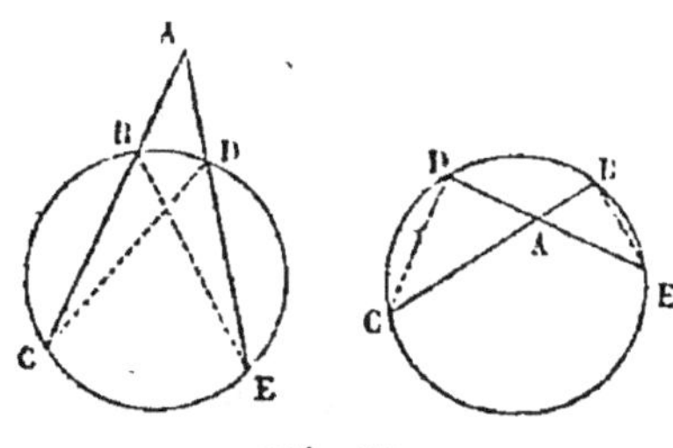

Fig. 195.

— A cet effet menons les deux cordes CD et EB. Les deux triangles, en partie superposés, ADC et ABE ont l'angle A commun, l'angle C égal à l'angle E comme angles inscrits ayant l'un et l'autre pour mesure la moitié de l'arc BD. Les deux triangles sont donc semblables, et par conséquent ont leurs côtés homologues proportionnels. D'où il résulte que le rapport entre AC opposé à l'angle D dans le premier et AE opposé à l'angle B dans le second, est le même que le rapport entre AD opposé à l'angle C dans le premier et AB opposé à l'angle E dans le second.

$$\frac{AC}{AE} = \frac{AD}{AB}$$

d'où l'on déduit :

$$AC \times AB = AE \times AD.$$

Supposons maintenant le point A intérieur au cercle. En menant les cordes CD et BE on aura deux triangles semblables ACD et ABE. Cette similitude résulte de ce que les angles D et B sont égaux comme angles inscrits ayant pour mesure l'un et l'autre la moitié de l'arc CE, et de ce que les angles C et E sont pareillement égaux comme angles inscrits ayant l'un et l'autre pour mesure la moitié de l'arc DB. Ces deux triangles semblables fournissent la proportion suivante entre leurs côtés homologues :

$$\frac{AC}{AE} = \frac{AD}{AB}.$$

d'où :

$$AC \times AB = AE \times AD.$$

THÉORÈME II.

Le carré de la tangente est égal au produit de la sécante entière et de sa partie extérieure.

Revenons au point extérieur A de la figure précédente. Si rapprochés que soient les points B et C de la sécante AC, on aura toujours :

$$AC \times AB = AE \times AD.$$

Mais si les points B et C se confondent, la sécante AC devient une tangente et les deux longueurs AC et AB sont égales. On a donc alors en représentant par T la longueur de la tangente :

$$T^2 = AE \times AD.$$

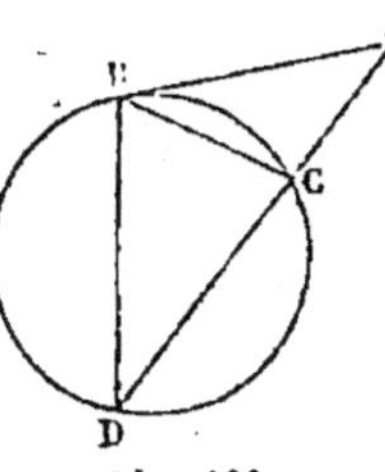

Fig. 196.

Cette propriété peut, du reste, s'établir directement comme il suit : Soit AB une tangente et AD une sécante issues du même point A (fig. 196). Menons la corde BC. Les deux triangles ABD et ABC sont semblables. Ils ont, en effet, l'angle A commun, et l'angle D égal à l'angle ABC, car le premier étant inscrit a pour mesure la moitié de l'arc BC, et le second étant formé par une tangente et une corde a également pour mesure la moitié de l'arc BC. De la sorte, le rapport entre AD opposé à l'angle ABD dans le premier triangle et AB opposé à l'angle BCA dans le second, est le même que le rapport entre BA opposé à l'angle D dans le premier et AC opposé à l'angle ABC dans le second.

$$\frac{AD}{AB} = \frac{AB}{AC},$$

égalité qui revient à :

$$\overline{AB}^2 = AD \times AC.$$

APPLICATIONS.

PROBLÈME I.

Diviser une droite en moyenne et extrême raison.

Cette locution, empruntée à des théories tombées en désuétude aujourd'hui, signifie qu'il faut diviser la droite en deux segments tels que le carré du plus grand soit égal au produit de la ligne entière par le plus petit segment. — Soit AB la droite à diviser suivant ces conditions (fig. 197). A l'extrémité A élevons une perpendiculaire AC égale à la moitié de AB, et du point C comme centre décrivons avec AC pour rayon une circonférence qui sera tangente à AB. Menons du point B la sécante BF passant par le centre

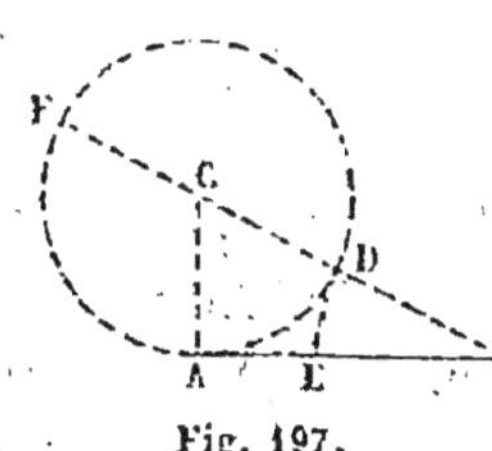

Fig. 197.

et prenons une longueur BE égale à BD. BE est le plus grand segment de la droite. On a, en effet, d'après le théorème qui précède :

$$\overline{AB}^2 = BF \times BD.$$

Cette égalité revient à :

$$\frac{BF}{AB} = \frac{AB}{BD}.$$

De chaque numérateur retranchant son dénominateur, on a :

$$\frac{BF - AB}{AB} = \frac{AB - BD}{BD} :$$

mais $BF - AB = BF - FD = BD = BE$;

$$AB - BD = AB - BE = AE ; \text{ et } BD = BE.$$

On a ainsi :

$$\frac{BE}{AB} = \frac{AE}{BE},$$

de cette égalité résulte la relation demandée :

$$\overline{BE}^2 = AB \times AE.$$

PROBLÈME II.

Inscrire dans un cercle le décagone régulier.

Soit AB (fig. 198) le côté du décagone régulier inscrit. L'angle au centre AOB vaut $\dfrac{360°}{10}$ ou 36°. La somme des deux autres angles A et B du triangle AOB vaut donc 180° — 36° = 144° ; et comme le triangle est isocèle, chacun d'eux vaut $\dfrac{144°}{2} = 72°$.

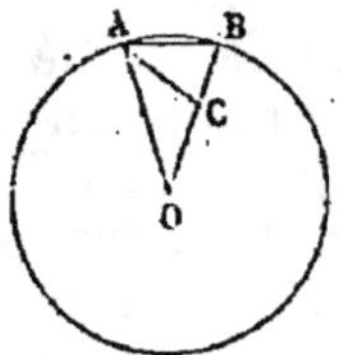

Si donc l'on mène la bissectrice AC de l'angle A, cette bissectrice formera avec chacun des côtés AB et AO un angle de $\dfrac{72°}{2} = 36°$,

Fig. 198.

c'est-à-dire égal à l'angle au centre O. On obtient ainsi deux triangles isocèles, ACO d'une part, ABC de l'autre, qui donnent les égalités OC = CA = AB. Enfin les triangles isocèles AOB et ABC sont semblables puisqu'ils ont l'un et l'autre un angle au sommet de 36°, et de leur similitude résulte la relation :

$$\frac{OB}{AB} = \frac{AB}{BC},$$

où en remplaçant AB par son égal OC

$$\frac{OB}{OC} = \frac{OC}{BC},$$

d'où :

$$\overline{OC}^2 = OB \times BC.$$

La longueur OC, égale au côté AB du décagone régulier, est donc le plus grand segment du rayon OB divisé en moyenne et extrême raison. Ainsi, pour inscrire un décagone régulier dans un cercle, il faut diviser le rayon de ce cercle en moyenne et extrême raison. Le plus grand segment de ce rayon est le côté du décagone.

PROBLÈME III.

Inscrire dans un cercle le pentagone régulier.

On inscrit d'abord le décagone, puis on joint les sommets de deux en deux.

PROBLÈME IV.

Inscrire dans un cercle le polygone régulier de 15 côtés.

Inscrivons dans le cercle le côté de l'hexagone ou le rayon AB (fig. 199). L'arc sous-tendu est de $\frac{360°}{6} = 60°$. A partir d'un même sommet A inscrivons le côté du décagone AC. L'arc sous-tendu est de $\frac{360°}{10} = 36°$. L'arc CB, différence des deux arcs précédents, est donc de $60° - 36° = 24°$. Mais cet arc est contenu 15 fois dans la circonférence, car 15 fois 24° font 360°. Par conséquent la corde de l'arc CB est le côté du polygone régulier de 15 côtés.

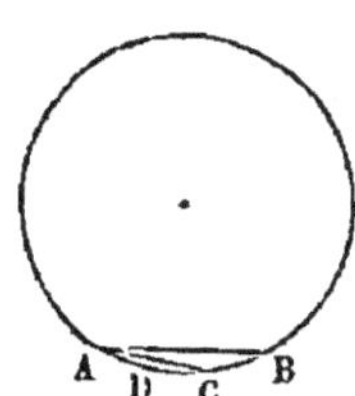

Fig. 199.

PROBLÈMES.

190. Construire, en se servant des propriétés de la tangente, une droite dont le carré soit égal au produit de deux droites données.

191. Déterminer graphiquement la racine carrée du produit 7×18, en se servant des propriétés de la tangente.

192. Deux cordes se coupent dans un cercle. Les segments de l'une sont de 3ᵐ et 5ᵐ. Un segment de l'autre est 7ᵐ. Quel est son deuxième segment?

193. On mène par un point deux droites quelconques et l'on prend sur chacune à partir de ce point deux longueurs dont le produit soit le même. Sur quelle ligne se trouveront les quatre points ainsi déterminés.

194. On veut s'assurer si un quatrième point appartient à la circonférence qui passerait par trois points donnés sur le terrain. De quel secours peut-être alors la propriété des sécantes?

195. La Terre étant supposée exactement ronde, quelle est la plus grande portée du rayon visuel du haut d'une montagne pareille au mont Blanc, dont l'altitude est de 4810 mètres? Le rayon terrestre est de 6366 kilomètres.

196. Démontrer que le carré de la perpendiculaire abaissée d'un point quelconque de la circonférence sur un diamètre, est égal au produit des deux segments de ce diamètre, en se servant : 1° des propriétés du triangle rectangle, 2° des propriétés des sécantes.

197. En faisant usage de cette propriété, comment pourrait-on déterminer sur le terrain autant de points que l'on voudrait d'une circonférence ayant pour diamètre une droite donnée?

198. Si l'on inscrit dans un cercle à partir d'un même point le côté du carré et le côté du pentagone régulier, à quel polygone régulier correspond la corde de la différence des deux arcs?

199. Si l'on inscrit dans un cercle à partir d'un même point le côté du triangle équilatéral et le côté du carré, à quel polygone régulier correspond la corde de la différence des deux arcs?

CHAPITRE XVII

Rapport de la circonférence au diamètre.

THÉORÈME I.

Toute circonférence peut être considérée comme un polygone régulier d'un nombre infini de côtés.

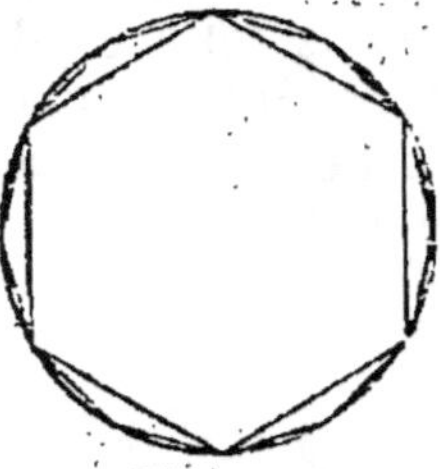

Inscrivons dans une circonférence un polygone régulier quelconque, par exemple l'hexagone (fig. 200). Le périmètre de cet hexagone sera moindre que la circonférence, parce que chacun de ses côtés, ligne droite, est moindre que l'arc sous-tendu, ligne courbe. Doublons les côtés du polygone. Le pé-

Fig. 200.

rimètre du polygone de 12 côtés sera plus grand que celui de 6, mais il sera moindre que la circonférence. Si nous continuons à doubler le nombre des côtés, nous obtiendrons les périmètres des polygones de 24, 48, 96, etc., côtés dont la valeur ira en croissant tout en restant moindre que la circonférence ; mais il est évident aussi qu'à mesure que le nombre de côtés augmente, le périmètre du polygone diffère de moins en moins de la circonférence, et peut en différer aussi peu que l'on voudra si l'on donne au polygone un nombre suffisant de côtés. C'est en ce sens que l'on dit que la circonférence est la *limite* des polygones réguliers inscrits, quand le nombre de côtés de ces polygones augmente de plus en plus. On peut donc considérer la circonférence comme un polygone régulier d'un nombre infini de côtés.

THÉORÈME II.

Le rapport des périmètres de deux polygones réguliers est le même que le rapport de leurs rayons ou de leurs apothèmes.

Soient les deux polygones réguliers *d'un même nombre de côtés* ABCD , etc., A'B'C'D', etc. (fig. 201).

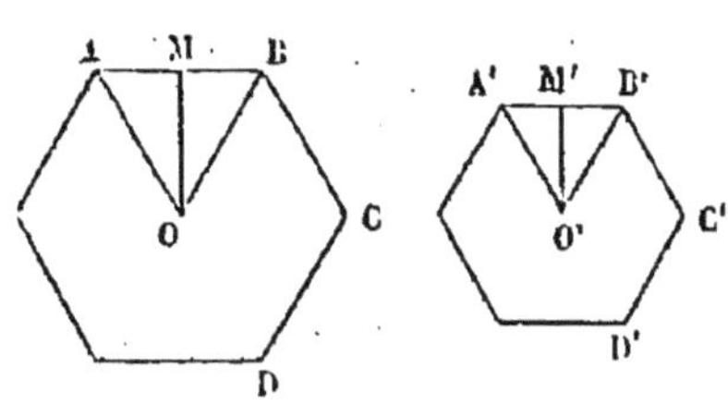

Fig. 201.

Ces deux polygones ont évidemment les angles égaux et les côtés homologues dans un rapport constant ; ils sont donc semblables, et leurs périmètres sont dans le même rapport que leurs côtés (Chap. XIV, Théor. III). En désignant par P le périmètre du grand et p le périmètre du petit, on a donc :

$$\frac{P}{p} = \frac{AB}{A'B'} \cdot$$

Mais les deux triangles semblables AOB et A'O'B' donnent la relation :

$$\frac{AB}{A'B'} = \frac{AO}{A'O'} ;$$

cette égalité et la précédente conduisent à

$$\frac{P}{p} = \frac{AO}{A'O'}.$$

C'est-à-dire que les périmètres des deux polygones sont entre eux comme les rayons de ces polygones.

En second lieu les triangles semblables AMO et A'M'O' donnent :

$$\frac{AM}{A'M'} = \frac{MO}{M'O'},$$

ou en multipliant par 2 les deux termes du premier rapport

$$\frac{AB}{A'B'} = \frac{MO}{M'O'},$$

ce qui donne pour les périmètres la relation suivante :

$$\frac{P}{p} = \frac{MO}{M'O'}.$$

C'est-à-dire que les périmètres des deux polygones sont dans le même rapport que les apothèmes de ces polygones.

THÉORÈME III.

Le rapport de deux circonférences est le même que le rapport de leurs rayons.

En considérant les circonférences O et O' (fig. 202), comme deux polygones réguliers d'un très-grand nombre de côtés, le même de part et d'autre, on voit que les périmètres de ces deux figures sont dans le même rapport que les rayons AO, et A'O', qui peuvent être indistinctement considérés, soit comme les rayons des deux polygones, soit comme leurs apothèmes, si le nom-

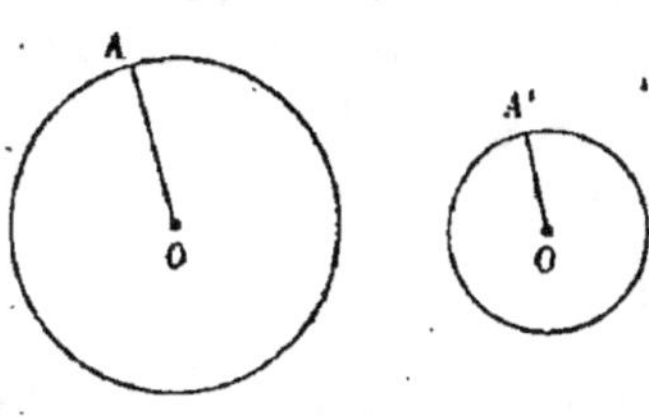

Fig. 202.

bre de côtés de ces polygones est infiniment grand. On a
donc :

$$\frac{\text{circ. } O}{\text{circ. } O'} = \frac{AO}{A'O'} \cdot \qquad (1)$$

THÉORÈME IV.

*Le rapport de la circonférence au diamètre est un nombre
constant.*

Si l'on multiplie ses deux membres par circ. O' et qu'on
les divise en même temps par AO, l'égalité (1) du précédent théorème revient à :

$$\frac{\text{circ. } O}{AO} = \frac{\text{circ. } O'}{A'O'} \cdot \qquad (2)$$

C'est-à-dire que le rapport de chaque circonférence et du
rayon correspondant a même valeur dans les deux cas.

En multipliant les deux dénominateurs par 2, on obtient :

$$\frac{\text{circ. } O}{2AO} = \frac{\text{circ. } O'}{2A'O'} \cdot$$

En d'autres termes, le rapport de la circonférence à son
diamètre a une valeur constante, quelle que soit cette circonférence. Ce nombre constant se désigne par π, ainsi
que nous l'avons déjà vu. Pour le déterminer, il suffit de
connaître la longueur d'une circonférence quelconque et
la longueur du diamètre correspondant. Le quotient des
deux quantités sera le nombre cherché, applicable à
toute autre circonférence, quel que soit son rayon.

La difficulté est d'évaluer exactement une circonférence dont le rayon est connu. On résout cette difficulté
en remplaçant la circonférence par un polygone régulier
dont on double le nombre de côtés et dont on calcule de
proche en proche le périmètre, jusqu'à ce que l'on ait obtenu le degré de précision que l'on désire.

APPLICATIONS.

PROBLÈME I.

Étant donnés le côté et le rayon d'un polygone régulier, calculer le côté du polygone régulier d'un nombre de côtés double.

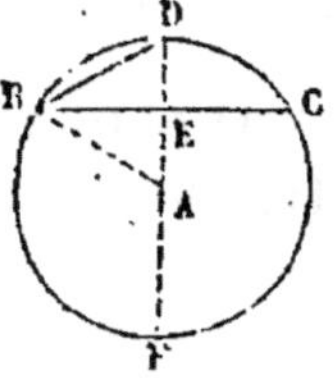

Fig. 203.

Soit BC le côté du polygone régulier connu (fig. 203), polygone dont on connaît en même temps le rayon AB. Il s'agit de calculer BD qui sous-tend un arc moitié moindre, et par conséquent est le côté du polygone d'un nombre double de côtés. — A cet effet, calculons d'abord AE. Le triangle rectangle AEB donne :

$$\overline{AE}^2 = \overline{AB}^2 - \overline{BE}^2,$$

ou comme $BE = \dfrac{BC}{2}$,

$$\overline{AE}^2 = \overline{AB}^2 - \frac{\overline{BC}^2}{4}.$$

D'où :

$$AE = \sqrt{\overline{AB}^2 - \frac{\overline{BC}^2}{4}}.$$

AB et BC étant connus, la valeur de AE est ainsi déterminée. Cette valeur de AE étant retranchée de la valeur du rayon AD, donne pour résultat ED.

Maintenant, le triangle rectangle BDE donne

$$\overline{BD}^2 = \overline{BE}^2 + \overline{ED}^2,$$

ou bien :

$$\overline{BD}^2 = \frac{\overline{BC}^2}{4} + \overline{ED}^2.$$

D'où :

$$BD = \sqrt{\frac{\overline{BC}^2}{4} + \overline{ED}^2}.$$

Les longueurs AB et BC étant données en nombres, on en déduirait BD par les calculs que nous venons d'indiquer.

PROBLÈME II.

Calculer le rapport de la circonférence au diamètre.

Dans un cercle, dont nous supposerons le rayon égal à l'unité pour simplifier, nous inscrivons d'abord l'hexagone régulier, dont le périmètre est 6. Au moyen du problème précédent, nous calculons le côté du polygone régulier d'un nombre de côtés double, et nous multiplions par 12 le résultat obtenu, ce qui nous donne le périmètre du polygone régulier de 12 côtés. Par une marche semblable, on calcule de proche en proche les périmètres des polygones réguliers de 24, 48, 96, etc., côtés; ce qui conduit aux résultats suivants :

Polygones réguliers.	Périmètres.
6 côtés	6.
12 —	6,21156
24 —	6,25848
48 —	6,27850
96 —	6,28206
192 —	6,28290
384 —	6,28311
768 —	6,28316
1536 —	6,28318
3072 —	6,28318

Sans poursuivre plus loin, on voit que le périmètre après avoir augmenté avec une certaine rapidité, qui influe d'abord sur la première décimale, puis à trois reprises sur la seconde, puis sur la troisième, etc., n'éprouve maintenant qu'une augmentation sans influence sur les cinq premières décimales. Le résultat auquel nous sommes arrivés se maintiendrait donc le même si loin que le calcul fût poursuivi, et, par conséquent, est applicable à la circonférence, limite de ces polygones. On sait donc qu'en se bornant à cinq décimales, la circonférence dont le rayon est 1 a une longueur égale à 6,28318. Le rapport de cette circonférence à son diamètre 2 est ainsi :

$$\frac{6,28318}{2} = 3,14159 = \pi.$$

Ne perdons pas de vue que ce rapport est seulement approché, car le calcul pourrait indéfiniment se poursuivre et fournir un nombre indéfini de décimales.

FORMULE POUR LE CALCUL DE π. — Dans ce qui précède, nous avons eu uniquement pour but de faire entrevoir comment on pourrait arriver à la détermination du nombre constant π, au moyen des procédés de la géométrie élémentaire ; nous nous hâtons d'ajouter que cette méthode, aussi lente dans sa marche que pénible dans ses calculs, est avantageusement remplacée par d'autres dont l'étude appartient aux mathématiques supérieures. On démontre, par des considérations trop élevées pour trouver place ici, que le rapport de la circonférence au diamètre est donné par la formule suivante :

$$\frac{\pi}{4} = \left\{ \begin{array}{l} + 4\left[\dfrac{1}{5} - \dfrac{1}{3.5^3} + \dfrac{1}{5.5^5} - \dfrac{1}{7.5^7} + \dfrac{1}{9.5^9} - \text{etc.}\right] \\[2mm] - \left[\dfrac{1}{239} - \dfrac{1}{3.239^3} + \dfrac{1}{5.239^5} - \dfrac{1}{7.239^7} + \dfrac{1}{9.239^9} - \text{etc.}\right] \end{array} \right\}$$

Ces deux séries, dont la loi est facile à saisir, devraient être poursuivies indéfiniment pour représenter la valeur exacte de π ; mais si l'on veut se borner à un petit nombre de décimales, il suffit de prendre dans l'une et dans l'autre les cinq ou six premiers termes. On arrive ainsi rapidement à

$$\pi = 3,14159.$$

PROBLÈMES.

200. Calculer le côté du carré inscrit dans un cercle de rayon 1.

201. Calculer le périmètre de l'octogone régulier inscrit dans un cercle de rayon 1.

202. Calculer le périmètre du polygone régulier de 16 côtés inscrit dans un cercle de rayon 1.

203. Le côté d'un dodécagone régulier est de 4ᵐ. Quelle est la longueur du rayon de la circonférence circonscrite?

204. Une circonférence mesure 12ᵐ. Quel est son rayon?

205. Quelle est la longueur d'une circonférence dont le rayon est de 2ᵐ,8?

206. Calculer la circonférence dans laquelle l'hexagone régulier inscrit mesure 5ᵐ de périmètre.

207. Combien de degrés un arc de 2ᵐ de longueur embrasse-t-il sur une circonférence de 3ᵐ de rayon?

208. Quel est le rayon d'une circonférence dont 20° correspondent à la même longueur que 35° sur une autre circonférence de 6ᵐ de rayon?

209. Dans quel rapport doivent être les rayons de deux circonférences pour qu'un arc de 25° sur la première ait même longueur qu'un arc de 70° sur la seconde?

CHAPITRE XVIII

Mesure des aires.

DÉFINITIONS. — L'*aire* ou la *superficie* d'une figure plane est la portion de plan que délimite le périmètre de cette figure. L'usage est de prendre pour *unité de superficie* l'aire d'un carré dont le côté est égal à l'unité de longueur. Si l'unité de longueur adoptée est le mètre, l'unité de superficie est le mètre carré (*Nouvelle Arithmétique*, page 123). Mesurer une superficie, c'est chercher combien de fois il faudrait lui superposer, pour la recouvrir, le carré pris pour unité.

THÉORÈME I.

L'aire d'un rectangle a pour mesure le produit de la base par la hauteur.

Soit le rectangle HKMN (fig. 204). On nomme *base* un côté quelconque, HK par exemple, et *hauteur* le second côté MH. Rien n'empêcherait de renverser ces dénominations et d'appeler HM la base, et HK la hauteur. — On se propose de rechercher combien de fois ce rectangle contient le carré *abcd* que nous supposons être l'unité de superficie. A cet effet, on cherche combien de fois le côté *ab* de ce carré est contenu dans la *base* HK, et combien de fois il est contenu dans la *hauteur* HM. La base le contient 8 fois et la hauteur 5 fois. On fait le produit de ces deux nombres : 5 fois 8 font 40. Le rectangle contient 40 fois le carré pris pour unité de superficie. — En effet, en menant des parallèles à HK par les points de division de HM, on décomposerait le rectangle en 5 bandes pareilles à celle qui est figurée. De même, en menant des parallèles à HM par les points de division de HK,

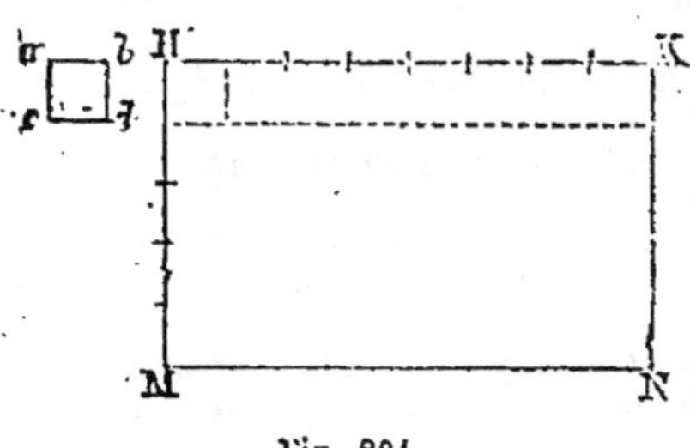

Fig. 204.

on décomposerait chaque bande en 8 carrés pareils à celui qui est figuré, et égaux au carré pris pour unité de superficie. Chaque bande vaut 8 carrés, et il y a 5 bandes. Le rectangle vaut donc 5 fois 8 ou 40 fois le carré pris pour unité. On obtient donc la superficie d'un rectangle en multipliant la base par la hauteur, ou bien en faisant le produit des *deux dimensions* du rectangle.

REMARQUE. — Supposons que les deux dimensions du rectangle ne contiennent pas exactement l'unité de longueur, le mètre par exemple, et que la base soit exprimée par $4^m,3$ et la hauteur par $2^m,15$. Réduisons ces deux dimensions en centimètres. La première deviendra 430^{cm}, la seconde 215^{cm}. En faisant le produit de ces deux nombres, nous aurons combien de fois le rectangle contient le centimètre carré. Ce produit est 92450 centimètres carrés. Pour le rapporter à l'unité principale, le mètre carré, il faut le diviser par 10000 puisque le mètre carré vaut 10000 centimètres carrés (*Nouvelle Arithmétique*, page 125); il devient ainsi : $9^{mq},2450$, ce qui est précisément le produit de $4^m,3$ par $2^m,15$.

COROLLAIRE I. — *Le carré étant un rectangle dont les deux dimensions sont égales, a pour mesure de sa superficie le produit de son côté par lui-même, ou la seconde puissance de ce côté.*

THÉORÈME II.

L'aire d'un parallélogramme a pour mesure le produit de la base par la hauteur.

Soit le parallélogramme ABCD (fig. 205). On nomme *base* un côté quelconque, AB par exemple; et *hauteur*, la perpendiculaire AF, commune à cette base et au côté opposé DC. — Menons les deux perpendiculaires AF et BE. On forme ainsi le rectangle ABFE dont la superficie

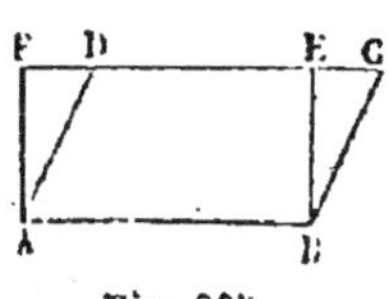

Fig. 205.

est la même que celle du parallélogramme. Les deux figures ont effectivement une partie commune ADEB, à laquelle il faut ajouter, pour achever le parallélogramme, le triangle BEC; et, pour achever le rectangle, le triangle AFD. Mais ces deux triangles sont égaux, car ils ont AF = BE comme côtés opposés d'un rectangle, AD = BC comme côtés opposés d'un parallélogramme, angle A = angle B comme ayant leurs côtés parallèles deux à deux et dirigés dans le même sens. Donc l'aire du rectangle est égale à celle du parallélogramme. La mesure de la première est AB × AF; telle est encore, par conséquent, la mesure de la seconde.

THÉORÈME III.

L'aire d'un triangle a pour mesure la moitié du produit de la base par la hauteur.

La *base* d'un triangle est l'un de ses côtés choisi arbitrairement, et la *hauteur* est la perpendiculaire abaissée du sommet de l'angle opposé sur ce côté. — Soit ABC le triangle considéré (fig. 206). Menons AD parallèle à la

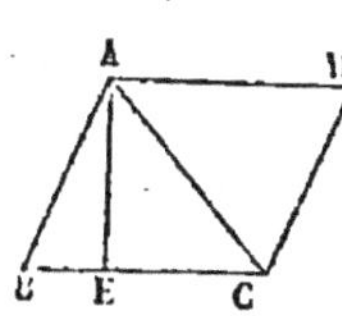

Fig. 206.

base BC, et CD parallèle au côté BA. Nous formons ainsi un parallélogramme ABCD, dont le triangle est évidemment la moitié. Mais le parallélogramme a pour mesure de sa superficie BC × AE. L'aire du triangle a donc pour mesure la moitié de ce produit, c'est-à-dire la moitié du produit de sa base BC par sa hauteur AE.

REMARQUE. — Un produit est divisé par 2 quand l'un de ses facteurs est divisé par 2. On peut donc dire que *l'aire d'un triangle a pour mesure le produit de la base par la moitié de la hauteur, ou bien le produit de la hauteur par la moitié de la base.*

THÉORÈME IV.

L'aire d'un trapèze a pour mesure la moitié du produit de la somme des bases par la hauteur.

Dans le trapèze ABCD (fig. 207), menons la diagonale BD. La figure est ainsi partagée en deux triangles, dont la somme est égale à l'aire du trapèze. Le triangle ABD a pour mesure $\dfrac{AD \times BH}{2}$, moi-

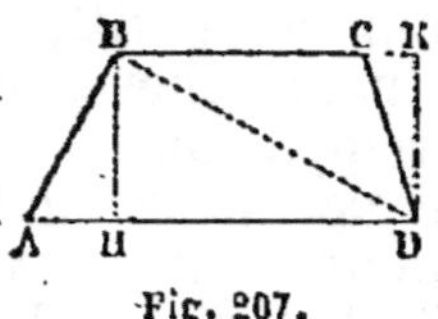

Fig. 207.

tié du produit de sa base AD par sa hauteur BH; pareillement le triangle BCD a pour mesure $\dfrac{BC \times DK}{2}$, moitié du produit de sa base BC par sa hauteur DK. Faisons la somme de ces deux produits en observant que DK est égal à HB, comme perpendiculaires comprises entre parallèles; cette somme sera l'aire du trapèze. On obtient ainsi pour l'aire du trapèze :

$$\frac{(AD + BC) \times BH}{2},$$

c'est-à-dire la moitié du produit de la somme des bases ou côtés parallèles AD et BC, par la hauteur BH, ou perpendiculaire commune aux deux bases.

CoROLLAIRE. — Pour obtenir la moitié du produit, il suffit de prendre la moitié de l'un des facteurs, somme des bases ou hauteur. Mais la demi-somme des bases est égale à la droite qui joint les milieux des côtés non parallèles (Chap. X, Théor. VIII). Donc *l'aire d'un trapèze a pour mesure le produit de la droite qui joint les milieux des côtés non parallèles par la hauteur.*

THÉORÈME V.

L'aire d'un polygone régulier a pour mesure le produit du périmètre par la moitié de l'apothème.

En menant les rayons OA, OB, OC, etc., du polygone régulier ABCDHK (fig. 208), on partage celui-ci en autant de triangles égaux que le polygone a de côtés. Mais le triangle AOB a pour mesure de sa superficie $AB \times \dfrac{PO}{2}$.

Si le polygone a n côtés, son aire est donc égale à $n \times AB \times \dfrac{PO}{2}$. Mais $n \times AB$ est égal au périmètre. L'aire

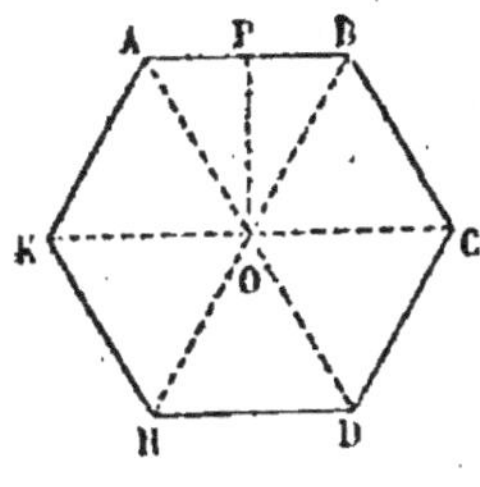

Fig. 208.

du polygone est donc égale au produit du périmètre par la moitié de l'apothème.

THÉORÈME VI.

L'aire d'un cercle a pour mesure le produit de la circonférence par la moitié du rayon.

Le cercle, en effet, peut être considéré comme un polygone régulier d'un nombre infini de côtés (Chap. XVII, Théor. I). Le périmètre est alors la circonférence, et l'apothème est le rayon. L'aire du cercle a donc pour valeur :

$$\text{Circ.} \times \frac{R}{2}.$$

COROLLAIRE. — Mais la circonférence a pour valeur $2\pi R$. L'aire du cercle est donc exprimée par le produit :

$$2\pi R \times \frac{R}{2},$$

qui se réduit à

$$\pi R^2.$$

Il suffit donc, pour avoir l'aire d'un cercle quand on

connaît le rayon, de multiplier par π la seconde puissance du rayon. Ce mode de calcul est le plus usité.

THÉORÈME VII.

L'aire d'un secteur a pour mesure le produit de la longueur de l'arc par la moitié du rayon.

On nomme *secteur*, la portion de cercle comprise entre deux rayons et l'arc intercepté. — Supposons l'arc AB (fig. 209) du secteur AOB remplacé par une portion du périmètre d'un polygone régulier d'un nombre très-grand de côtés. Chacun des côtés très-petits entrant dans l'arc AB, pourra servir de base à un triangle dont le sommet serait au centre O. Chacun de ces triangles a pour mesure de sa superficie le côté qui lui sert de base, multiplié par la moitié de sa hauteur, hauteur qui se confond avec le rayon du cercle, dans la supposition où les côtés du polygone régulier sont infiniment petits. La somme de ces triangles, ou l'aire du secteur, a donc pour valeur le produit de la somme des bases infiniment petites, ou l'arc AB, par la moitié du rayon AO.

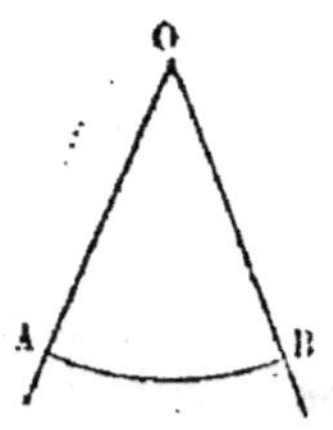

Fig. 209.

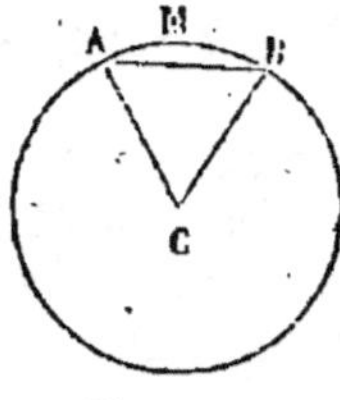

Fig. 210.

COROLLAIRE. — On nomme segment la portion de cercle comprise entre un arc AMB et sa corde AB (fig. 210). *Pour avoir l'aire d'un segment, on retranche de l'aire du secteur CAMB l'aire du triangle ACB.*

APPLICATIONS.

PROBLÈME I.

Mesurer l'aire d'un polygone quelconque.

On décompose ce polygone en triangles, soit au moyen de diagonales issues d'un même sommet, soit au moyen de droites issues d'un même point pris dans l'intérieur du polygone (fig. 211). On mesure l'aire de chacun de ces triangles et l'on fait la somme des résultats.

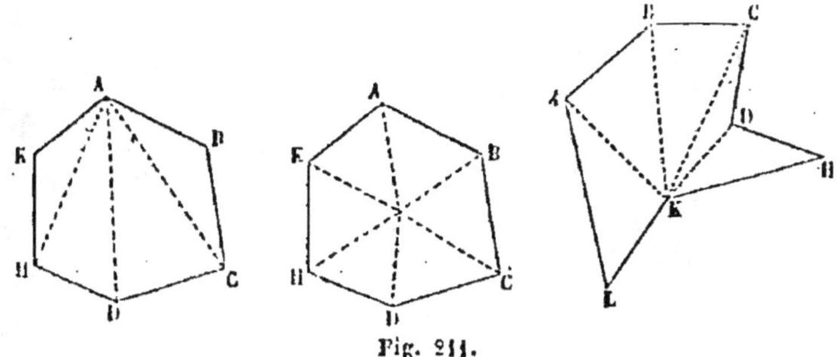

Fig. 211.

On peut encore décomposer le polygone en triangles et en trapèzes au moyen des perpendiculaires LM, AP, BR, etc., abaissées des sommets sur une diagonale KC (fig. 212). On évalue ensuite isolément l'aire de chaque triangle et de chaque trapèze, et l'on fait la somme du tout.

Si le polygone est en partie curviligne, on remplace la ligne courbe par une ligne brisée à éléments assez petits pour que leur ensemble diffère très-peu de la courbe ; et l'on abaisse des perpendiculaires sur une base AC de chacun des sommets (fig. 213). On mesure ensuite l'aire de

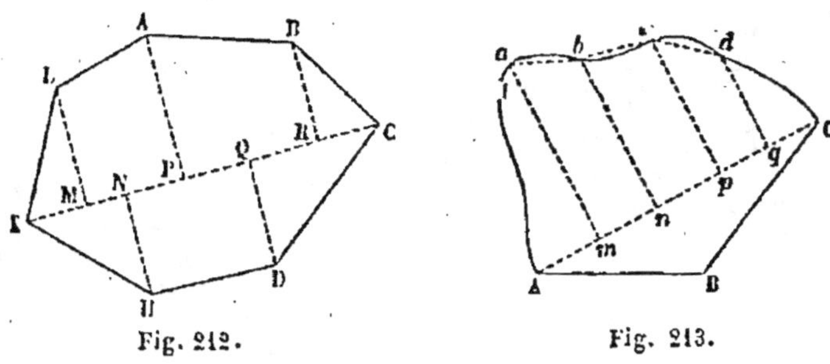

Fig. 212.   Fig. 213.

chacun des triangles et de chacun des trapèzes ainsi déterminés. La somme de ces aires est égale à l'aire du polygone avec une approximation d'autant plus grande que les éléments de la ligne brisée sont plus petits et se rapprochent ainsi davantage de la ligne courbe.

8.

ment égale à l'aire du grand cercle πR^2 diminuée de l'aire du petit cercle πr^2.

$$A = \pi R^2 - \pi r^2 = \pi (R^2 - r^2).$$

PROBLÈMES.

210. Calculer l'aire d'un triangle dont la base est de 134^m et la hauteur de 87^m.

211. L'aire d'un triangle est de 84^{mq}. La hauteur est de 7^m,6. Quelle est la base ?

212. Démontrer que les triangles ayant même base et leurs sommets situés sur une même parallèle à cette base, ont des aires égales.

213. Calculer l'aire d'un trapèze dont les bases sont de 21^m,5 et 43^m,8 et dont la hauteur est de 7^m,9.

214. Démontrer que, dans tout triangle, le produit de chaque côté par la hauteur correspondante est constant.

215. L'aire d'un trapèze est de 103^{mq},45. La hauteur est de 0^m,5. Calculer la longueur de la droite qui joint les milieux des côtés non parallèles.

216. Calculer l'aire d'un parallélogramme dont la base est de 42^m,6 et la hauteur de 19^m,7.

217. L'aire d'un rectangle est de 203^{mq}. La base est de 14^m,8. Quelle est la hauteur?

218. Calculer l'aire d'un carré dont la diagonale est égale à 10^m.

219. On demande l'aire d'un triangle équilatéral dont le côté est de 4^m.

220. Calculer l'aire d'un hexagone régulier inscrit dans un cercle d'un rayon égal à 1^m.

221. Calculer l'aire d'un carré inscrit dans un cercle d'un rayon égal à 1^m.

222. Calculer l'aire d'un triangle équilatéral inscrit dans un cercle d'un rayon égal à 1^m.

223. Calculer la diagonale d'un carré dont l'aire est égale à 100^{mq}.

224. Quel rayon faut-il donner à un cercle pour que le carré inscrit ait une superficie de 20^{mq}?

225. Quel est le côté du carré dont l'aire représenterait la superficie de la France, évaluée à 543000 kilomètres carrés?

226. Dans le polygone ABCDH etc., tracé sur le terrain (fig. 212), on trouve :

$$KM = 3^m, MP = 5^m, PR = 7^m,6, RC = 3^m,1$$
$$ML = 7^m, PA = 8^m,4, RB = 5^m,3.$$

Calculer la portion de l'aire du polygone comprise entre la diagonale et la ligne brisée KLABC.

227. On demande l'aire d'un cercle dont le diamètre est de 3^m,6.

228. Quel rayon faut-il donner à un cercle pour que l'aire soit d'un are?

229. Calculer l'aire d'un cercle dont la circonférence mesure un kilom.

230. Calculer l'aire d'un segment dont la corde est égale au rayon dans un cercle de rayon égal à 10^m.

231. Déterminer l'aire d'un segment dont la corde est égale au côté du carré inscrit dans un cercle de rayon égal à 1^m.

232. Déterminer la superficie d'un secteur correspondant à un arc de 25° dans un cercle dont le rayon mesure 10^m.

233. Quelle circonférence doit avoir un cercle pour que sa superficie mesure un hectare ?

234. Quel serait le rayon d'un cercle dont l'aire équivaudrait à la superficie de la France ? (Voir le problème 226.)

235. Un triangle équilatéral, un carré, un hexagone inscrit, une circonférence, ont même périmètre, savoir 100^m. Quelle est celle des quatre figures dont l'aire est la plus grande ?

236. Déterminer le rapport des aires du cercle circonscrit et du cercle inscrit à un triangle équilatéral.

237. Déterminer le rapport des aires du cercle circonscrit et du cercle inscrit à un carré.

238. Calculer l'aire d'une couronne comprise entre deux circonférences dont les rayons sont respectivement de 6^m et de 5^m.

239. Dans un cercle de rayon égal à 4^m, à quel arc correspond un secteur dont la superficie est de 0^{mq} ?

240. L'aire d'un secteur dont l'arc est de 30° mesure 8^{mq}. Calculer le rayon du cercle.

241. De tous les triangles rectangles ayant même hypoténuse, quel est celui dont l'aire est la plus grande ?

242. Démontrer que si d'un point quelconque pris dans l'intérieur d'un triangle arbitraire on mène des perpendiculaires aux trois côtés, la somme des produits de chaque perpendiculaire par le côté correspondant est constante.

243. Comment l'énoncé précédent doit-il être modifié pour un point extérieur au triangle ?

244. Au sujet des deux problèmes qui précèdent, vérifier la loi des signes, *plus* et *moins*, suivant que la perpendiculaire est située dans un sens ou dans l'autre par rapport au même côté du triangle.

CHAPITRE XIX

Rapport des aires des figures semblables.

THÉORÈME I.

Les aires de deux triangles semblables sont dans le même rapport que les secondes puissances des côtés homologues.

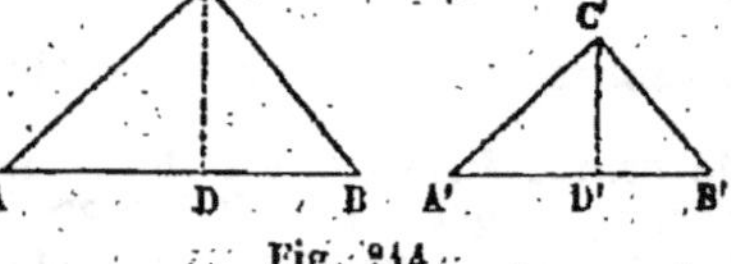

Fig. 214.

Soient les deux triangles semblables ABC et A'B'C' (fig. 214). Leur similitude exige la proportionnalité des côtés homologues, et l'on a l'égalité :

$$\frac{AB}{A'B'} = \frac{BC}{B'C'} ? \tag{1}$$

Abaissons maintenant les deux perpendiculaires CD et C'D'. Les deux triangles BDC et B'D'C' ont leurs angles égaux chacun à chacun, et par conséquent sont semblables. Ils fournissent donc l'égalité :

$$\frac{CD}{C'D'} = \frac{BC}{B'C'}. \tag{2}$$

Multiplions membre à membre les égalités (1) et (2), nous aurons :

$$\frac{AB \times CD}{A'B' \times C'D'} = \frac{\overline{BC}^2}{\overline{B'C'}^2}. \tag{3}$$

Mais AB × CD, étant le produit de la base AB par la hauteur CD, représente 2 fois la superficie du triangle ABC ; pareillement A'B' × C'D' représente 2 fois la superficie du triangle A'B'C'. En représentant par S la superficie du premier triangle, et par S' la superficie du second, on a donc :

$$\frac{2S}{2S'} = \frac{\overline{BC}^2}{\overline{B'C'}^2};$$

ou bien, en supprimant le facteur commun 2 :

$$\frac{S}{S'} = \frac{\overline{BC}^2}{\overline{B'C'}^2}. \tag{4}$$

Cette égalité de rapports établit la proportion énoncée.

Il est visible qu'au lieu des côtés BC et B'C' on aurait pu prendre tout autre côté et son homologue, ou toute autre ligne, hauteur, médiane, bissectrice, et son homologue, car le rapport de ces diverses droites est le même que celui de BC à B'C' à cause de la similitude des deux figures. Dans tous les cas, le rapport des aires serait égal au rapport des secondes puissances des lignes homologues considérées.

Si BC est de 12ᵐ et B'C' de 4ᵐ, par exemple, le théorème précédent signifie que l'aire du premier triangle contient l'aire du second autant de fois que le carré de 12 ou 144 contient le carré de 4 ou 16, c'est-à-dire 9 fois.

Mais, dans une suite de rapports égaux, si l'on fait la somme des numérateurs, ainsi que la somme des dénominateurs, l'on obtient un nouveau rapport égal à l'un quelconque des précédents :

$$\frac{S + S' + S''}{s + s' + s''} = \frac{S}{s},$$

ou bien à cause de l'égalité (1) :

$$\frac{S + S' + S''}{s + s' + s''} = \frac{\overline{BC}^2}{\overline{B'C'}^2}.$$

Or, le numérateur du premier membre est l'aire A du grand polygone, et le dénominateur est l'aire a du petit polygone. On a donc finalement :

$$\frac{A}{a} = \frac{\overline{BC}^2}{\overline{B'C'}^2}.$$

Pour cette dernière égalité, qui établit la proposition énoncée, on pourrait évidemment remplacer le rapport du carré de BC au carré de B'C', par tout autre où interviendraient des côtés quelconques homologues.

THÉORÈME III.

Les aires de deux cercles sont dans le même rapport que les secondes puissances des rayons.

Désignons par R et r les rayons des deux cercles. L'aire A du premier a pour valeur

$$A = \pi R^2.$$

L'aire a du second a pour valeur

$$a = \pi r^2.$$

En divisant ces deux égalités membre à membre et supprimant le facteur commun π, on a :

$$\frac{A}{a} = \frac{R^2}{r^2}.$$

THÉORÈME IV.

Si sur les trois côtés d'un triangle rectangle comme côtés homologues, l'on construit trois figures quelconques semblables, l'aire de la figure construite sur l'hypoténuse est égale à la somme des aires des figures construites sur les deux autres côtés.

Soient A l'aire de la figure construite sur l'hypoténuse H, a et a' les aires des deux figures semblables construites sur les côtés de l'angle droit C et C'. Les trois figures étant semblables et ayant pour côtés homologues les côtés du triangle rectangle, on a :

$$\frac{a}{A} = \frac{C^2}{H^2},$$

$$\frac{a'}{A} = \frac{C'^2}{H^2}.$$

Faisant la somme de ces deux égalités membre à membre, l'on obtient :

$$\frac{a + a'}{A} = \frac{C^2 + C'^2}{H^2}.$$

Mais la seconde puissance de l'hypoténuse est égale à la somme des secondes puissances des deux côtés de l'angle droit, c'est-à-dire que l'on a :

$$C^2 + C'^2 = H^2.$$

L'on a aussi, par conséquent :

$$a + a' = A.$$

Ainsi, quelles que soient les figures semblables construites sur les trois côtés d'un triangle rectangle comme côtés homologues, l'aire de celle qui est construite sur l'hypoténuse équivaut à la somme des aires des deux autres.

Voici quelques cas particuliers de ce théorème d'une généralité absolue.

L'aire d'un cercle ayant pour diamètre l'hypoténuse, est égale à la somme des aires des cercles ayant pour diamètres les deux côtés de l'angle droit.

L'aire du triangle équilatéral construit sur l'hypoténuse est égale à la somme des aires des triangles équilatéraux construits sur les deux côtés de l'angle droit.

L'aire du carré construit sur l'hypoténuse est égale à la somme des aires des carrés construits sur les côtés de l'angle droit, etc., etc., etc.

THÉORÈME V.

Le carré de l'hypoténuse est égal à la somme des carrés des deux autres côtés du triangle rectangle.

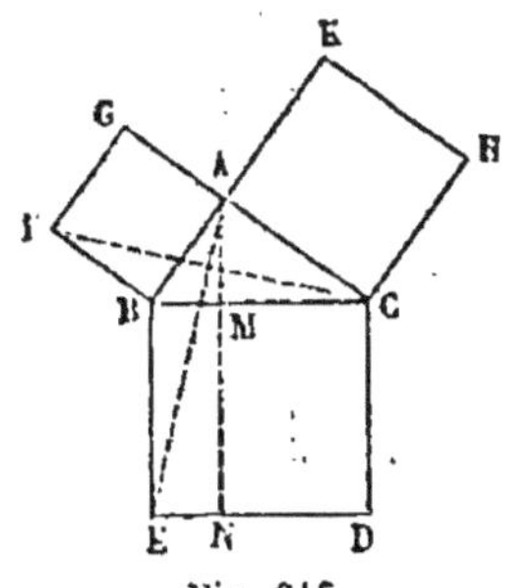

Fig. 216.

Démontrons directement un cas particulier du théorème qui précède, cas particulier le plus simple de tous et se rapportant au carré.

Sur les trois côtés du triangle rectangle ABC, construisons trois carrés (fig. 216). Abaissons la perpendiculaire AM que nous prolongeons à travers le carré construit sur l'hypoténuse. Ce carré est ainsi divisé en deux rectangles BMNE et CMND dont les aires ont respectivement même valeur que les carrés ABFG et AKHC, ainsi qu'on va le démontrer.

Considérons en particulier le carré ABFG et le rectangle BMEN. Menons les deux droites FC et AE. L'aire du triangle CFB est la moitié de l'aire du carré ABFG. Ce triangle, en effet, a pour base FB et pour hauteur la perpendiculaire abaissée de C sur le prolongement de FB, perpendiculaire qui est égale au côté AB du carré à cause du parallélisme de GC et de FB. Quant à ce parallélisme, il résulte de ce que AG côté du carré est le prolongement de AC, côté de l'angle droit BAC. — Ainsi le triangle CFB a pour mesure de son aire

$$\frac{FB \times AB}{2},$$

tandis que le carré ABFG a pour mesure de la sienne

$$FB \times AB.$$

Le triangle est donc en superficie la moitié du carré.

Considérons maintenant le triangle ABE et le rectangle MBNE. Le premier a pour base BE et pour hauteur la perpendiculaire abaissée du point A sur le prolongement de BE, perpendiculaire égale à MB. Son aire a donc pour valeur

$$\frac{BE \times MB}{2},$$

tandis que l'aire du rectangle a pour valeur

$$BE \times MB.$$

Par conséquent le triangle est en superficie la moitié du rectangle.

Mais les deux triangles FBC et ABE sont égaux entre eux. Ils ont, en effet, l'angle FBC et l'angle ABE égaux comme composés l'un et l'autre d'un angle droit et d'une partie commune ABC. Ils ont en outre FB = AB comme côtés d'un même carré, BC = BE comme côtés d'un même carré. Ils sont donc égaux comme ayant un angle égal compris entre deux côtés égaux.

De là il résulte que le carré ABFG et le rectangle MBNE ont même superficie, puisque chacun d'eux est le double de la superficie de deux triangles égaux.

On démontrerait de la même manière que le carré AKHG a même superficie que le rectangle CMND.

Donc le carré de l'hypoténuse, somme des deux rectangles, est égal à la somme des carrés construits sur les côtés de l'angle droit.

Corollaire. — On vient de démontrer que le carré ABFG a même superficie que le rectangle BMNE, c'est-à-dire que l'on a :

$$\overline{AB}^2 = BM \times MN.$$

Pareillement, le carré AKHC a même superficie que le rectangle CMND, ce qui donne l'égalité :

$$\overline{AC}^2 = CM \times MN.$$

Divisant ces deux égalités membre à membre, et supprimant le facteur commun MN dans le second membre de la seconde égalité, l'on obtient :

$$\frac{\overline{AB}^2}{\overline{AC}^2} = \frac{BM}{CM}.$$

Donc *les aires des carrés construits sur les côtés de l'angle droit d'un triangle rectangle, sont dans le même rapport que les projections de ces côtés sur l'hypoténuse.*

La même propriété s'établit plus simplement au moyen des relations numériques démontrées pour le triangle rectangle. Soient a et b les côtés de l'angle droit, h l'hypoténuse, x et y les segments de celle-ci. On a :

$$a^2 = xh$$
$$b^2 = yh.$$

En divisant membre à membre et en supprimant le facteur commun h, il vient :

$$\frac{a^2}{b^2} = \frac{x}{y}.$$

Mais a^2 et b^2 représentent les aires des carrés construits sur les côtés de l'angle droit, tandis que x et y sont les projections de ces côtés sur l'hypoténuse. Le théorème se trouve donc démontré.

APPLICATIONS.

PROBLÈME I.

Construire un carré dont l'aire soit le double de celle d'un carré donné.

On mène la diagonale du carré donné, et sur cette diagonale comme côté on construit un carré, qui satisfait à la condition demandée. En effet, ce carré, construit sur

*Construire un carré dont l'aire soit à celle d'un
autre dans un rapport donné.*

Soient x le côté du carré cherché, l le côté
connu; et supposons que l'aire du premier soit à
celle du second dans le rapport de p à 3. Dans ce
[cas] on doit avoir :

$$\frac{x^2}{l^2} = \frac{p}{3},$$

d'où l'on déduit $x = l\sqrt{\dfrac{3}{3}}$. Il suffit donc de multiplier la longueur l du côté connu, par la racine carrée du
[rapport] donné, pour avoir le côté x du carré cherché.

Le même problème se résout graphiquement comme
[suit]. — Soient A le côté du carré donné, B et C deux
[lignes] quelconques qui soient entre elles dans le même
[rapport] ... l'aire du carré cherché et l'aire du carré con-
[nu], que l'on ait la proportion, on déduira ...
... superficie du carré inconnu et celle du
...

$$\frac{S}{s} = \frac{B}{C}.$$

En d'autres termes, les deux lignes arbitraires
... montrent que B vaut ...
fois C, si l'aire du ...
... vaut 2, 3, 4, etc., ...
du carré donné.

... Sur une droite, on
prend DE = B et ...
(fig. 247), puis sur...
comme diamètre, on...
demi-circonférence...
... division E l'on élève la perpendiculaire Ed. D'un...

et GF que l'on prolonge; on prend GH égal à A côté du carré donné, et par le point H on mène HK parallèle au diamètre FD. La droite GK est le côté du carré cherché. — En effet, d'après le corollaire du théorème V, on a, puisque le triangle KGH est rectangle :

$$\frac{\overline{KG}^2}{\overline{HG}^2} = \frac{KL}{HL}.$$

Mais les triangles semblables KLG et DEG d'une part, HLG et FEG d'autre part, fournissent :

$$\frac{KL}{DE} = \frac{LG}{EG}, \quad \frac{HL}{FE} = \frac{LG}{EG},$$

d'où :

$$\frac{KL}{DE} = \frac{HL}{FE},$$

ou bien :

$$\frac{KL}{HL} = \frac{DE}{FE} = \frac{B}{C}.$$

Par conséquent on a suivant les conditions exigées :

$$\frac{\overline{KG}^2}{\overline{HG}^2} = \frac{B}{C}.$$

PROBLÈMES.

245. Construire un triangle équilatéral dont l'aire soit égale à la somme des aires de deux triangles équilatéraux donnés.

246. Construire un triangle équilatéral dont l'aire soit égale à la différence des aires de deux triangles équilatéraux donnés.

247. Sur un plan construit à l'échelle de $\frac{1}{1000}$ la superficie d'un triangle est de 124 centimètres carrés. Quelle est la superficie du triangle du terrain?

248. Quelle échelle faudrait-il adopter pour que la superficie d'un hectare sur le terrain fût représentée sur le plan par la superficie d'un centimètre carré?

249. Étant donnés deux carrés, construire un troisième carré dont

Quel rayon faut-il donner à un cercle pour que la somme
de l'ensemble des superficies de trois cercles ayant
respectivement de rayon $2P$, P, ...

Résoudre graphiquement le même problème.

Démontrer que les aires de deux cercles sont entre
elles comme les secondes puissances des circonférences.

Si l'on triple les côtés d'un triangle, que sera l'aire du
triangle par rapport à celle du premier ?

Trouver une construction qui démontre ... par rapport
auxquels les côtés d'un triangle croissent comme les nombres ...

Faire croître comme les nombres 1, 4, 9, 16, ...
premiers.

On sculpte d'un mur un terrain circulaire. Avec lui ...
... que serait par rapport à la première ...

Pour entourer le tronc d'un arbre, il suffit ... Pour
le tronc d'un second, il en faut 4. Combien ...

Un même plan est construit. D'abord à l'échelle ...

$$\frac{1}{2500}$$ Un polygone dans le premier ...
... centimètres carrés. Quelle est la superficie du ...
... second dessin ?

Dans quel rapport doivent être les échelles de deux
dessins pour que les superficies homologues ...

CHAPITRE XX

Figures équivalentes.

DÉFINITION. — Deux figures non superposables sont dites *équivalentes*, lorsqu'elles ont même superficie. Un triangle et un carré, par exemple, dont les aires ont même valeur, sont équivalents.

PROBLÈME I.

Déterminer le côté d'un carré équivalent à un rectangle donné.

Soient A et B les deux dimensions du rectangle évaluées en nombres, et x le côté du carré. A cause de l'égalité des aires, on doit avoir :

$$x^2 = A \times B,$$

d'où :

$$x = \sqrt{A \times B}.$$

Il faut donc extraire la racine carrée du produit des deux dimensions du rectangle pour avoir le côté du carré équivalent.

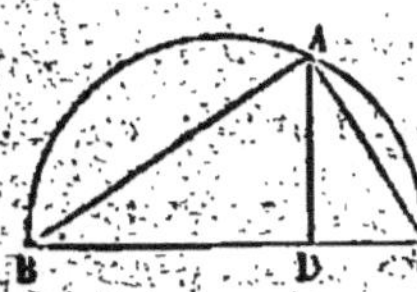

Fig. 218.

La construction géométrique revient à chercher une moyenne proportionnelle entre A et B. On prend BD = A base du rectangle, et à la suite DC = B hauteur du rectangle (fig. 218). Sur BC comme diamètre, on décrit une demi-circonférence, et l'on élève la perpendiculaire DA, qui est le côté du carré demandé. — En effet, le triangle BAC étant rectangle, on a :

$$\overline{DA}^2 = BD \times DC = A \times B.$$

PROBLÈME II.

Déterminer le côté du carré équivalent à un triangle donné.

Admettons que deux pièces de terre soient séparées par la ligne brisée ABCDE (fig. 220). On se propose de remplacer cette limite par une ligne droite sans rien changer à la valeur des superficies respectives. — A cet effet on mène AC; et par le point B, on mène BI parallèle à AC. On joint AI. Les deux triangles ACB et ACI sont équivalents à cause de la même base AC, et des sommets B et I situés sur la même parallèle à la base; on peut donc remplacer le triangle ABC par le triangle ACI sans modifier les superficies respectives des deux pièces de terre. Mais alors la limite ABCDE est remplacée par la limite AIDE, c'est-à-dire par une ligne brisée ayant un côté de moins.

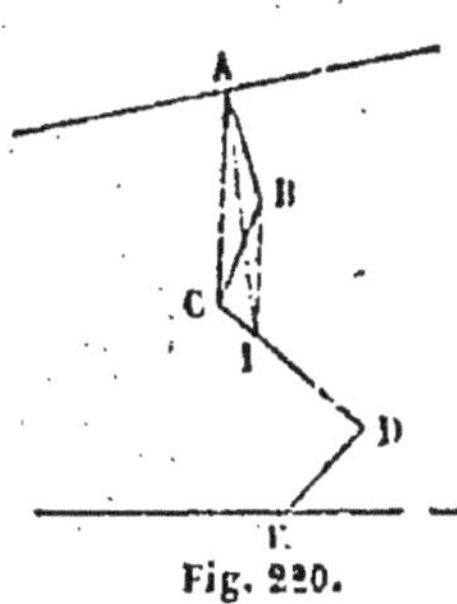
Fig. 220.

En opérant de la même manière sur la limite AIDE, on ferait disparaître un autre côté, et la ligne de séparation se réduirait à deux droites.

Enfin une troisième opération réduirait ces deux droites à une seule.

Il est bien entendu que ces constructions se font sur le plan avec l'équerre et la règle, et qu'on transporte ensuite sur le terrain le résultat de l'opération graphique.

PROBLÈME VI.

Diviser un triangle en deux parties équivalentes par une parallèle à la base.

Les deux parties en lesquelles le triangle donné est divisé étant équivalentes, le triangle total est le double du petit triangle déterminé par la parallèle. Si donc on désigne par B et H, par b et h, la base et la hauteur de chacun des deux triangles, on doit avoir :

$$\frac{B \times H}{2} = 2\frac{b \times h}{2},$$

c'est-à-dire :

$$B \times H = 2 . b \times h,$$

ou bien :

$$\frac{B}{b} \times \frac{H}{h} = 2.$$

Mais la similitude des deux triangles fournit :

$$\frac{B}{b} = \frac{H}{h} ,$$

on a donc

$$\frac{H^2}{h^2} = 2,$$

$$H^2 = 2h^2, \qquad\qquad (1)$$

$$h = \frac{H}{\sqrt{2}} . \qquad\qquad (2)$$

Si l'on a la valeur numérique de la hauteur H, l'égalité (2) montre qu'il faut mener la parallèle à une distance du sommet égale à cette valeur de H divisée par la racine carrée de 2.

Si l'on veut recourir à une construction, l'égalité (1) montre que la hauteur du petit triangle est le côté de l'angle droit d'un triangle rectangle isocèle dont la hauteur H est l'hypoténuse.

Soit ABC le triangle donné (fig. 221). Sur la hauteur AF décrivons une demi-circonférence ; par le centre O élevons la perpendiculaire OF, et menons AF que nous rabattons sur la hauteur, de A en K. Enfin par le point K menons DH parallèle à la base.

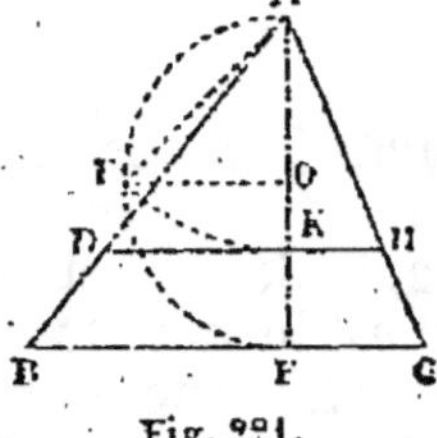

Fig. 221.

PROBLÈMES.

266. Quelle hauteur faut-il donner à un rectangle de 64^m,5 de base pour que sa superficie soit la même que celle d'un rectangle de 45^m de base et 38^m de hauteur ?

267. Les deux dimensions d'un rectangle sont 28ᵐ et 42ᵐ. Calculer le côté du triangle équilatéral équivalent.

268. Diviser un triangle en trois parties dont les superficies soient entre elles comme les nombres 3, 4 et 5 par des droites menées du sommet à la base.

269. Diviser un triangle en deux parties dont les aires soient dans le rapport de 2 à 3, par une parallèle à la base. (Voir chap. XIX, Probl. II.)

270. Diviser un triangle en trois parties dont les aires soient dans le rapport des nombres 4, 7 et 3 par des parallèles à la base.

271. La ligne qui joint les milieux des côtés non parallèles divise-t-elle le trapèze en parties équivalentes?

272. Dans quel rapport sont les aires de ces deux parties?

273. La ligne qui joint les milieux des côtés parallèles divise-t-elle le trapèze en parties équivalentes?

274. Diviser un trapèze en deux parties équivalentes par une perpendiculaire aux bases.

275. Diviser un trapèze en deux parties équivalentes par une parallèle aux bases.

276. Diviser un cercle en deux parties équivalentes par une circonférence concentrique.

277. Construire un cercle équivalent à la moitié d'un cercle donné.

278. Dans quel rapport doivent être les rayons de deux cercles pour que le carré inscrit dans l'un soit équivalent au triangle équilatéral inscrit dans l'autre?

279. Calculer le côté d'un hexagone régulier équivalent à un cercle de 1ᵐ de rayon.

280. Si dans un quadrilatère quelconque, on joint le milieu d'une diagonale aux deux sommets opposés, on divise ainsi la figure en deux parties équivalentes, par une ligne en général brisée. Rectifier la ligne de division de manière qu'il y ait toujours équivalence.

281. Construire sur une base donnée un triangle isocèle équivalent à un carré donné.

282. Construire sur une base donnée un triangle équivalent à un carré donné et tel que sa médiane ait une longueur déterminée.

283. Construire sur une base donnée un triangle équivalent à un carré donné et tel que l'angle du sommet ait une valeur déterminée.

284. Construire le côté du carré équivalent à un quadrilatère donné.

285. Calculer le côté du carré équivalent à la couronne circulaire dont le rayon extérieur est de 3ᵐ et le rayon intérieur de 2ᵐ.

286. Calculer le côté du carré équivalent à un secteur dont l'arc est de 32° dans un cercle de rayon égal à 1ᵐ.

287. Construire un triangle rectangle équivalent à un carré donné et dont l'hypoténuse ait une valeur déterminée.

288. Calculer le rayon d'un cercle équivalent à un triangle équilatéral dont le côté est de 4ᵐ.

289. Calculer le côté du carré équivalent à un triangle équilatéral dont le côté est de 6ᵐ.

DEUXIÈME PARTIE

GÉOMÉTRIE DANS L'ESPACE.

CHAPITRE I

Droites et plans perpendiculaires.

PLAN. — *On a déjà défini le plan une surface telle qu'une ligne droite puisse s'y appliquer exactement dans tous les sens.* — De cette définition il résulte que le plan est une surface indéfinie, uniforme, dont la ligne de plicature est une droite (1re partie, Chap. 1). Nous rappellerons encore qu'une droite ayant deux points communs avec un plan y est nécessairement contenue en entier.

THÉORÈME I.

Une droite et un point déterminent un plan.

Soient AB la droite et C le point donné (fig. 222). Il faut établir que par cette droite et ce point, on peut toujours faire passer un plan, mais qu'on ne peut en faire passer qu'un. C'est en ce sens que l'on dit qu'une droite et un point déterminent un plan.

Et d'abord par la droite AB, sans autre condition, on peut mener un nombre indéfini de plans différents, parmi lesquels nous considérons en

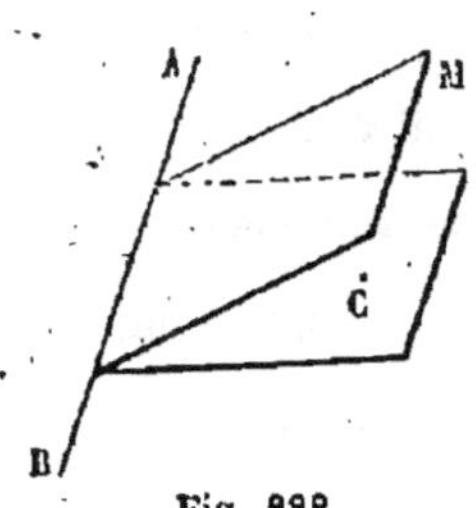

Fig. 222.

particulier le plan M. Si nous faisons tourner ce plan autour de AB, il arrivera un moment où il viendra coïn-

chacun d'eux. Elle n'est donc autre chose que leur inter-section.

Définitions. — Une droite non contenue dans un plan ne peut rencontrer celui-ci qu'en un seul point ; car si

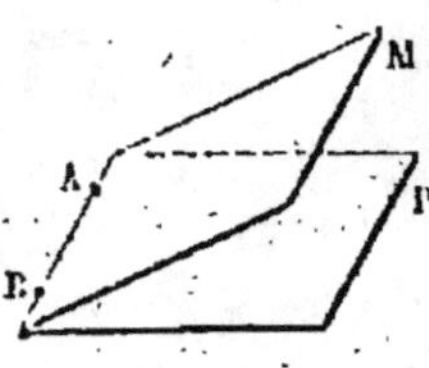

Fig. 224.

elle le rencontrait en deux, elle aurait deux points communs avec ce plan, et par conséquent elle y serait en entier contenue. Le point de rencontre d'une droite et d'un plan se nomme le *pied* de la droite dans ce plan. — Une droite est dite *perpendiculaire* à un plan quand elle est perpendiculaire à toutes les droites menées par son pied dans le plan. Dans le cas contraire, elle est dite *oblique*. Pour s'assurer qu'une droite est perpendiculaire à un plan, il n'est pas nécessaire de vérifier si elle est perpendiculaire à toutes les droites menées par son pied dans ce plan, ainsi que la définition semble l'exiger ; il suffit de constater qu'elle est perpendiculaire à deux quelconques d'entre elles. Si cela est, la droite est nécessairement perpendiculaire à toutes les autres, et par conséquent perpendiculaire au plan. C'est ce qu'établit le théorème suivant.

THÉORÈME VI.

Une droite perpendiculaire à deux droites qui passent par son pied dans un plan, est perpendiculaire à ce plan.

Supposons que la droite AB soit perpendiculaire à deux droites BD et BC menées par son pied B dans le plan

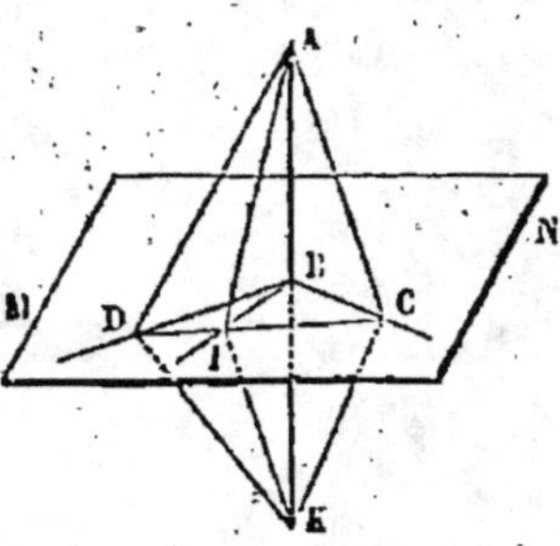

Fig. 225.

M (fig. 225). Il faut démontrer qu'elle est perpendiculaire à toute autre droite menée par son pied dans le plan, et qu'ainsi elle est perpendiculaire au plan lui-même. Soit, en effet, une droite arbitraire BI menée par le pied B dans le plan. Coupons les trois droites par une transversale quelconque DIC, prolongeons AB de l'autre côté du plan d'une quan-tité KB égale à AB, et joignons les trois points D, I et C avec les deux points A et K. — Les deux triangles ABC et

En second lieu, considérons le point A situé hors du plan M (fig. 227). Menons AD perpendiculaire au plan et démontrons que toute autre ligne, AE par exemple, est nécessairement oblique. Si l'on joint, en effet DE, le triangle ADE est rectangle en D, puisque AD étant supposée perpendiculaire au plan, est perpendiculaire à DE qui passe par son pied dans le plan. Mais, dans un triangle, il ne peut y avoir plus d'un angle droit. L'angle E n'est donc pas droit, et par conséquent AE est oblique sur ED et oblique au plan.

THÉORÈME VIII.

Si d'un même point pris hors d'un plan, on mène à ce dernier une perpendiculaire et des obliques : 1° la perpendiculaire est plus courte que toute oblique ; 2° deux obliques s'écartant également du pied de la perpendiculaire sont égales ; 3° de deux obliques, la plus longue est celle qui s'écarte le plus du pied de la perpendiculaire.

Soient AB la perpendiculaire au plan et AD une oblique (fig. 228). Menons DB. Le triangle ABD est rectangle en B. Donc AB, perpendiculaire sur DB, est plus courte que AD, oblique sur la même droite DB.

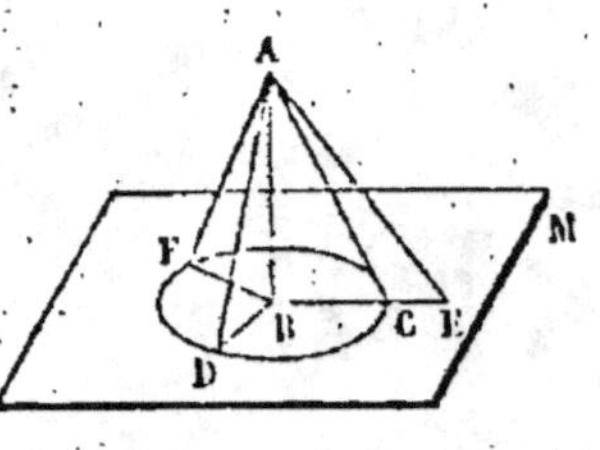

Fig. 228.

Considérons maintenant deux obliques AF et AD s'écartant également du pied de la perpendiculaire, c'est-à-dire telles que BF soit égale à BD. Les deux triangles ABD et ABF sont rectangles en B, ils ont AB commun, et BD = BF par supposition. Donc l'hypoténuse AD est égale à l'hypoténuse AF.

Considérons enfin l'oblique AE s'écartant plus du pied B que l'oblique AD. Menons BE et prenons sur cette ligne BC = BD. D'après ce qui précède, AC = AD. Mais d'autre part AE est plus longue que AC, ainsi qu'on l'a démontré dans la géométrie plane. On a donc AE > AD.

Corollaire I. — La perpendiculaire est la plus courte des lignes qu'on puisse mener d'un point à un plan. Elle mesure la distance du point au plan.

Corollaire II. — Les pieds des obliques égales menées

d'un point à un plan se trouvent sur une circonférence dont le centre est le pied de la perpendiculaire.

THÉORÈME IX.

Par un point donné, on ne peut mener qu'un plan perpendiculaire à une droite.

Soit d'abord un point A pris sur la droite donnée BC (fig. 229). Par ce point menons un plan M perpendiculaire sur BC, et démontrons que tout autre plan, N par exemple, est oblique sur BC. Imaginons, en effet, un plan quelconque passant par la droite BC. Ce plan coupe le plan M suivant AD, et le plan N suivant AE. Puisque, par supposition, BC est perpendiculaire sur le plan M, elle est perpendiculaire sur AD, et, par suite, elle est oblique sur AE, car

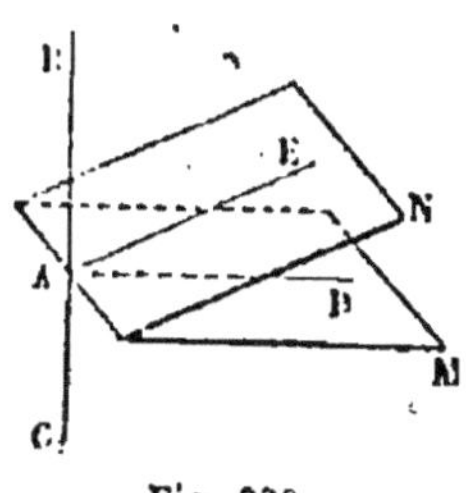

Fig. 229.

dans la figure plane qui contient les droites BC, AD et AE, on ne peut du point A mener qu'une droite perpendiculaire à BC. Si BC est oblique à AE qui passe par son pied dans le plan N, elle est oblique à ce dernier plan.

Soit maintenant le point A pris hors de la droite BC (fig. 230). Menons par ce point le plan M perpendiculaire à BC. Tout autre plan, N par exemple, doit être oblique. Car si l'on joint le point A aux points d'intersection E et D, le triangle ADE est rectangle en D, puisque, par supposition, BC est perpendiculaire au

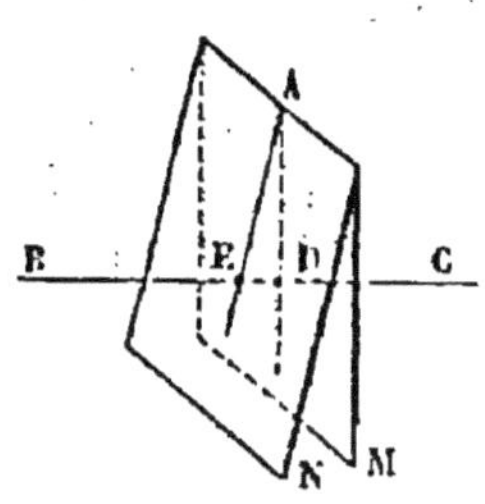

Fig. 230.

plan M. L'angle en E n'est donc pas droit, et par suite le plan N est oblique sur BC.

THÉORÈME X.

OP (fig. 231) *étant perpendiculaire au plan M, si de son pied P on mène une perpendiculaire PA sur une droite quelconque BC tracée dans le plan, et qu'on joigne le point d'intersection A à un point quelconque O de OP, la ligne OA ainsi obtenue est perpendiculaire sur BC.*

9.

A partir de A, prenons sur BC deux longueurs égales arbitraires, AB = AC; et joignons les points B et C aux points P et O. — Les deux droites PB et PC sont égales comme obliques s'écartant également du pied de la perpendiculaire PA située dans le même plan. Alors les droites OB et OC s'écartent également du pied de la perpendiculaire OP au plan M, elles sont donc égales. Par conséquent le triangle BOC est isocèle, et la droite OA qui joint le sommet O

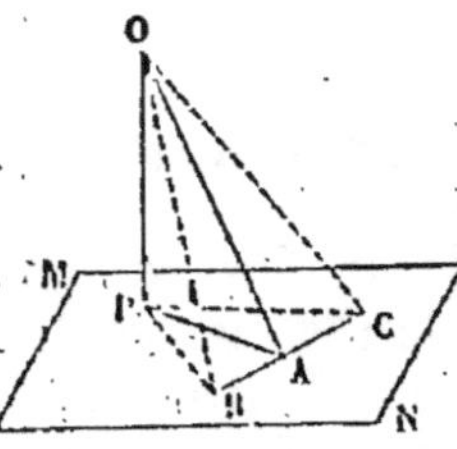

Fig. 231.

au milieu A de la base est perpendiculaire sur cette base BC.

APPLICATIONS.

PROBLÈME I.

Par un point donné, mener une perpendiculaire à un plan.
On fait usage de l'*équerre à trois branches* COAB (fig. 232), composé de trois droites dont l'une CO est perpendiculaire sur les deux autres OA et OB. On applique sur le plan l'angle AOB et l'on fait coïncider OC avec le point par où doit passer la perpendiculaire. La ligne menée

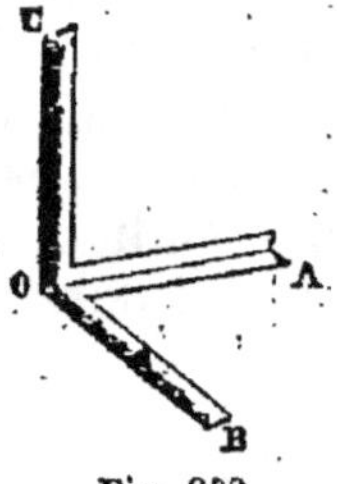

Fig. 232.

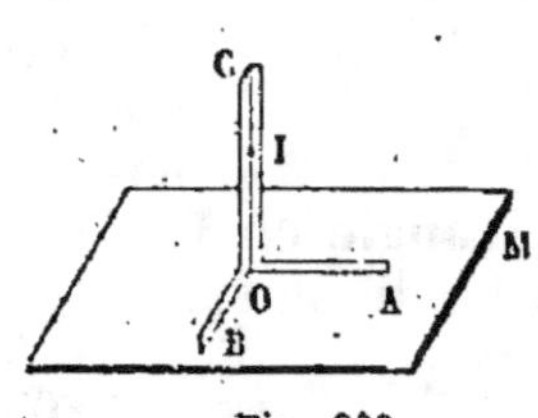

Fig. 233.

suivant OC est perpendiculaire au plan, puisqu'elle est perpendiculaire à deux droites OA et OB menées par son pied dans le plan (fig. 233).
ÉQUERRE A TROIS BRANCHES EN PAPIER. — On plie en deux

une feuille de papier, et l'on fait un second pli de manière à faire coïncider les deux moitiés de la première ligne de plicature. On a déjà démontré que le second pli est perpendiculaire sur le premier (1re partie, chap. IV). Si donc l'on entr'ouvre plus ou moins la feuille ainsi pliée en quatre, on aura un pli perpendiculaire sur deux autres, et par conséquent une équerre à trois branches.

Autre solution pour un point extérieur au plan. — L'instrument qui précède serait d'un emploi difficultueux quand le point donné est à une distance un peu considérable du plan. On a recours alors au moyen suivant. — Au point donné on fixe un cordon, une tige quelconque de longueur invariable; et au moyen de ce cordon, on marque sur le plan trois points également distants du point donné. On fait ensuite passer une circonférence par les trois points ainsi déterminés, et l'on joint le centre de cette circonférence au point donné. La ligne obtenue de cette manière est la perpendiculaire demandée (Théor. VIII, Coroll. II).

Verticale. Plan vertical. — A l'extrémité d'un fil sus-

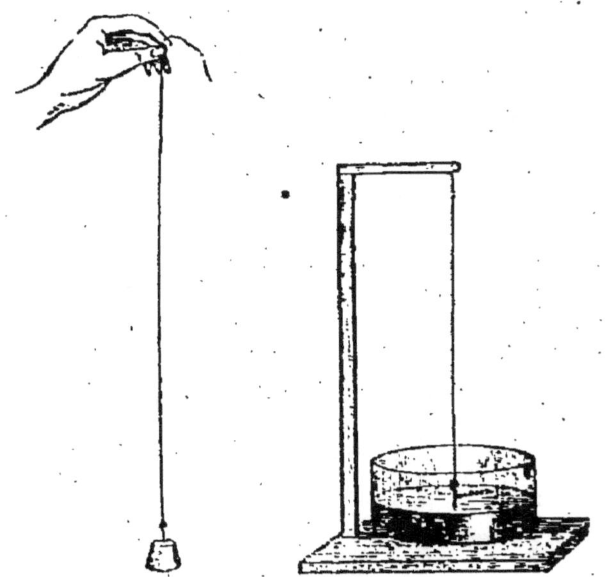

Fig. 234.   Fig. 235.

pendons une balle, un poids quelconque, et nous aurons

[...] au fil à plomb ou à la verticale est th[...]

La surface des eaux tranquilles est un plan horizontal [...] que l'on considère des étendues assez [...] pour qu'il ne soit pas nécessaire de prendre en considération la courbure de la terre, courbure qui [...] que [...] la surface générale des eaux. Toute droite [...] dans un plan horizontal porte le nom d'horizontale [...] verticale et l'horizontale sont toujours perpendiculaires l'une à l'autre en un même lieu.

Fil à plomb. — La direction verticale [...] que l'on a à considérer dans une foule de cas [...] nos constructions. Quand on veut reconnaître [...] si l'angle d'un mur est bien vertical, on place en face de cet angle avec un fil à plomb [...] ayant le regard [...] L'arête du mur doit [...] également cachée par le fil à plomb, quand [...]

[...] *Niveau de maçon.* — C'est également sur le fil [...] que [...] d'un niveau de maçon, avec lequel on [...] que son [...] vertical, c'est-à-dire perpendiculaire à l'horizon. Ce niveau [...] longues [...] un angle droit [...] et réunies par une [...] un triangle isocèle. Un [...] au fil à plomb [...]

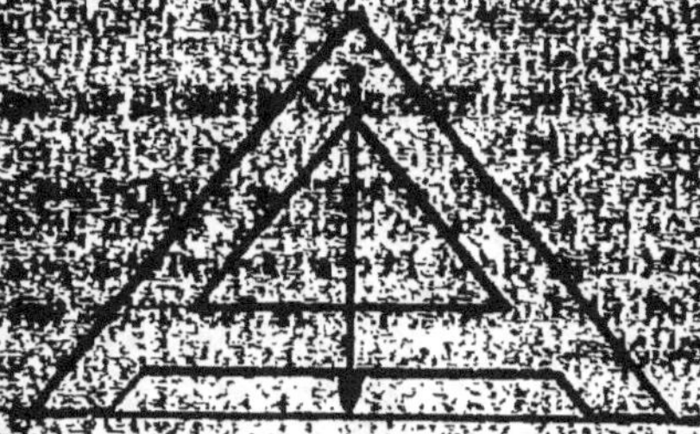

Fig. 104.

réponde au milieu de la traverse ; car alors le fil
verticale est perpendiculaire[ment] .... qui ......
par son pied dans le plan, et par conséquent ce dernier
perpendiculaire à la verticale, c'est-à-dire est hori[zontale]

le même plan […] sont donc parallèles.

[…] Si deux droites AB et BD comprises dans deux plans parallèles E et H […] il faut démontrer qu'elles ont […] longueur. Menons, en effet, par […] droites […] dont les intersections avec les plans donnés sont ABCD […] qui sont parallèles (Théor. […]) […] ABCD est donc un parallélogramme, puisque les côtés opposés sont […] deux à deux, et par conséquent […] la même longueur que BD […]

[…] égale distance. — De deux points […] jusqu'au plan […] abaissons des perpendiculaires […] BD sur lequel […] parallèles […] donnent la distance […] et H, d.E. un plan […] (Théor. VIII, Corol. […]) […] au même plan […] et de plus comparables entre […] deux plans […]

Trois plans parallèles […] coupés par deux droites […] les segments AB et BC […] il faut démontrer […] […] d'une même droite […] et imaginons un plan […]

Ils avaient, en effet, au moins un ...

... la direction du plan ...

[illegible]

THÉORÈME IX.

Deux plans parallèles à un troisième sont parallèles entre eux.

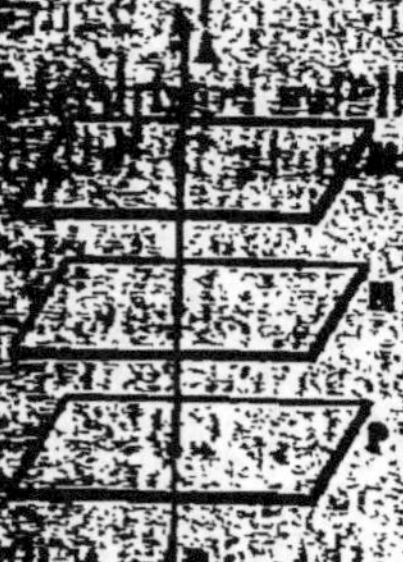

Fig. 245.

Soient deux plans M et N parallèles l'un et l'autre au plan P (fig. 245). Il faut démontrer qu'ils sont parallèles entre eux. Menons, en effet, une droite arbitraire BA perpendiculaire au plan P. Cette droite est perpendiculaire aux plans parallèles N et M (Théor. VIII). Alors les deux plans M et N perpendiculaires à la même droite BA sont parallèles (Théor. VII).

THÉORÈME X.

Toute droite hors d'un plan est parallèle à ce plan lorsqu'elle est parallèle à une droite tracée dans ce plan.

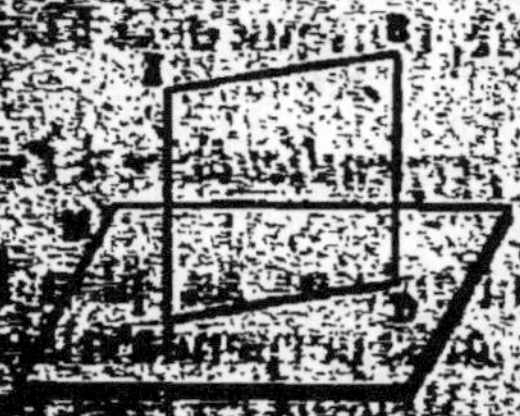

Fig. 246.

On admet que AB soit parallèle à CD située dans le plan M (fig. 246), il faut établir que AB est parallèle au plan M. — Menons [illegible] ment un plan suivant les deux parallèles AB et CD. La droite AB est en entier contenue dans ce plan ; si donc elle rencontrait le plan M, cela ne pourrait avoir lieu que suivant la droite CD, [illegible] impossible, puisque CD et AB sont supposées parallèles. [illegible] ne rencontre donc nulle part le plan M, [illegible] parallèles.

THÉORÈME XI.

[illegible] angles ont leurs plans parallèles et sont [illegible] leurs côtés sont parallèles deux à deux et dirigés [illegible] même sens.

[illegible] Démontrons d'abord que les deux angles sont [illegible]

[...] sur les autres côtés [...] deux longueurs [...], mais égales, AC et BY; [...] A, B et C aux points D, [...] le quadrilatère ABED, les côtés [...] DE sont [...] et parallèles; [...] est donc un parallélogramme et l'on [...] BE = DA. On établirait de la même manière CF = DA. Donc [...] Les droites BE et CF sont égales [...] elles sont parallèles à une troisième [...] et par suite parallèles entre [...] (Théor. III). Le quadrilatère CBF[...] alors un parallélogramme [...] CB et FE. — Les deux triangles ACB et DFE sont [...] égaux comme ayant leurs côtés égaux deux à deux [...] conséquent l'angle A est égal à l'angle D.

En second lieu, les plans des deux angles sont [...] lèles, car si par le point A on veut mener un plan par[...] lèle à celui de l'angle inférieur, ce plan doit [...] sur FC et EB des longueurs égales à DA (Théor. [...]). [...] doit donc passer par les points C et B et se confon[...] [...] avec le plan de l'angle supérieur, puisque déjà FC et [...]B ont même longueur que DA.

APPLICATIONS

Vérifier si deux plans sont parallèles. — Sur l'un des [...] plans, on prend trois points arbitraires [...] [...] on abaisse une perpendiculaire sur l'autre [...] les trois perpendiculaires doivent être égales si [...] plans sont parallèles (Théor. X. Coroll.).

Vérifier si une droite est parallèle à un plan. — [...] points arbitraires pris sur la droite, on abaisse [...] perpendiculaires sur le plan. Les deux perpendicu[...] [...] être égales si la droite et le plan sont [...] (Coroll. II).

d'un point hors d'une droite quelconque on peut
déterminer ou mener une parallèle à cette droite
(théor. X). — Par un même point on peut mener un
nombre indéfini de parallèles à un plan donné.

PROBLÈMES.

308. On donne deux droites non situées dans le même plan. Par l'une
d'elles il faut faire passer un plan parallèle à l'autre.

309. Démontrer que si par une droite parallèle à un plan, on conduit
un second plan qui coupe le premier, l'intersection est parallèle à cette
droite.

310. Démontrer que si l'on conduit deux plans suivant deux droites
parallèles, chacun d'eux suivant l'une d'elles, l'intersection des deux
plans est parallèle à ces droites.

311. Démontrer qu'une droite et un plan parallèles sont partout à
égale distance.

312. Par un point déterminé mener une droite assujettie à rencontrer
une droite donnée et parallèle à un plan donné.

313. Quelle surface décrit une droite qui se meut parallèlement à un
plan donné en passant par un point fixe ?

314. Démontrer que l'intersection de deux plans parallèles à une
même droite est parallèle à cette droite.

CHAPITRE III

Angles dièdres. Plans perpendiculaires.

DÉFINITIONS. — On nomme *angle dièdre* la portion infinie de l'espace comprise entre deux plans qui se coupent.
Les deux plans sont appelés les *faces*
de l'angle dièdre, et leur intersection
l'arête de cet angle.

Si par un point quelconque K de l'a-
rête d'un angle dièdre (fig. 243) on
mène dans chacun des deux plans une
perpendiculaire à cette arête, l'angle
ainsi formé HKL est appelé *angle plan de
l'angle dièdre*. Il est visible que cet angle
plan conserve une invariable valeur,
quel que soit le point où les perpendi-
culaires sont élevées sur l'arête ; si l'on considère, en effet,

l'angle plan BFC... est égale à l'angle... suite du parallélisme des côtés... sont (Chap. II, Théor. XI). Il est évident d'autre part, qu'à des angles dièdres égaux correspondent des angles plans égaux, et réciproquement à des angles plans égaux correspondent des angles dièdres égaux. Il résulte de là, que pour comparer deux angles dièdres, il suffit de comparer les angles plans qui leur correspondent. Si, par exemple, les angles plans CAD et GEH (fig. 249) sont dans le rapport de 3 à 2, les angles dièdres CDAB, GHEF sont également dans le rapport de 3 à 2, car le premier contient trois fois l'angle dièdre pris pour terme de comparaison, et le second le contient deux fois. Ces considérations conduisent à prendre pour mesure d'un angle dièdre, la mesure même de son angle plan, évaluée en degrés, minutes et secondes. Un angle dièdre est droit quand son angle plan est de 90°; il est aigu ou obtus suivant que son angle plan est moindre ou plus grand que 90°. Deux plans perpendiculaires l'un à l'autre et prolongés indéfiniment déterminent quatre angles dièdres droits.

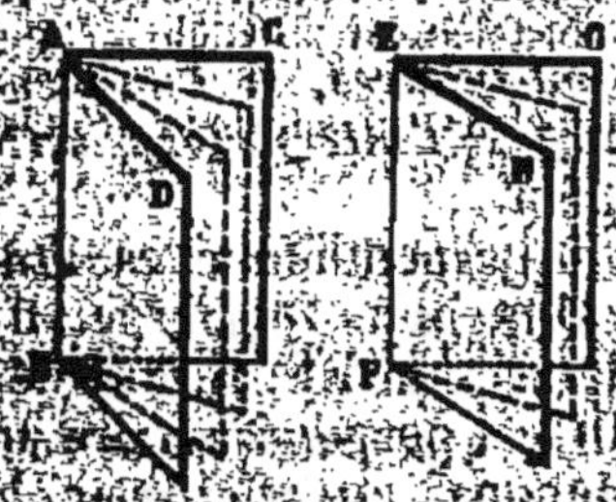

Fig. 249.

THÉORÈME I.

Tout plan conduit suivant une perpendiculaire à un plan est lui-même perpendiculaire à ce plan.

Deux plans sont *perpendiculaires* l'un à l'autre quand l'angle plan correspondant est droit. — Suivant KL perpendiculaire au plan MN (fig. 250), conduisons un plan quelconque P, et démontrons que ce plan est perpendiculaire au premier, c'est-à-dire que l'angle plan correspondant est droit.

Par le point K, pied de la perpendiculaire KL, menons KH dans le plan MN perpendiculairement à l'intersection...

Fig. 250.

plans. La droite KL, étant perpendiculaire au plan MN, est perpendiculaire à la droite BA qui passe par son pied dans le plan. Elle est aussi perpendiculaire à KH. Ainsi les deux lignes KL et KH sont perpendiculaires l'une et l'autre à l'arête de l'angle dièdre ; elles sont contenues chacune dans l'un des plans, par conséquent elles déterminent l'angle plan correspondant. Mais cet angle plan est droit, puisque KL est perpendiculaire sur KH ; les deux plans sont donc perpendiculaires.

THÉORÈME II.

Lorsque deux plans sont perpendiculaires, si l'on mène dans l'un une droite perpendiculaire à l'intersection, cette droite est perpendiculaire à l'autre plan.

Supposons les deux plans D et B perpendiculaires l'un à l'autre (fig. 251) ; dans le plan D menons DC perpendi-

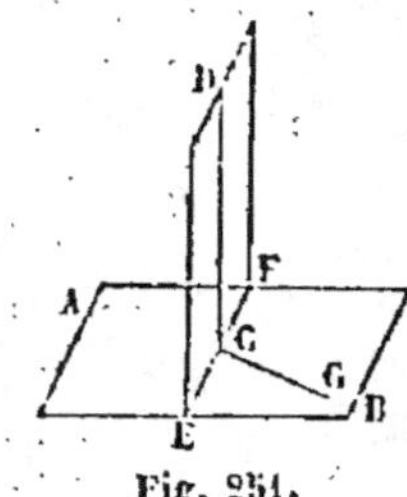

Fig. 251.

culaire à l'intersection EF. Il faut démontrer que DC est perpendiculaire au plan B. — Menons, en effet, par le point C, dans le plan B, la droite CG perpendiculaire à EF. Les deux droites DC et CG déterminent l'angle plan de l'angle dièdre ; mais cet angle est droit, puisque les deux plans sont supposés perpendiculaires. DC est donc perpendiculaire à la fois à EF et à CG, c'est-à-dire à deux droites qui passent par son pied dans le plan B. Elle est par conséquent perpendiculaire à ce dernier plan.

THÉORÈME III.

Réciproquement, si par un point de l'intersection de deux plans perpendiculaires on élève une perpendiculaire à l'un d'eux, cette droite est contenue dans l'autre plan.

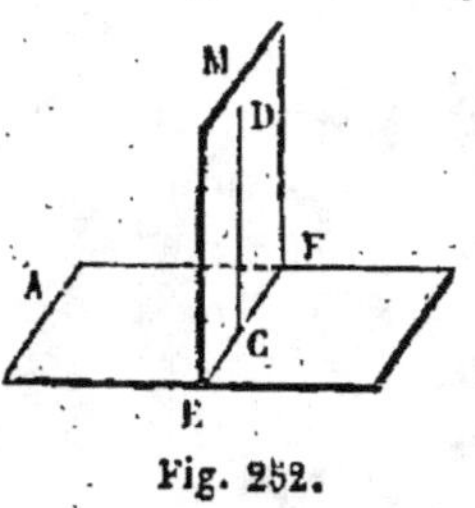

Fig. 252.

Soient A et M deux plans perpendiculaires l'un à l'autre (fig. 252) et CD élevée perpendiculairement au plan A par un point quelconque C de l'intersection EF. Cette droite doit être contenue dans le plan M. Si, en effet, elle n'y était pas contenue, on pourrait toujours mener par le point C dans le plan M une droite perpendiculaire à l'intersection EF. Cette droite serait perpendiculaire au plan A d'après le précédent théorème. On aurait alors deux perpendiculaires distinctes élevées sur un même plan par un même point, ce qui est impossible. CD est donc contenue dans le plan M.

THÉORÈME IV.

L'intersection de deux plans perpendiculaires à un troisième plan, est perpendiculaire à ce dernier.

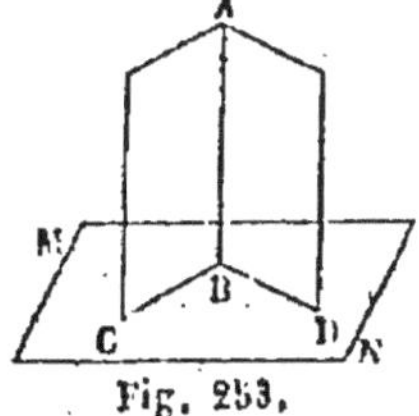
Fig. 253.

Effectivement, si par le point B, point commun à BD et à BC, on élève une perpendiculaire au plan M, cette droite doit être contenue dans l'un et l'autre plan. Elle se confond donc avec leur intersection BA (fig. 253).

THÉORÈME V.

Par une droite quelconque non perpendiculaire à un plan, on peut toujours mener un plan perpendiculaire au premier, mais on ne peut en mener qu'un.

Soient AB la droite et MN le plan donnés (fig. 254). D'un point quelconque B de la droite, abaissons BC perpendiculaire sur le plan MN, puis conduisons un plan suivant les deux concourantes AB et BC. Ce plan sera perpendiculaire à MN (Théor. I). — Mais tout autre plan conduit suivant AB sera oblique, car s'il était perpendiculaire et qu'on menât BD perpendiculaire sur l'intersection, BD devrait être

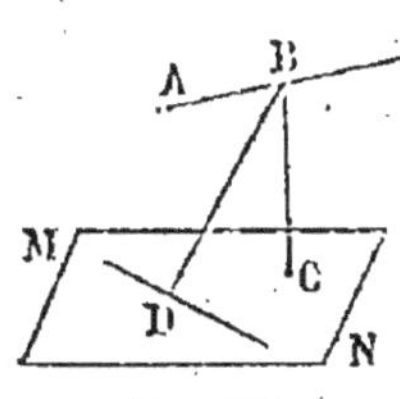
Fig. 254.

perpendiculaire au plan MN (Théor. II). On pourrait alors du point B abaisser deux perpendiculaires distinctes sur le même plan, ce qui est impossible.

DÉFINITIONS. — L'intersection *ab* (fig. 255) du plan MN avec un plan conduit suivant la droite AB perpendiculairement au premier, se nomme la *projection* de la droite AB sur le plan MN. L'angle d'une droite et d'un plan est l'angle que cette droite fait avec sa projection sur ce plan.

Ainsi AB étant projetée suivant AC sur le plan MN (fig. 256), l'angle BAC est *l'angle de la droite sur le plan*, ou bien *l'inclinaison de la droite sur le plan.* Cet angle est le plus petit

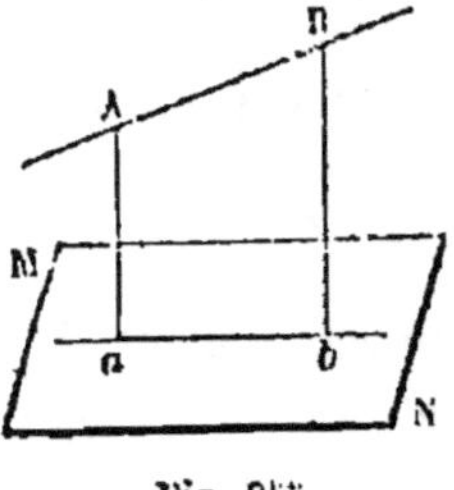

Fig. 255.

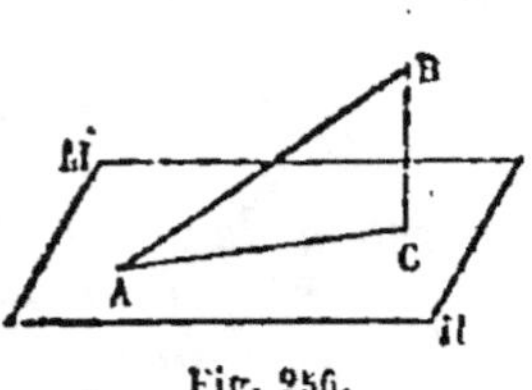

Fig. 256.

de ceux que la droite AB peut faire avec toute autre droite menée par le point A dans le plan MN.

Lignes de plus grande pente. — Nous avons déjà défini (2ᵉ partie, Chap. I) le *plan horizontal* tout plan perpendiculaire à la verticale ou à la direction du fil à plomb; et *plan vertical* tout plan conduit suivant la verticale. Il résulte du théorème I qu'un plan vertical et un plan horizontal sont perpendiculaires l'un à l'autre. Un plan qui n'est ni horizontal ni vertical est dit *incliné à l'horizon.*

Soient un plan incliné à l'horizon P et un plan horizontal H, dont l'intersection est une droite horizontale MN (fig. 257). Imaginons sur le plan incliné un point matériel A qui glisse sur ce plan sans frottements capables de le dévier de la ligne qu'il va prendre spontanément, entraîné qu'il est par la pesanteur. Quelle ligne suivra-t-il pour descendre de la hauteur Aa et atteindre le plan horizontal? L'expérience démontre que cette ligne est la plus courte de toutes celles qu'on peut mener du point A à l'horizontale MN dans le plan P, c'est-à-dire la perpendiculaire AB. Telle est la voie que suit l'eau de pluie glissant sur un toit, la voie que suit une bille abandonnée à elle-même sur un plan incliné. La perpendiculaire AB et les autres perpendiculaires menées sur MN dans le plan P, sont dites *lignes de plus grande pente,*

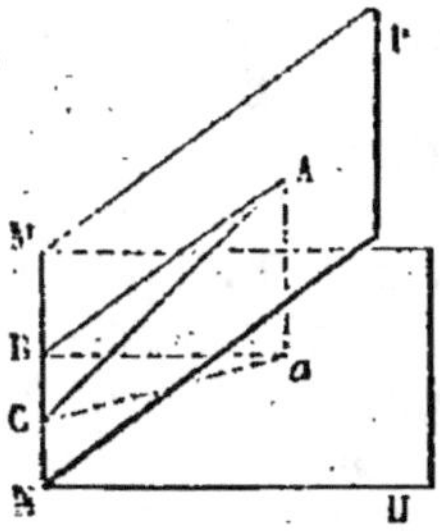

Fig. 257.

ou de plus rapide descente. Géométriquement, la pente d'une droite quelconque AC se définit le rapport entre la hauteur verticale Aa et la projection Ca de cette droite. Pour la perpendiculaire AB, ce rapport est le plus grand possible. Comparons, en effet, les pentes ainsi définies des deux droites AB et AC. Pour la première droite, la pente est :

$$\frac{Aa}{Ba},$$

pour la seconde, elle est :

$$\frac{Aa}{Ca}.$$

AC, oblique sur MN, est plus grand que AB, perpendiculaire sur la même droite. Mais AC et AB sont deux obliques par rapport au plan horizontal H; et la plus longue AC s'écarte davantage du pied a de la perpendiculaire; c'est-à-dire que Ca est plus grand que Ba. Donc, à cause des numérateurs égaux, le premier rapport est plus grand que le second, parce qu'il a un dénominateur moindre.

APPLICATIONS.

Vérifier si deux murs sont perpendiculaires l'un à l'autre. — Par un point de leur intersection, on élève dans chacun d'eux une perpendiculaire à cette intersection. L'angle que forment entre elles ces perpendiculaires doit être droit, ce que l'on peut vérifier de la manière suivante : l'on prend sur l'une des perpendiculaires une longueur égale à 3 à partir de l'intersection des deux plans, et sur l'autre une longueur égale à 4. La droite qui joint dans l'espace les deux points ainsi déterminés doit mesurer 5. En effet, le triangle ainsi construit est rectangle si les deux murs sont perpendiculaires. Or la somme des carrés de 3 et de 4 est 25, dont la racine est 5. On doit donc trouver

5 pour l'hypoténuse, sinon les deux murs ne sont pas perpendiculaires.

Dans un plan incliné, tracer la ligne de plus rapide descente passant par un point donné. — On trace dans le plan incliné une horizontale quelconque à l'aide d'un niveau; et, par le point donné, on abaisse une perpendiculaire sur cette horizontale.

Une droite de longueur L *a ses extrémités distantes d'un plan horizontal de quantités* H *et* h. *Déterminer l'angle que cette droite fait avec le plan horizontal.* — AB vaut l (fig. 258), BQ perpendiculaire sur le plan horizontal MN vaut H, et AP vaut h. Dans le triangle rectangle ABC, on connaît donc l'hypoténuse AB et le côté BC = H — h. On peut donc construire un triang'e égal ou semblable, et dé-

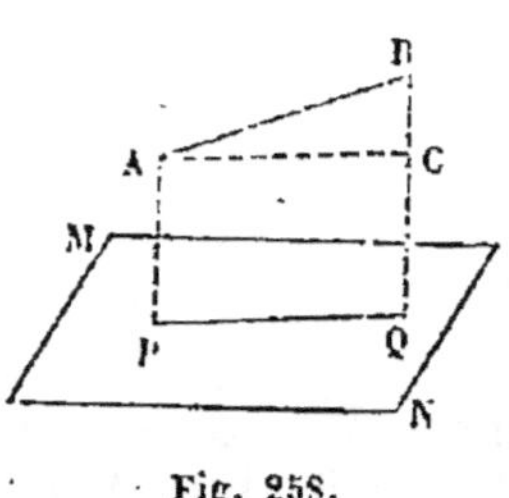

Fig. 258.

terminer ainsi l'angle BAC, égal à l'angle que la droite fait avec sa projection PQ, et par suite avec le plan MN.

PROBLÈMES.

315. L'extrémité d'un fil à plomb est fixée en un point d'un plan inclinée sur lequel la balle est abandonnée à elle-même. Quelle direction prend le fil?

316. Comment reconnaître 1° au moyen d'une construction graphique, 2° au moyen du calcul, que deux cloisons d'un appartement sont assemblées suivant un angle dièdre droit, obtus ou aigu?

317. Quelle est la position de repos d'un pendule assujetti à osciller dans un plan incliné?

318. Démontrer que tout point du plan bissecteur est à égale distance des faces de l'angle dièdre. (On nomme *plan bissecteur*, le plan conduit suivant l'arête de l'angle dièdre de manière à partager celui-ci en deux parties égales.)

319. Déterminer le lieu des points également distants des trois plans menés suivant les trois côtés d'un triangle perpendiculairement au plan de celui-ci.

320. Une droite est projetée sur un plan avec lequel elle fait un angle A. La longueur de sa projection est l. Par quelle construction peut-on déterminer la longueur de la droite?

321. Un toit a une largeur de 14^m. Sa ligne de faîte est plus élevée de 5^m que le bord. Construire l'angle de ce toit avec le plan horizontal.

CHAPITRE IV

Angles trièdres.

DÉFINITIONS. — On nomme *angle polyèdre* la portion indéfinie de l'espace comprise entre plusieurs plans qui passent par un même point. Ce point commun se nomme le *sommet* de l'angle polyèdre, les droites d'intersection des plans sont les *arêtes*, les angles compris entre deux arêtes consécutives sont les *faces* ou *angles plans*, enfin deux plans consécutifs comprennent entre eux un *angle dièdre*. Il y a donc à considérer, dans un angle polyèdre, le sommet, les arêtes, les faces, les angles dièdres. Le plus simple est l'*angle trièdre*, formé par trois plans passant par un même point.

THÉORÈME I.

Chaque face d'un angle trièdre est moindre que la somme des deux autres.

Il suffit évidemment de démontrer le théorème pour la plus grande face du trièdre. Soit donc ASB la plus grande face du trièdre S (fig. 259). Dans le plan BSA menons une droite SD qui fasse avec SB un angle BSD égal à la face BSC. Conduisons dans le même plan une transversale quelconque qui coupe SA, SD, SB aux points A, D et B ; puis prenons sur l'arête SC une longue SC égale à SD, et joignons finalement le point C ainsi déterminé aux points A et B.

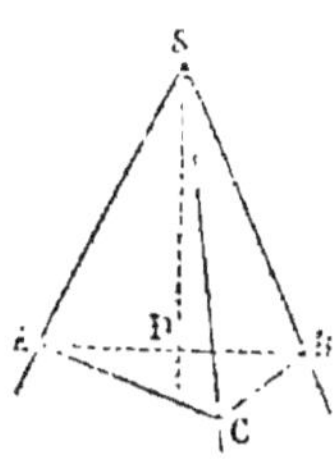

Fig. 259.

Les deux triangles DSB et CSB sont égaux, car ils ont SB commun, SD = SC par construction, et l'angle compris entre ces côtés égal par construction. Donc DB = CB.

Mais dans le triangle ABC, le côté AB est moindre que la somme des deux autres ; on a donc :

$$AD + DB < AC + CB.$$

En supprimant les parties égales DB et CB dans les deux membres de cette inégalité, il vient :

$$AD < AC.$$

Alors les deux triangles ASD et ASC ont AS commun, SD = SC, AD < AC; par conséquent l'angle ASD est moindre que l'angle ASC (1re partie, Chap. IX, Théor. XII).

Aux deux membres de l'inégalité ASD < ASC ajoutons les quantités égales DSB et CSB :

$$ASD + DSB < ASC + CSB,$$

ou finalement :

$$ASB < ASC + CSB.$$

THÉORÈME II.

Dans tout angle polyèdre convexe, la somme des angles plans est moindre que quatre angles droits.

Un angle polyèdre est dit *convexe* lorsque l'intersection de toutes ses faces par un plan quelconque détermine un polygone convexe.

Soit un polyèdre convexe dont le sommet est en S, coupons l'ensemble de ses faces par un plan arbitraire qui détermine ainsi le polygone convexe ABCDE (fig. 260). Prenons dans ce polygone un point quelconque O, que nous joignons aux divers sommets. Nous obtenons ainsi autant de triangles que l'angle polyèdre a de faces.

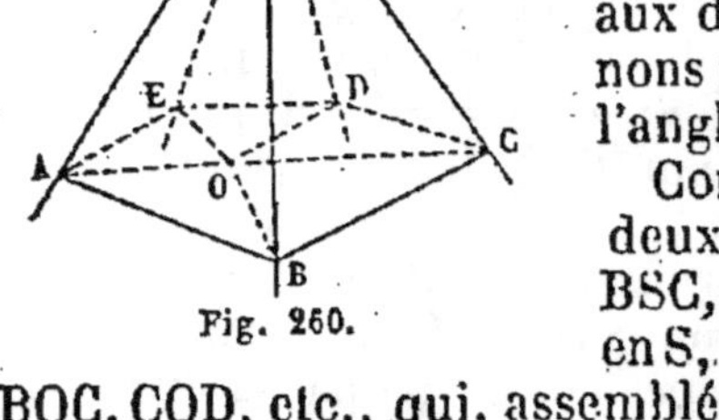

Fig. 260.

Considérons maintenant les deux séries de triangles ASB, BSC, CSD, etc., qui, assemblés en S, forment le polyèdre, et AOB, BOC, COD, etc., qui, assemblés en O, forment le polygone. Les triangles étant en même nombre dans les deux séries, la somme de tous les angles est la même de part et d'autre.

Mais l'angle trièdre dont le sommet est en B fournit

$$ABC < ABS + CBS,$$

ou bien :

$$ABO + OBC < ABS + CBS.$$

Pareillement l'angle trièdre C conduit à l'inégalité :

$$BCO + OCD < BCS + DCS,$$

et ainsi de suite. En résumé, l'ensemble des angles à la base dans la série des triangles du polygone est moindre que l'ensemble des angles à la base dans la série des triangles du polyèdre. Il faut donc, pour qu'il y ait égalité, que la somme des angles en S soit moindre que la somme des angles en O. Or cette dernière vaut quatre angles droits. La somme des angles plans d'un angle polyèdre convexe est donc toujours moindre que quatre angles droits.

REMARQUE. — Si la somme des angles en S égalait quatre angles droits, les diverses faces se confondraient en un même plan, et l'angle polyèdre n'existerait plus.

<h3 style="text-align:center">THÉORÈME III.</h3>

La somme des angles dièdres d'un angle polyèdre convexe ayant N *faces est plus grande que* (N — 2) *fois deux angles droits et plus petite que* N *fois deux angles droits.*

Soit un angle polyèdre S à quatre faces (fig. 261). D'un point quelconque O pris dans l'intérieur de l'angle, abaissons OE perpendiculaire au plan CSD, OF perpendiculaire au plan DSA, OH perpendiculaire au plan ASB, et enfin OK perpendiculaire au plan BSC. Ces quatre perpendiculaires sont les arêtes d'un angle polyèdre O, dont la somme des angles plans KOE, EOF, FOH, HOK, est moindre que quatre angles droits (Théor. II).

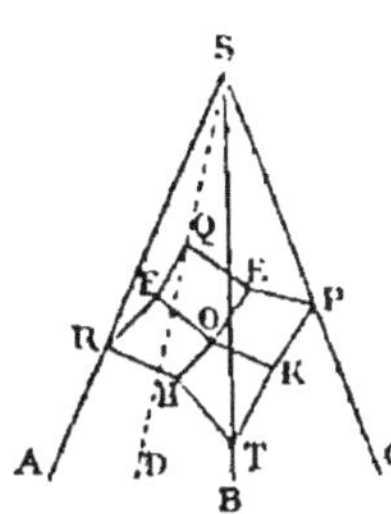

Fig. 261.

Maintenant par les deux perpendiculaires OE, OK, menons un plan qui coupera les deux plans BSC et CSD suivant KP et EP perpendiculaires à l'arête SC (Chap. III, Théor. IV). L'angle EPK est donc la mesure de l'angle dièdre dont l'arête est SC. Mais le quadrilatère OEPK est rectangle en E et en K. L'angle P est donc le supplément de l'angle O.

Répétons la même construction pour les autres perpendiculaires OE et OF, puis OF et OH, et enfin OH et OK. Nous obtiendrons chaque fois un quadrilatère birectangle OEQF, OFRH, OHTK ; et chacun des angles P, Q, R, T, mesure des angles dièdres, sera le supplément de l'angle opposé dont le sommet est en O. Pareil résultat aurait lieu pour un angle polyèdre de n faces. Si donc on représente par S_D la somme des angles dièdres P, Q, R, T, etc., et S_O la somme des angles plans de l'angle polyèdre O, on aura :

$$S_D + S_O = n \text{ fois 2 angles droits};$$

ou bien :

$$S_D = n \text{ fois 2 angles droits} - S_O.$$

Mais, quel que soit le polyèdre, S_O ne peut atteindre la valeur de 2 fois 2 angles droits ou 4 angles droits ; on aura donc toujours :

$$S_D > (n - 2) \text{ fois 2 angles droits}.$$

D'autre part, S_O ne peut être nulle, sinon les diverses faces se confondraient en une seule et l'angle polyèdre S n'existerait plus. On aura donc encore toujours :

$$S_D < n \text{ fois 2 angles droits}.$$

Corollaire. — La somme des angles dièdres d'un trièdre est comprise entre 2 et 6 angles droits. Si l'on fait $n = 3$ dans les deux résultats précédents, on obtient, en effet :

$$S_D > 2 \text{ droits}, \quad S_D < 6 \text{ droits}.$$

THÉORÈME IV.

Deux angles trièdres sont égaux lorsqu'ils ont un angle plan égal adjacent à deux angles dièdres égaux chacun à chacun et disposés de la même manière.

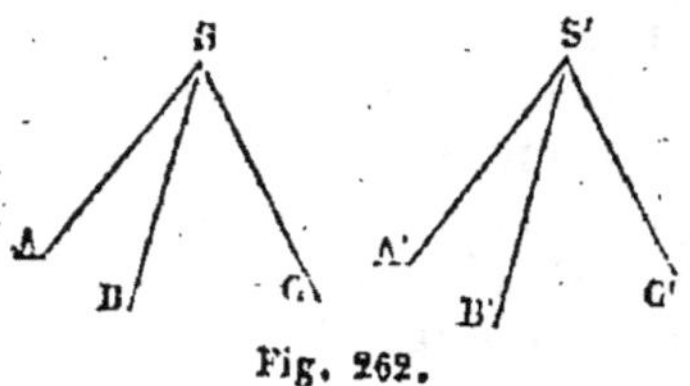

Fig. 262.

Admettons (fig. 262) que l'angle plan BSC soit égal à l'angle plan B'S'C', que l'angle dièdre de gauche dont l'arête est BS soit égal à l'angle dièdre de gauche dont l'arête est B'S', et qu'enfin l'angle dièdre de droite dont l'arête est SC soit égal à l'angle dièdre de droite dont l'arête est S'C'. Dans ces conditions, les deux trièdres sont égaux, c'est-à-dire superposables. — D'abord l'angle plan B'S'C' peut être superposé à son égal BSC, et, cela fait, la face B'S'A' s'appliquera sur la face BSA à cause de l'égalité des angles dièdres dont les arêtes sont SB et S'B'. Pour un motif pareil, la face C'S'A' s'appliquera sur la face CSA. Par conséquent S'A', intersection des deux faces B'S'A' et C'S'A', coïncidera avec SA intersection des faces BSA et CSA, et les deux trièdres seront exactement superposés.

Ce théorème a pour analogue dans la géométrie plane : deux triangles sont égaux lorsqu'ils ont un côté égal adjacent à deux angles égaux chacun à chacun.

THÉORÈME V.

Deux angles trièdres sont égaux lorsqu'ils ont un angle dièdre égal compris entre deux angles plans égaux chacun à chacun et disposés de la même manière.

On admet que l'angle dièdre SB est égal à l'angle dièdre S'B', que l'angle plan de gauche ASB est égal à l'angle plan de gauche A'S'B', que l'angle plan de droite CSB est égal à l'angle plan de droite C'S'B'. Avec ces conditions, les deux trièdres sont superposables (fig. 263). — Superposons l'angle dièdre S'B' sur son égal SB. La face B'S'A' recouvrira son égale BSA, et la

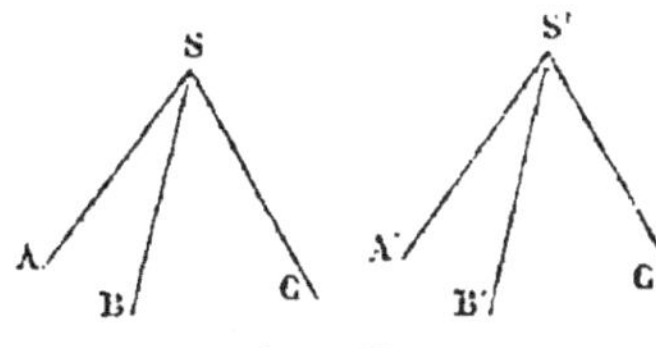

Fig. 263.

face B'S'C' recouvrira son égale BSC. Par conséquent les faces A'S'C' et ASC, qui ont leurs arêtes communes, coïncident, et les deux angles trièdres sont superposés l'un à l'autre.

Ce théorème est l'analogue de celui-ci dans la géométrie plane : deux triangles sont égaux lorsqu'ils ont un angle égal compris entre deux côtés égaux chacun à chacun.

THÉORÈME VI.

Deux angles trièdres sont égaux lorsqu'ils ont leurs angles plans égaux chacun à chacun et disposés de la même manière.

Les deux trièdres S et S' ont leurs faces égales chacune à chacune (fig. 264) et disposées de la même manière.

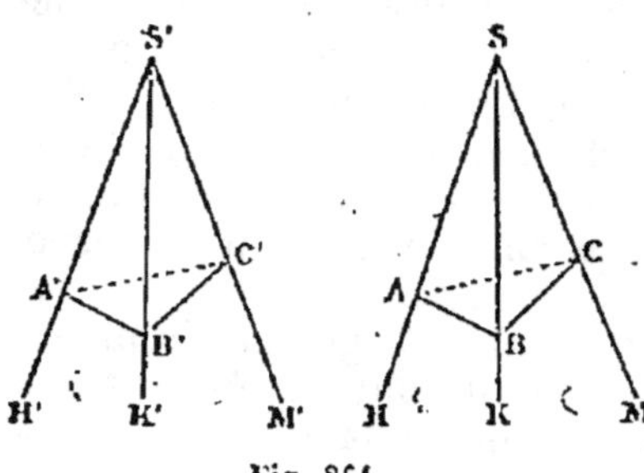

Fig. 264.

Ces conditions entraînent l'égalité des deux trièdres. Ce théorème sera démontré si l'on établit l'égalité de deux angles dièdres homologues, SB et S'B' par exemple, car alors on rentrera dans le théorème précédent. — Par un point arbitraire B de l'arête SK menons dans les deux faces du dièdre SK, les perpendiculaires BC et BA. L'angle ABC est la mesure du dièdre. Prenons sur l'arête homologue S'B' = SB, et répétons la même construction, pour avoir l'angle A'B'C' mesure du dièdre S'K'. Enfin menons AC et A'C'. — Les deux triangles SBA et S'B'A' ont SB = S'B' par construction, ils ont l'angle en B et B' égal comme droit, l'angle en S et S' égal par hypothèse. Donc SA = S'A', et BA = B'A'. On verrait pareillement que SC = S'C', et que BC = B'C'. Alors les deux triangles ASC et A'S'C' sont égaux comme ayant l'angle en S et S' compris entre deux côtés égaux. Donc AC = A'C'. De là résulte que les deux triangles ACB et A'C'B' sont égaux puisqu'ils ont leurs trois côtés égaux. Par conséquent l'angle B mesure du dièdre SK est égal à l'angle B' mesure du dièdre S'K'. Les deux trièdres ont ainsi un angle dièdre égal compris entre deux faces égales chacune à chacune et disposées de la même manière. Ils sont donc superposables (Théor. V).

Ce théorème est l'analogue de celui-ci de la géométrie plane : deux triangles sont égaux lorsqu'ils ont leurs côtés égaux chacun à chacun.

Trièdres symétriques. — Les trois théorèmes ci-dessus exigent tous, pour l'égalité des trièdres, une condition spéciale, savoir : les différents éléments du trièdre, angles plans et angles dièdres, disposés de la même manière. Il peut se faire en effet que les différents éléments de deux angles trièdres soient égaux chacun à chacun, sans que les deux trièdres soient superposables, parce que ces éléments sont disposés dans un ordre inverse. — Soit le trièdre SABC (fig. 265). Si l'on prolonge ses arêtes, l'on

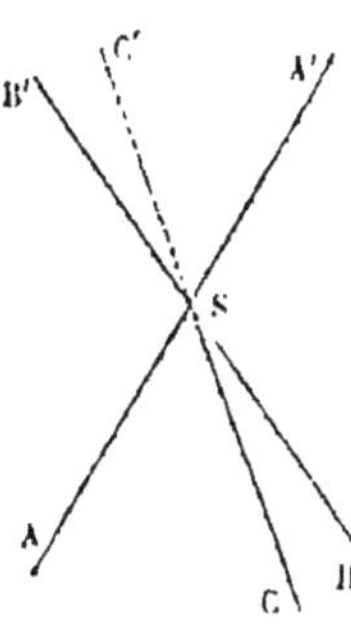
Fig. 265.

obtient le trièdre S'A'B'C', dont les différents éléments sont égaux à ceux du premier, puisque les angles plans sont égaux deux à deux comme opposés par le sommet (Théor. VI). Cependant les deux trièdres ne sont pas superposables. Si l'on applique, en effet, la face B'S'A' sur son égale ASB, la face C'SB' s'appliquera sur la face CSA qui n'est pas son égale, et pareillement la face C'SA' s'appliquera sur la face CSB qui n'est pas son égale. Cette impossibilité de superposition provient de la disposition inverse des éléments des deux trièdres. On dit alors que les deux angles trièdres sont *symétriques*. Le même fait se répète pour deux angles polyèdres quelconques opposés par le sommet, c'est-à-dire dont les arêtes sont le prolongement les unes des autres.

APPLICATIONS.

Les trois angles plans d'un trièdre peuvent être indifféremment tous les trois aigus, droits ou obtus ; mais leur somme est nécessairement inférieure à quatre angles droits (Théor. II). Ainsi, dans nos appartements, deux cloisons perpendiculaires l'une à l'autre forment avec le parquet un trièdre dont les trois angles plans sont droits. Ce trièdre est dit *trirectangle*. La somme des angles dièdres de ce trièdre vaut également trois angles droits.

PROBLÈME.

Connaissant les trois angles plans d'un trièdre, déterminer les angles dièdres.

On donne les angles plans ASB, CSB et HKM d'un trièdre (fig. 266), et il faut déterminer graphiquement les dièdres de ce trièdre. Supposons étalées sur un même plan les deux faces ASB et CSB. Les perpendiculaires à l'arête SB, par un point arbitraire B, deviendront la perpendiculaire commune ABC, qui détermine sur les deux autres arêtes les longueurs SA et SC. — Construisons maintenant un triangle HKM dont l'angle K soit égal à la troisième face du trièdre, et compris entre KH = SA et KM = SC. On obtient ainsi le côté HM. — Con-

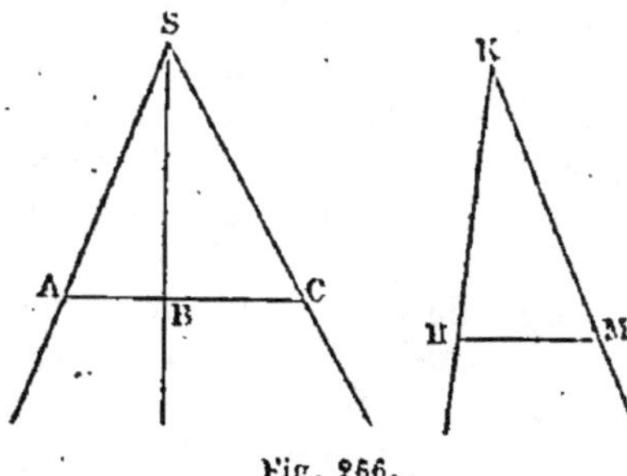

Fig. 266.

struisons enfin un triangle abc qui, ayant $ac =$ HM pour base, a pour côtés $cb =$ CB et $ab =$ AB. L'angle b du triangle ainsi construit est la mesure de l'angle dièdre B. La figure du Théorème VI démontre la légitimité de cette construction, que l'on répéterait pour les deux autres dièdres.

PROBLÈMES.

322. On a mesuré les quatre angles plans d'un angle polyèdre à quatre faces et l'on a trouvé : 120°, 97°, 62° et 45°. Ces mesures sont-elles admissibles ?

323. On a mesuré les trois angles dièdres d'un trièdre et l'on a trouvé : 64°, 45° et 52°. Ces mesures sont-elles admissibles, ou bien y a-t-il erreur ?

324. Le sommet d'un angle trièdre s'éloigne indéfiniment de manière que les trois arêtes tendent à devenir parallèles. Vers quelle limite tend la somme des angles dièdres ?

3 5. Même question pour un angle polyèdre de n faces.

326. Un morceau de carton est façonné en un angle trièdre. Si la figure est renversée de manière que la face intérieure du carton devienne la face extérieure, le nouveau trièdre sera-t-il superposable au premier ?

327. Quelle condition faudrait-il pour que la superposition fût possible malgré ce renversement ?

328. Connaissant un angle dièdre et les deux angles plans qui le comprennent, déterminer les autres éléments du trièdre.

CHAPITRE V

Parallélipipède.

DÉFINITIONS. — On nomme *polyèdre* toute figure géométrique en entier délimitée par des plans. Les intersections de ces plans deux à deux constituent les *arêtes* du polyèdre, et les polygones formés par ces arêtes en sont les *faces*. Les angles polyèdres déterminés par les faces sont les *angles* du polyèdre, les sommets de ces angles sont les *sommets* de la figure. Enfin, toute droite qui joint eux sommets non situés dans un même plan est une *diagonale*.

Le polyèdre qu'il convient d'examiner le premier, parce qu'il conduit à la mesure du volume des autres, est le *parallélipipède*. On nomme ainsi le polyèdre déterminé par six plans parallèles deux à deux.

THÉORÈME I.

Les faces opposées d'un parallélipipède sont des parallélogrammes égaux.

De ce que les plans ABCD et EFGH (fig. 267) sont parallèles, leurs intersections AB et EF par un troisième plan ABEF sont parallèles. Pareillement, de ce que les plans ADEH et BCFG sont parallèles, leurs intersections AE et BF par un troisième plan ABEF sont parallèles. La figure ABEF a donc ses côtés opposés parallèles deux à deux, et par conséquent est un parallélogramme. La même démonstration se répéterait pour les autres faces du polyèdre.

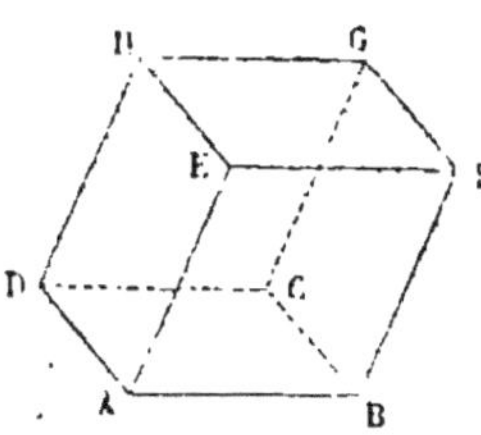

Fig. 267.

En second lieu, les faces opposées sont égales, car EF par exemple, égale HG comme côtés opposés du parallélogramme EFHG ; de même AE = DH, AB = DC, BF = CG. De plus, l'angle AEF et l'angle DHG sont égaux comme ayant leurs côtés parallèles et dirigés dans le même sens, et ainsi des autres angles. Les deux faces ABEF et DCHG ont ainsi leurs côtés et leurs angles égaux deux à deux; ces deux faces sont donc égales, etc., etc.

DÉFINITIONS. — Lorsque les six faces sont des rectangles, le polyèdre est appelé *parallélipipède rectangle*. Les arêtes latérales EA, FB, GC, HD sont alors perpendiculaires sur les faces ABCD et HEFG, qui prennent le nom de bases. Les autres arêtes parallèles sont d'ailleurs perpendiculaires sur les deux plans entre lesquels elles sont comprises.

Le *cube* est une variété du parallélipipède rectangle; ses six faces sont des carrés égaux.

Si les arêtes latérales sont perpendiculaires sur les bases et que celles-ci ne soient pas rectangulaires, le polyèdre est dit *parallélipipède droit*. Les faces latérales sont alors des rectangles, mais les bases sont des parallélogrammes.

Enfin, si les arêtes latérales sont obliques sur les bases et que celles-ci ne soient pas rectangulaires, le polyèdre est dit *parallélipipède oblique*. Toutes les faces sont alors des parallélogrammes.

THÉORÈME II.

Les angles opposés d'un parallélipipède sont symétriques.

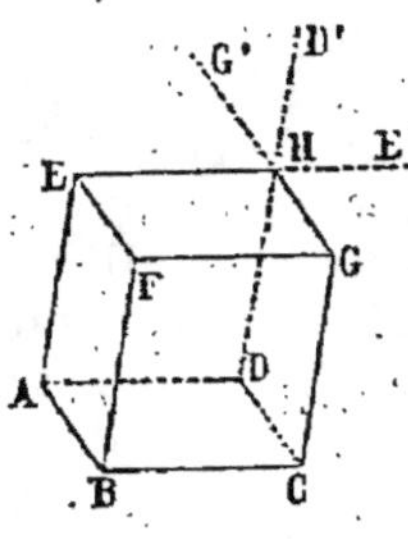

.Fig. 268.

Les angles trièdres B et H (fig. 268), situés aux deux extrémités d'une même diagonale, sont dits *angles opposés* du parallélipipède. Si l'on prolonge les arêtes du trièdre H, on obtient un nouveau trièdre symétrique du premier (2ᵉ partie, Chap. III), mais égal au trièdre B, puisque leurs angles plans sont égaux deux à deux et disposés de la même manière. Donc HGDE symétrique de HG'E'D' est aussi symétrique de BFAC.

THÉORÈME III.

Les diagonales d'un parallélipipède se coupent mutuellement en deux parties égales.

Conduisons un plan suivant deux arêtes opposées

AE, CG (fig. 269). L'intersection de ce plan avec le parallélipipède détermine la figure AEGC qui est un parallélogramme, puisque les côtés opposés AE et CG sont égaux et parallèles. Or les deux diagonales AG, EC du parallélipipède ne sont autre chose que les diagonales de ce parallélogramme. Elles se coupent donc en parties égales. Avec un second plan conduit suivant FB et HD, on démontrerait la même propriété pour la diagonale FD ; et ainsi de suite.

Fig. 269.

COROLLAIRE. — Les quatre diagonales d'un parallélipipède se croisent en un même point, qu'on nomme *centre du parallélipipède*.

DÉFINITIONS. — *Le volume d'un corps est l'espace que ce corps occupe.* Mesurer le volume d'un corps, c'est chercher combien il faudrait d'unités de volume pour occuper le même espace. L'usage est de prendre pour *unité de volume* le cube dont l'arête est égale à l'unité de longueur. Si, par exemple, l'unité de longueur est le mètre, ou le décimètre, ou le centimètre, etc., l'unité de volume est le cube dont l'arête mesure un mètre, un décimètre, un centimètre, etc. Ces unités de volumes se nomment *mètre cube*, *décimètre cube*, *centimètre cube*, etc. (Voir notre *Nouvelle Arithmétique*, Chap. XIV.)

THÉORÈME IV.

Le volume d'un parallélipipède rectangle est égal au produit de la base par la hauteur.

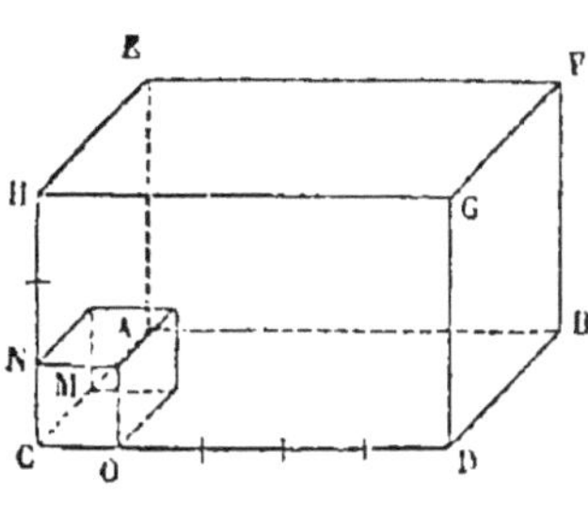

Fig. 270.

Supposons que CD, *longueur* du parallélipipède rectangle (fig. 270) contienne 5 fois CO pris pour unité de longueur ; que CA, *largeur* du parallélipipède, le contienne 2 fois ; et que CH, *hauteur* du parallélipipède, le contienne 3 fois. Le parallélipipède doit contenir 5×2 × 3 fois le cube dont l'arête est égale à l'unité de longueur

CO. — En effet, la base ABCD peut être décomposée en 5×2 carrés dont le côté est égal à l'unité de longueur (1re partie, Chap. XVIII, Théor. 1). Puis, sur chacun de ces carrés, il faut disposer une pile de 3 cubes pour atteindre la face supérieure du parallélipipède. Le nombre de cubes égaux à l'unité de volume et contenus dans le parallélipipède, est donc de $5 \times 2 \times 3$.

Mais le produit 5×2 donne la surface de la base, et, pour avoir le volume, il faut multiplier ce produit par la hauteur 3. Donc *le volume d'un parallélipipède rectangle est égal au produit de la base par la hauteur.*

Les trois arêtes CD, CA, CH d'un même angle trièdre se nomment les *trois dimensions* du parallélipipède rectangle. Si l'on représente par L, L′, L″ ces dimensions, le volume V est exprimé par

$$V = L \times L' \times L'',$$

c'est-à-dire que *le volume d'un parallélipipède rectangle est égal au produit de ses trois dimensions.*

Si les trois dimensions sont égales, la figure est un cube, et l'on a :

$$V = L^3.$$

Le volume d'un cube est donc exprimé par la troisième puissance de son arête.

THÉORÈME V.

Le volume d'un parallélipipède droit a pour mesure le produit de la base par la hauteur.

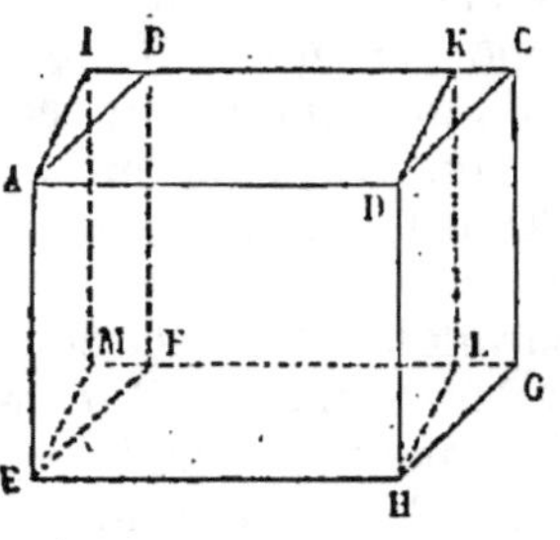

Fig. 271.

Dans le parallélipipède ABCDEFGH (fig. 271) les bases ABCD et EFGH sont des parallélogrammes, tandis que les quatre faces latérales sont des rectangles. Le polyèdre est alors un parallélipipède droit.

Menons suivant les arêtes AE et DH deux plans perpendiculaires à la fois aux quatre arêtes parallèles AD, BC, FG et EH ; nous obtiendrons ainsi le parallélipipède rectangle AIDKEMHL, dont le volume est le même que celui du parallélipipède droit donné. — En effet, les triangles DKC et AIB sont égaux, comme il est facile de le démontrer. Si donc l'on enlève au parallélipipède droit la portion DKCHLG pour la superposer au polyèdre AIBEMF, le triangle DKC recouvrira son égal AIB, et les arêtes DH, KL, CG prendront respectivement les directions AE, IM, BF comme étant perpendiculaires au même plan, et les points L, G, H viendront coïncider avec les points M, F, E à cause de la longueur égale de ces perpendiculaires. Par conséquent le parallélipipède rectangle et le parallélipipède droit, formés d'une partie commune et d'une partie superposable, ont même volume. Mais le parallélipipède rectangle a pour mesure de son volume le produit de la base EMHL par la hauteur EA, le parallélipipède droit a donc même mesure. D'autre part, la base EMHL peut être remplacée par la base de même superficie EFHG. Donc le parallélipipède droit a pour mesure de son volume le produit de sa base par sa hauteur.

THÉORÈME VI.

Le volume d'un parallélipipède oblique a pour mesure de son volume le produit de la base par la hauteur.

Dans le parallélipipède ABCDEFGH (fig. 272) toutes les

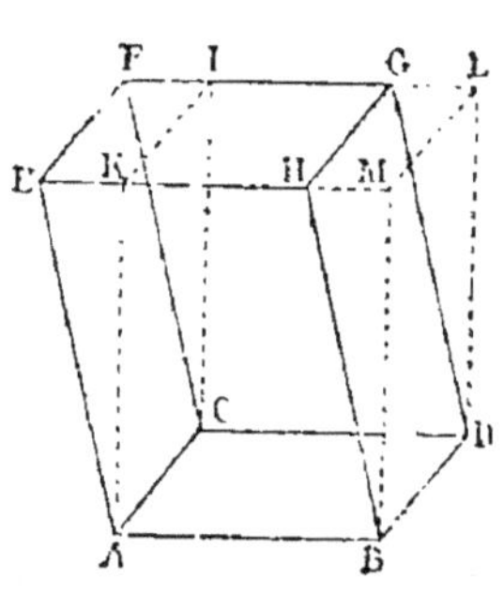

Fig. 272.

faces sont des parallélogrammes, tous les angles dièdres sont aigus ou obtus. Le parallélipipède est alors oblique. Démontrons que, sans altérer le volume, on peut redresser ses faces latérales de manière à le transformer en un parallélipipède droit ayant pour base ABCD et pour hauteur la perpendiculaire comprise entre la base et la face opposée. — Par les deux arêtes AC et BD menons deux plans perpendiculaires à la base ; nous obtiendrons ainsi le parallélipipède ABCDIKLM dont les angles dièdres AC, BD, KI, ML seront droits. Or ce nouveau parallélipipède a même volume que le précédent, car ils se composent l'un et l'autre d'une partie commune et d'une partie superposable. Effectivement, si l'on transporte le quadrilatère HGML sur le quadrilatère EFIK qui lui est évidemment égal, les droites LD, GD, MB, HB prendront les directions IC, FC, KA, EA, à cause de l'égalité des angles trièdres dont elles sont les arêtes, égalité qui résulte de celle des angles plans deux à deux et de leur disposition pareille ; de plus, ces droites se recouvriront exactement, puisqu'elles ont deux à deux même longueur. Les points B et D viendront par conséquent coïncider avec les points A et C. Les deux parallélipipèdes ont donc même volume et même base ainsi que même hauteur. — Par une construction pareille on redresserait les deux dièdres AB et CD sans changer ni le volume, ni la base ni la hauteur. Mais le polyèdre auquel on arriverait après cette seconde construction serait un parallélipipède droit ayant pour base ABCD et pour hauteur la distance de cette base à la face opposée. Donc le parallélipipède oblique a pour mesure de son volume le produit de sa base ABCD par sa hauteur, c'est-à-dire par la perpendiculaire abaissée sur la base d'un point quelconque de la face opposée.

Remarque. — Les trois théorèmes précédents se résument en un seul : *Tout parallélipipède a pour mesure de son volume le produit de la base par la hauteur*. On prend pour base une face quelconque. La *hauteur* est la perpendiculaire abaissée sur cette face d'un point quelconque de la face opposée.

APPLICATIONS.

PROBLÈME I.

Un appartement a la forme d'un parallélipipède rectangle dont les dimensions sont : A $= 8^m,5$, B $= 6^m,4$, C $= 5^m,85$. On demande le volume de l'air contenu dans cet appartement.

Le volume est égal au produit des trois dimensions A $\times$ B $\times$ C (Théor. IV). En faisant ce produit, on trouve 318,2400. Le volume de l'air contenu dans l'appartement est donc de 318 mètres cubes et 240 décimètres cubes.

PROBLÈME II.

Un bassin en forme de parallélipipède droit a une conte-nance de 1520 hectolitres pour une profondeur de 3ᵐ,4. Quelle est sa superficie?

Cette superficie représente la base du parallélipipède, dont la hauteur est 3ᵐ,4. Le produit de la base par la hauteur doit donner le volume; réciproquement le quotient du volume par la hauteur doit donner la base ou la superficie du bassin. Pour opérer le calcul, rapportons les divers nombres à des unités correspondantes. Puisque l'unité de longueur adoptée dans l'énoncé du problème est le mètre, l'unité de volume doit être le mètre cube. Les 1520 hectolitres valent 152000 litres ou 152 mètres cubes. Le quotient de 152 par la hauteur 3,4 est 44,70. La superficie occupée par le bassin est donc de 44 mètres carrés et 70 décimètres carrés.

PROBLÈME III.

Que pèse une barre de fer de 3ᵐ,4 de longueur, 0ᵐ,08 de largeur et 0ᵐ,02 d'épaisseur. A volume égal, le fer pèse 7,788 autant que l'eau pure.

La barre de fer est un parallélipipède rectangle, dont on obtient le volume en faisant le produit des trois dimensions. Ce produit est 0ᵐᶜ,00544. Le volume de la barre est donc de 5440 centimètres cubes. Un centimètre cube d'eau pèse 1 gramme, un centimètre cube de fer pèse donc 7ᵍʳ,788; et le poids de la barre est égal à 7ᵍʳ,788 × 5440, c'est-à-dire à 42366 grammes. ou bien à 42ᵏᵍ,366.

REMARQUE. — Le nombre 7,788 indiquant combien de fois le fer pèse plus que l'eau à volume égal, se nomme le poids spécifique du fer. Nous avons développé avec de suf' sants détails dans la *Nouvelle Arithmétique* (Chap. XVII), la signification et l'usage des poids spécifiques. Nous y renvoyons le lecteur. Comme ces nombres sont d'un emploi fréquent dans les problèmes de géométrie, nous les reproduisons ici. L'élève aura recours à la table suivante pour les problèmes qui nécessitent la connaissance du poids spécifique d'un corps.

Table des poids spécifiques des principaux corps.

CORPS SOLIDES.

Acier	7,816	Étain	7,291
Albâtre	1,874	Fer	7,788
Argent	10,474	Fonte de fer	7,207
Bois de cyprès	0,600	Gypse ou pierre à plâtre	2,330
— de hêtre	0,850	Grès	2,415
— d'orme	0,800	Granit	2,700
— de peuplier	0,380	Houille compacte	1,330
— de pommier	0,730	Ivoire	1,920
— de sapin	0,660	Laiton	8,390
— de tilleul	0,600	Marbre	2,840
— de frêne	0,715	Or	19,360
— de chêne frais	0,930	Platine	23,000
— — sec	1,670	Plomb	11,350
Buis	0,910	Porcelaine de Sèvres	2,146
Beurre	0,942	Pierre de liais	2,077
Cuivre	8,950	Verre	2,490
Cire blanche	0,954	Zinc	6,861
Diamant	3,531		

CORPS LIQUIDES.

Eau pure	1,000	Lait	1,030
Eau de mer	1,026	Vin de Bordeaux	0,994
Huile d'olive	0,913	Vin de Bourgogne	0,991

PROBLÈMES.

329. Les angles trièdres situés aux extrémités d'une même diagonale d'une face quelconque d'un parallélipipède, sont-ils superposables ou symétriques?

330. Démontrer que toute droite menée par le centre et terminée à la surface d'un parallélipipède est divisée par ce point en deux parties égales.

331. Démontrer que toute section faite dans un parallélipipède par un plan qui rencontre deux faces opposées, est un parallélogramme.

332. Démontrer que dans un parallélipipède rectangle les quatre diagonales sont égales.

333. Connaissant les trois dimensions d'un parallélipipède rectangle, calculer la diagonale.

334. Quelle est la diagonale d'un cube dont l'arête est de 1^m?

335. Deux parallélipipèdes quelconques ont même hauteur et des bases différentes. Dans quel rapport sont leurs volumes?

336. Deux parallélipipèdes quelconques ont des bases équivalentes et des hauteurs différentes. Dans quel rapport sont leurs volumes?

337. Deux parallélipipèdes rectangles ont deux dimensions communes, et la troisième dimension inégale. Dans quel rapport sont leurs volumes?

338. La diagonale d'un cube mesure 8 centimètres. Calculer la longueur de l'arête du cube.

339. Quel volume doit avoir un cube pour que sa diagonale mesure 1 mètre?

340. Le volume d'un parallélipipède droit est de 148 décimètres cubes. La hauteur est de 15 centimètres. Les deux autres dimensions sont égales. Calculer leur valeur.

341. Quel est le poids d'une table rectangulaire de marbre dont les dimensions sont : longueur = 3^m,25, largeur = 1^m,7, épaisseur = 0^m,14?

342. Une table rectangulaire de marbre pèse 83 kilogrammes. Son épaisseur est de 0^m,035. Quelle est sa superficie?

343. Pour les besoins seuls de la respiration, il ne faut pas moins de 6 mètres cubes d'air par heure et par personne. Un dortoir est occupé pendant 8 heures de la nuit. Sa hauteur est de 4^m,2. Quelle superficie doit-il avoir s'il est destiné au coucher de 50 élèves?

344. L'épaisseur de l'eau tombée pendant un orage est de 0^m,058. Quel est le volume de l'eau tombée sur un hectare de terrain?

345. Quelle épaisseur faut-il donner à une lame rectangulaire de plomb ayant 3^m,7 dans un sens et 2^m,8 dans l'autre pour que son poids soit de 400 kilogrammes?

346. On double d'une lame de plomb le fond et les quatre faces latérales d'un bassin en forme de parallélipipède rectangle dont les dimensions sont : longueur = 1^m,7, largeur = 1^m,2, hauteur = 0^m,8. La lame de plomb a une épaisseur de 5 millimètres. On demande le poids total du plomb employé.

347. Calculer l'arête d'un cube dont le volume soit équivalent à celui d'un parallélipipède rectangle dont les trois dimensions sont : 2^m,6 — 1^m,03 — 0^m,85.

348. Un bassin de forme rectangulaire où l'on fait évaporer l'eau de mer pour obtenir le sel, a une superficie de 6 ares. La profondeur de l'eau introduite est de 3 décimètres. Quelle quantité de sel donnera ce bassin par l'évaporation complète, sachant que l'eau de la Méditerranée contient 44 grammes de matières salines par litre?

349. Deux cubes l'un en argent, l'autre en platine, ont même poids. Dans quel rapport sont les arêtes de ces deux cubes?

CHAPITRE VI

Prisme.

DÉFINITIONS. — On nomme *prisme* tout polyèdre terminé aux deux extrémités par des polygones égaux et parallèles et latéralement par des parallélogrammes. Tel est le polyèdre de la figure 273 dans lequel les deux faces ABCDE et A'B'C'D'E', situées aux extrémités, sont deux polygones égaux et parallèles, tandis que les faces latérales ABA'B', BCB'C', etc., sont des parallélogrammes. Les deux polygones égaux et parallèles se nomment les *bases* du prisme; les droites AA', BB', etc., sont les *arêtes latérales*; la perpendiculaire A'F abaissée d'un point quelconque de la base supérieure sur la base inférieure ou son prolongement, est la *hauteur* du prisme. — On classe les prismes d'après le nombre de côtés du polygone qui leur sert de base; on distingue ainsi le *prisme triangulaire*, dont la base est un triangle; le *prisme quadrangulaire*, dont la base est un quadrilatère ; le *prisme pentagonal*, dont la base est un pentagone,

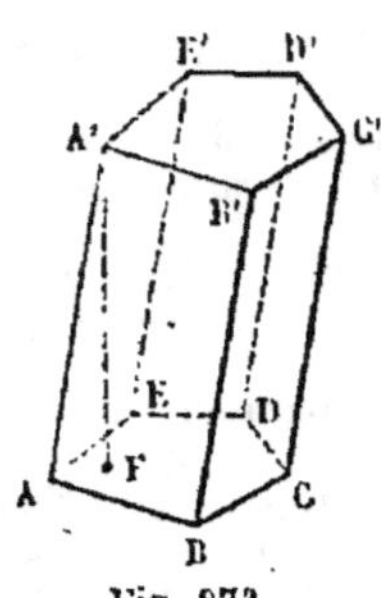

Fig. 273.

etc. Le parallélipipède, que nous venons d'étudier dans le précédent chapitre, est une variété de prisme ayant pour base un parallélogramme. — Le prisme est *droit* si les arêtes latérales sont perpendiculaires aux plans des bases. Les faces latérales sont alors des rectangles, et ces faces sont elles-mêmes perpendiculaires aux bases. — Le prisme est *oblique* si les arêtes latérales sont obliques aux plans des bases. Dans ce cas, les faces latérales sont des parallélogrammes. — Un prisme est *régulier* lorsqu'il est droit et que la base est un polygone régulier; dans le cas contraire, il est *irrégulier*.

THÉORÈME I.

Le volume d'un prisme triangulaire droit a pour mesure le produit de sa base par sa hauteur.

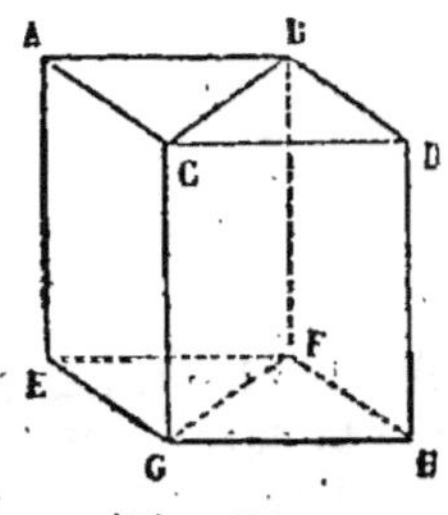

Fig. 274.

Considérons le prisme triangulaire droit ABCEFG (fig. 274). Prolongeons les plans des deux bases et par les arêtes CG et BF conduisons des plans parallèles aux faces opposées, nous obtiendrons ainsi un parallélipipède droit dont le prisme donné est la moitié. En effet le triangle BCD étant superposé sur son égal ABC, les arêtes du prisme à droite prendront les directions des arêtes homologues dans le prisme à gauche, puisqu'elles sont toutes perpendiculaires au même plan; et de plus elles se recouvriront deux à deux, puisqu'elles ont même longueur. Les deux prismes triangulaires dont le parallélipipède se compose sont donc égaux. Mais le parallélipipède droit a pour mesure de son volume le produit de la base EFGH multiplié par la hauteur, qui, dans le cas actuel, n'est autre que AE arête du prisme. Donc le prisme, moitié du parallélipipède, a pour mesure de son volume le produit de sa base EFG, moitié de la base EFGH, par la hauteur.

THÉORÈME II.

Le volume d'un prisme droit quelconque a pour mesure le produit de sa base par sa hauteur.

En conduisant des plans suivant l'arête AF (fig. 275) et les arêtes CH, DI, plans que l'on nomme *plans diagonaux*, on décompose le prisme en autant de prismes triangulaires que le polygone de la base a de côtés moins deux. Mais chacun de ces prismes triangulaires a pour mesure de son volume le produit de la surface du triangle qui lui sert de base, par la hauteur, la même pour tous les prismes. Donc, le prisme donné, somme des prismes triangulaires, a pour mesure de son volume sa base polygonale, somme de tous les triangles, multipliée par la hauteur.

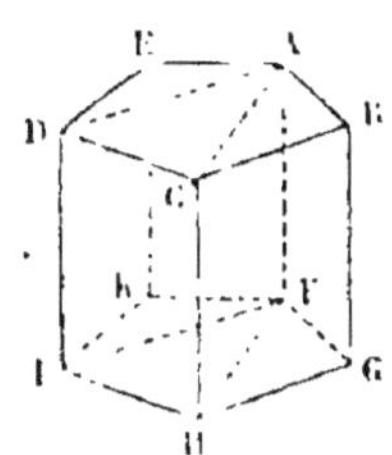

Fig. 275.

THÉORÈME III.

Le volume d'un prisme triangulaire oblique a pour mesure le produit de sa base par sa hauteur.

Par une construction pareille à celle du théorème I, on verrait qu'un prisme triangulaire oblique est la moitié d'un parallélipipède oblique, de base double et de même hauteur. De là résulte la démonstration du théorème.

Le raisonnement suivant frappe peut-être davantage l'esprit. — Soit un prisme triangulaire droit ABCD (fig. 276). Décomposons-le en tranches égales par des plans équidistants et parallèles aux bases, puis faisons glisser ces tranches l'une sur l'autre dans le même sens et de la même quantité. Si ces tranches sont infiniment minces, le passage de l'une à l'autre sera insensible et le polyèdre sera le prisme oblique MNOP. Dans cette transformation, le volume évidemment ne change pas; d'autre part, la

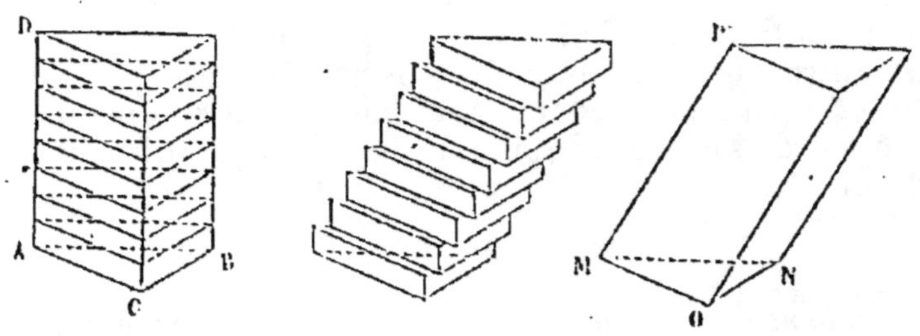

Fig. 276.

base reste la même ainsi que la hauteur. Donc le prisme oblique MNOP a pour expression de son volume le produit de la base MNO par la hauteur, comme le prisme droit ABCD.

<h3 style="text-align:center">THÉORÈME IV.</h3>

Le volume d'un prisme oblique quelconque a pour mesure le produit de sa base par sa hauteur.

Au moyen de plans diagonaux, on peut, en effet, décomposer ce prisme en prismes triangulaires obliques, dont chacun a pour mesure de son volume le produit de sa base par la hauteur commune. Le prisme entier a donc, pour mesure de son volume, la base polygonale, somme des triangles, multipliée par cette hauteur commune à tous les prismes élémentaires.

REMARQUE. — Les quatre théorèmes ci-dessus se résument en celui-ci : *Tout prisme a pour mesure de son volume le produit de sa base par sa hauteur.*

APPLICATIONS.

Déterminer le volume d'un prisme dont la base est un triangle équilatéral, connaissant le côté A de ce triangle et la hauteur H du prisme.

Le volume de ce prisme est exprimé par le produit de la base par la hauteur. Calculons d'abord la surface de la base. Cette surface a pour valeur le produit d'un côté a multiplié par la perpendiculaire abaissée du sommet opposé. Or, cette perpendiculaire x est un côté d'un triangle rectangle qui a pour hypoténuse la longueur a et pour second côté de l'angle droit la longueur $\frac{1}{2} a$. On a donc :

$$x^2 = a^2 - \frac{1}{4} a^2 = \frac{3}{4} a^2,$$

$$x = \frac{\sqrt{3}}{2} a.$$

Faisant le produit de la base par la hauteur du triangle, et prenant la moitié du résultat, on a pour surface de la base du prisme :

$$S = \frac{\sqrt{3}}{4} a^2.$$

Il ne reste plus qu'à multiplier par la hauteur h du prisme pour avoir le volume V.

$$V = \frac{\sqrt{3}}{4} a^2 h.$$

Jaugeage d'un cours d'eau. — On nomme *débit* d'un cours d'eau le volume du liquide qui passe en une seconde par une section transversale de ce cours. Déterminer ce débit, c'est jauger le cours d'eau. — A cet effet, on tend d'une rive à l'autre, perpendiculairement au courant, un cordon MN (fig. 277) sur lequel on prend des longueurs plus ou moins rapprochées suivant l'irrégularité du lit. Ces longueurs peuvent être égales à un mètre chacune, par exemple. A chacun des points de division, on effectue un sondage et l'on mesure les verticales AC, BD, etc. On connaît ainsi les bases et les hauteurs des deux triangles terminaux et des divers trapèzes dont se compose la surface de la section. La somme de leurs surfaces représente la section. Pour avoir le volume de l'eau qui s'écoule en une seconde, il suffit de savoir maintenant la vitesse de l'eau, c'est-à-dire la longueur de la colonne liquide qui traverse la section en une seconde. Le *débit* est, en effet, égal au volume d'un prisme droit ayant pour base la surface de la section et pour hauteur la longueur de la colonne écoulée en une seconde, c'est-à-dire la vitesse. Pour avoir cette vitesse, on jette un flotteur au milieu du courant et l'on observe la distance qu'il parcourt en une seconde. Cette distance, toutefois, ne doit pas être prise pour la hauteur du prisme, car la vitesse n'est pas la même dans toute l'étendue de la section : elle est moindre au fond et sur les parois latérales du lit à cause du frottement de l'eau contre le terrain, elle est la plus grande à la surface, aux points correspondants à la plus grande profondeur. L'expérience a appris que la vitesse moyenne d'un cours d'eau est les 0,8 de la vitesse maximum à la surface. On multiplie donc par 0,8 le résultat donné par le flotteur pour obtenir la hauteur du prisme qui doit donner le débit. Si l'on représente par D ce débit, par S la surface de la section, par l la distance que parcourt le flotteur en une seconde là où la vitesse est la plus grande, on arrive ainsi à la formule suivante :

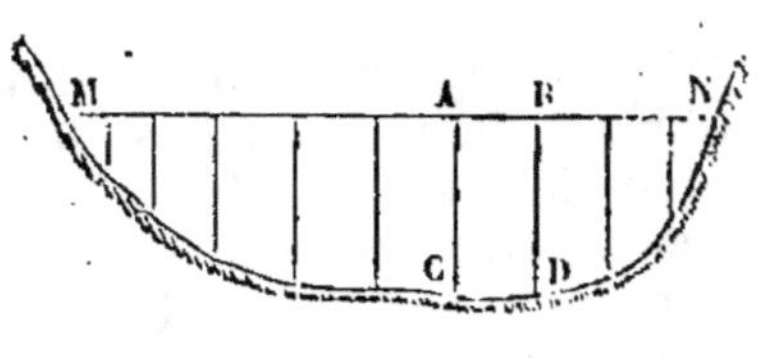

Fig. 277.

$$D = S \times 0,8l.$$

PROBLÈMES.

351. Démontrer que les sections faites dans un prisme par des plans parallèles sont des polygones égaux.

351. Calculer le volume d'un prisme régulier à base hexagonale. Le côté de l'hexagone est a et la hauteur du prisme est h.

352. Dans un prisme régulier à base triangulaire, le côté de la base et la hauteur du prisme ont même longueur. Calculer cette longueur sachant que le volume est de 1 mètre cube.

353. Quel doit être le poids d'un prisme régulier hexagonal en fonte de fer, le côté de l'hexagone étant de 1 décimètre et la hauteur du prisme de 4 mètres?

354. Les autres conditions restant les mêmes, quelle hauteur faut-il donner au prisme pour que le poids soit de 200 kilogrammes?

355. La hauteur étant de 5 mètres, quel doit être le côté de l'hexagone régulier qui lui sert de base pour que le prisme en fonte pèse 150 kilogrammes?

356. Calculer la superficie latérale d'un prisme droit dont l'arête latérale est de 15 décimètres et ayant pour base un triangle dont les côtés sont de 3 décimètres, 4 décimètres, 5 décimètres. (La superficie latérale d'un prisme est la somme des superficies des faces latérales.)

357. Le prisme étant régulier et triangulaire, et l'arête latérale étant le double du côté de la base, quel doit être ce côté pour que la superficie latérale soit de 1 mètre carré?

358. Démontrer que la superficie latérale d'un prisme oblique quelconque est égale au produit de l'arête latérale par le périmètre de la section droite. (On nomme section droite d'un prisme le polygone qui résulte de l'intersection du prisme par un plan perpendiculaire à ses arêtes latérales.)

CHAPITRE VII

Pyramide.

DÉFINITIONS. — Soit un polygone quelconque ABCDE (fig. 278). Joignons un point arbitraire S pris hors de ce plan, aux divers sommets du polygone. Le polyèdre ainsi déterminé se nomme *pyramide*. Le polygone ABCDE est la base de la pyramide ; S en est le sommet ; et les triangles ASB, BSC, CSD, etc., en sont les faces latérales. Les droites SA, SB, SC, etc., se nomment les *arêtes latérales* de la pyramide ; la perpendiculaire SO abaissée du sommet S sur le plan de la base se nomme la *hauteur*. Une pyramide est qualifiée de *triangulaire, quadrangulaire, pentagonale*, etc., suivant que sa base est un triangle, un quadrilatère, un pentagone, etc. Elle est

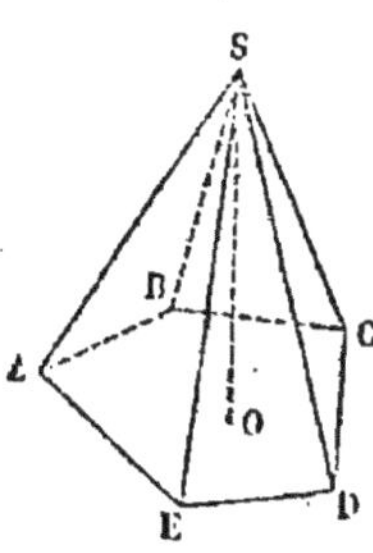

Fig. 278.

dite *régulière* si la base est un polygone régulier, et si la hauteur aboutit en outre au centre de ce polygone. La plus simple des pyramides, et le plus simple aussi des polyèdres, est ce qu'on nomme le *tétraèdre*. Ce polyèdre a quatre faces triangulaires, quatre sommets, six arêtes (fig. 279). On l'obtient en coupant un angle trièdre quelconque par un plan qui ne passe pas par le sommet.

Fig. 279.

THÉORÈME I.

Tout plan parallèle à la base d'une pyramide divise proportionnellement les arêtes et la hauteur.

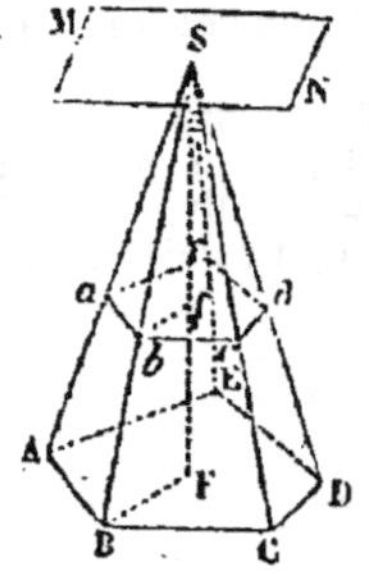

Fig. 280.

Soit la pyramide SABCDE (fig. 280). Menons un plan *abcde* parallèle à la base, et par le sommet S imaginons un troisième plan parallèle MN. Les arêtes SA, SB, SC, ainsi que la hauteur SF, sont comprises entre trois plans parallèles, et par conséquent les segments interceptés sont proportionnels (2ᵉ partie, Chap. II, Théor. VI). On a donc la suite de rapports égaux :

$$\frac{SA}{Sa} = \frac{SB}{Sb} = \frac{SC}{Sc} = \frac{SD}{Sd} = \frac{SE}{Se} = \frac{SF}{Sf}.$$

THÉORÈME II.

Toute section faite dans une pyramide par un plan parallèle à la base est un polygone semblable à cette base.

Les droites AB et *ab* (fig. 280), intersections de deux plans parallèles ABCDE et *abcde* par un troisième plan SAB, sont parallèles. Pareillement BC et *bc*, CD et *cd*, etc. sont deux à deux parallèles. Les deux polygones ont donc leurs angles égaux chacun à chacun, puisque les côtés de ces angles sont deux à deux parallèles et dirigés dans le même sens.

En second lieu, les triangles semblables SAB et S*ab*,

SBC et S*bc*, SCD et S*cd*, etc., fournissent les égalités de rapports :

$$\frac{AB}{ab} = \frac{SB}{Sb} \; ; \; \frac{SB}{Sb} = \frac{BC}{bc} = \frac{SC}{Sc} \; ; \; \frac{SC}{Sc} = \frac{CD}{cd} = \frac{SD}{Sd} \; ; \; \text{etc.}$$

D'où l'on déduit, à cause des rapports communs :

$$\frac{AB}{ab} = \frac{BC}{bc} = \frac{CD}{cd} \; ; \; \text{etc.}$$

Les côtés étant proportionnels et les angles égaux deux à deux, les polygones de la section et de la base sont semblables.

THÉORÈME III.

La surface de la base et celle de la section par un plan parallèle, sont entre elles comme les secondes puissances de leur distance au sommet.

Soit SF (fig. 280) la perpendiculaire abaissée du sommet sur la base, ou la distance de cette base au sommet. Le point de rencontre de cette perpendiculaire avec la section est en f, et la distance de la section au sommet est Sf. Menons par l'arête SB et par la hauteur SF un plan qui coupera les deux plans parallèles suivant deux droites parallèles BF et bf. — Les deux polygones étant semblables, leurs surfaces sont dans le même rapport que les secondes puissances des côtés homologues :

$$\frac{ABCDE}{abcde} = \frac{\overline{BC}^2}{\overline{bc}^2}.$$

Mais les triangles semblables SBC et S*bc* donnent :

$$\frac{BC}{bc} = \frac{SB}{Sb},$$

tandis que les triangles semblables SBF et Sbf donnent à leur tour :

$$\frac{SB}{Sb} = \frac{SF}{Sf};$$

on a donc, à cause du rapport commun :

$$\frac{BC}{bc} = \frac{SF}{Sf} \text{ ou bien } \frac{\overline{BC}^2}{\overline{bc}^2} = \frac{\overline{SF}^2}{\overline{Sf}^2}.$$

De là résulte l'égalité à laquelle il fallait arriver :

$$\frac{ABCDE}{abcde} = \frac{\overline{SF}^2}{\overline{Sf}^2}.$$

THÉORÈME IV.

Si deux pyramides ont même hauteur et des bases équiva-
lentes, les sections faites à égale distance du sommet par des
plans parallèles aux bases
sont équivalentes.

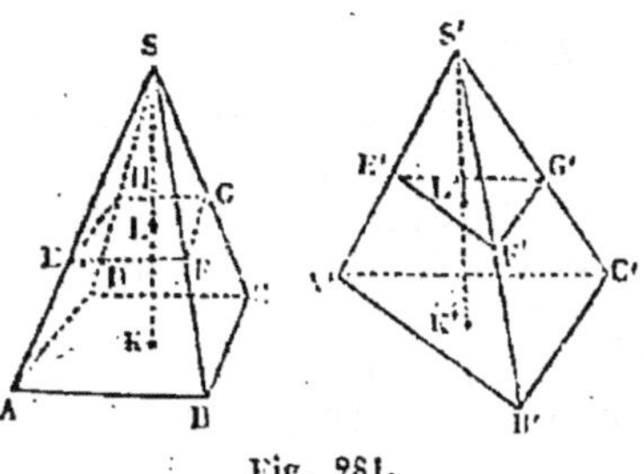

Fig. 281.

Le quadrilatère ABCD
servant de base à la pyramide S a même surface que
le triangle A'B'C' servant de
base à la pyramide S'; en
outre, la hauteur SK est
égale à la hauteur S'K' (fig.
281). Les deux sections
EFGH et E'F'G' faites à
la même distance du sommet par des plans parallèles aux
bases doivent être équivalentes. — En effet, d'après le
théorème précédent, la pyramide S donne :

$$\frac{ABCD}{EGFH} = \frac{\overline{SK}^2}{\overline{SL}^2}.$$

La pyramide S' conduit pareillement à l'égalité

$$\frac{A'B'C'}{E'F'G'} = \frac{\overline{S'K'}^2}{\overline{S'L'}^2}.$$

Mais, par supposition, les deux hauteurs SK et S'K' sont
égales; de plus, les sections sont faites à égale distance du

sommet, c'est-à-dire que SL est égal à S'L'. On a donc :

$$\frac{ABCD}{EFGH} = \frac{A'B'G'}{E'F'G'}.$$

Or, dans ces deux rapports les numérateurs sont égaux, puisque l'on suppose que les bases des deux pyramides sont équivalentes; les dénominateurs sont donc égaux :

$$EFGH = E'F'G'.$$

Deux pyramides triangulaires sont équivalentes lorsqu'elles ont des hauteurs égales et des bases équivalentes.

Divisons les hauteurs des deux pyramides S et S' (fig. 282) en un même nombre de parties égales par des plans parallèles aux bases. Les sections que nous obtiendrons à égale distance des sommets seront deux à deux équivalentes. Sur chacune de ces sections, comme base supérieure, construisons des prismes triangulaires

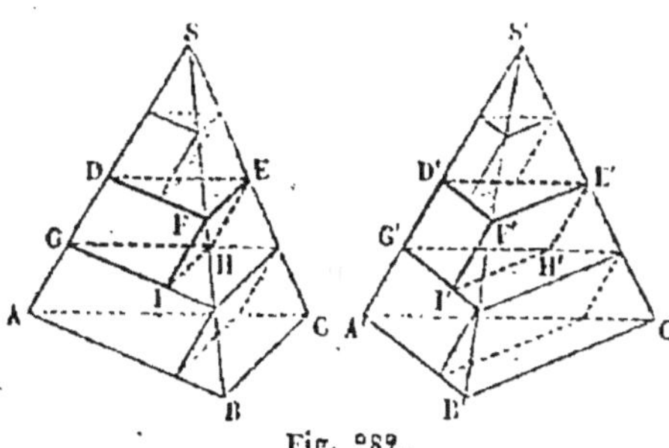

Fig. 282.

dont les arêtes latérales soient parallèles aux arêtes SA et S'A' des pyramides. Ces prismes sont deux à deux équivalents, c'est-à-dire ont même volume, car de part et d'autre ce volume s'obtient en multipliant la base, de valeur équivalente, par la hauteur, de valeur égale. Les deux séries de prismes ont donc même volume total. Or si les sections sont infiniment rapprochées, chaque série de prismes différera aussi peu que l'on voudra de la pyramide correspondante, et l'égalité des volumes se maintiendra toujours. Donc, les deux pyramides, somme des deux séries de prismes infiniment minces, ont même volume ou sont équivalentes.

THÉORÈME VI.

Le volume d'une pyramide triangulaire a pour mesure le tiers du produit de sa base par sa hauteur.

Soit la pyramide triangulaire SABC (fig. 283). Par les points A et C menons AD et CE égales et parallèles à BS,

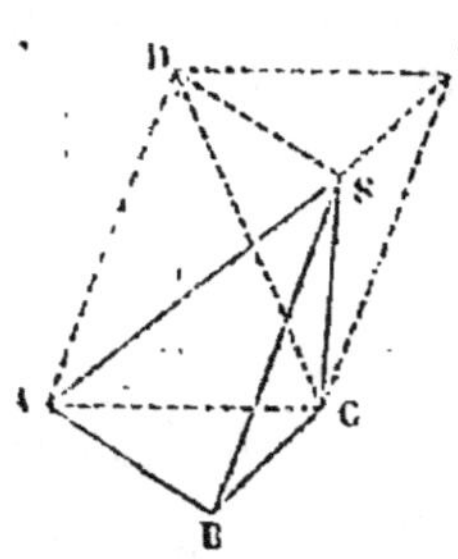

Fig. 283.

puis joignons le point S aux points E, D et menons ED. Nous obtenons ainsi un prisme triangulaire ayant même base et même hauteur que la pyramide donnée. — Si de ce prisme nous retranchons la pyramide SABC, il nous reste une pyramide quadrangulaire dont le sommet est en S et dont la base est le parallélogramme ACDE. Conduisons un plan suivant les deux arêtes SC, SD ; la pyramide quadrangulaire est ainsi partagée en deux pyramides triangulaires équivalentes, car elles ont même base, savoir, les deux triangles égaux ACD et ECD dont l'ensemble constitue le parallélogramme DEAC, et en outre elles ont même hauteur, puisque leurs sommets se trouvent au même point S. Mais la pyramide dont le sommet est en S et dont la base est DEC n'est autre que la pyramide ayant son sommet en C et pour base le triangle DSE. Avec ce changement de sommet, on voit que la pyramide donnée SABC et la pyramide CDSE sont équivalentes, car elles ont des bases égales, savoir, les triangles ABC et DSE qui servent de bases au prisme, et en outre elles ont même hauteur, savoir, la distance des deux plans parallèles ABC et DSE. Ainsi les trois pyramides triangulaires dont le prisme se compose ont toutes même volume. *La pyramide donnée SABC est donc le tiers du prisme triangulaire de même base et de même hauteur.* Or ce prisme a pour mesure de son volume le produit de la base par la hauteur ; le volume de la pyramide triangulaire a donc pour mesure le tiers du produit de la base par la hauteur.

THÉORÈME VII.

Le volume d'une pyramide quelconque a pour mesure le tiers du produit de la base par la hauteur.

Si nous menons des plans par l'arête SE et par les diagonales de la base EB, EC, nous décomposons la pyramide

Fig. 284.

S en autant de pyramides triangulaires
que la base a de côtés moins deux (fig.
284). Chacune d'elles a pour mesure le
tiers du produit du triangle qui lui sert
de base par la hauteur, commune à toutes Donc, la pyramide S, somme des
pyramides triangulaires, a pour mesure
de son volume le tiers du produit du polygone ABCDE, somme des triangles,
par la hauteur.

COROLLAIRE. — Toute pyramide est le
tiers du prisme de même base et de même hauteur.

APPLICATIONS.

*Loi de décroissement de la chaleur et de la lumière avec la
distance.* — Le Théorème III nous fournit une démonstration très-élémentaire de la loi suivant laquelle décroît
l'intensité de la chaleur et de la lumière à mesure que la
distance augmente. Soit un point A, source de lumière
ou de chaleur (fig. 285). De ce point s'élancent, dans

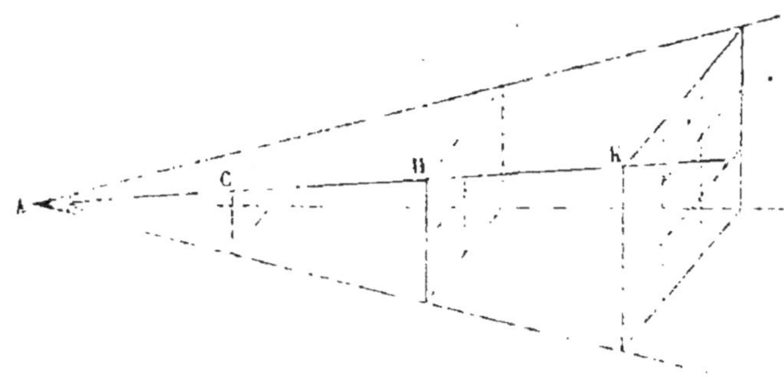

Fig. 285.

toutes les directions possibles, des rayons de lumière ou
de chaleur, représentés par des lignes droites rapprochées

jusqu'à se toucher. L'effet calorifique ou lumineux produit sur une étendue donnée résulte évidemment du nombre de rayons qui atteignent cette étendue, mais ne dépend en rien de ceux qui ne la rencontrent pas. Le polygone C, par exemple, reçoit pour sa part l'ensemble des rayons contenus dans la pyramide ayant pour sommet le point A et pour base ce même polygone. A une distance AH double de AC, il faudrait un polygone 4 fois plus grand que le premier pour recevoir tous les rayons contenus dans la pyramide, puisque les surfaces des sections parallèles sont proportionnelles à la seconde puissance de leur distance au sommet. Par conséquent, le polygone primitif C, transporté à cette distance double, ne recevrait que le quart des rayons qu'il recevait d'abord, et éprouverait ainsi en chaque point déterminé un effet calorifique ou lumineux 4 fois moindre. Pareillement, pour recevoir l'ensemble des rayons du faisceau lorsque la distance est triple, il faudrait un polygone K 9 fois plus étendu que le polygone C ; et de la sorte, le polygone primitif C, transporté seul à cette distance, éprouverait un effet calorifique ou lumineux 9 fois moindre. L'intensité de la chaleur ou de la lumière devient donc 4 fois, 9 fois, 16 fois moindre, etc., à mesure que la distance à la source est double, triple, quadruple, etc.

PROBLÈMES.

359. Démontrer que dans toute pyramide triangulaire ou tétraèdre, les trois droites qui joignent les milieux des arêtes non adjacentes se coupent mutuellement en deux parties égales.

360. Dans quel rapport sont les volumes de deux pyramides de hauteur égale ?

361. Dans quel rapport sont les volumes de deux pyramides à bases équivalentes ?

362. La plus grande des pyramides d'Égypte a une hauteur de 146 mètres. Sa base est un carré de 233 mètres de côté. Calculer son volume.

363. Quelle serait la longueur du mur de 4 mètres de hauteur et 8 décimètres de largeur que l'on pourrait bâtir avec ses matériaux ?

364. Les matériaux solides que le Gange jette annuellement à la mer sous forme de limon, représentent un volume de 180 314 100 mètres cubes. A combien de pyramides pareilles à la plus grande d'Égypte, équivaut en volume cette masse de limon ?

365. Le courant de lave le plus volumineux que l'Etna ait émis depuis

les temps historiques est celui de 1669. Son volume a été évalué à
140 000 000 de mètres cubes. Quelle serait la hauteur de la pyramide
que formerait cette lave, la base étant pareille à celle de la grande pyramide d'Egypte ?

366. Un tétraèdre a pour base un triangle équilatéral de 1 décimètre
de côté. Quelle doit être sa hauteur pour que son volume soit de 1 décimètre cube?

367. Quel serait le côté du cube équivalent à une pyramide hexagonale régulière dont la hauteur est de 8 décimètres et le côté de la base
de 2 décimètres?

368. A une distance h du sommet, on fait une section dans une pyramide de hauteur H par un plan parallèle à la base. Quel est le rapport
des volumes de la petite pyramide ainsi détachée et de la pyramide
totale ?

369. On nomme tétraèdre régulier celui dont les quatre faces sont
des triangles équilatéraux. Déterminer le volume d'un tétraèdre régulier dont l'arête a pour longueur l.

370. Dans quel rapport doivent être les arêtes d'un cube et d'un
tétraèdre régulier pour que les deux volumes soient égaux ?

371. Le poids d'un tétraèdre régulier en platine est de 280 grammes.
Déterminer l'arête du tétraèdre.

CHAPITRE VIII

Pyramide et prisme tronqués.

DÉFINITIONS. — On nomme *pyramide tronquée* ou *tronc
de pyramide* le polyèdre qui reste après
avoir retranché, par une section parallèle à la base, la partie supérieure d'une pyramide quelconque.
Tel est le polyèdre ABCDE *abcde* (fig.
286). La section ayant lieu par un plan
parallèle à la base, le polygone *abcde*
est semblable au polygone ABCDE.
Ces deux polygones semblables sont
les bases du tronc de pyramide. La
perpendiculaire *a*H , abaissée d'un
point quelconque de la base supérieure
sur la base inférieure, est la *hauteur*
du tronc de pyramide.

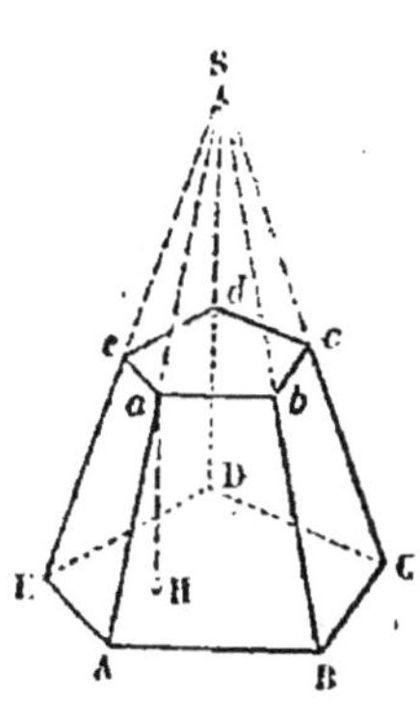

Fig. 286.

THÉORÈME 1.

Le volume du tronc de pyramide à bases parallèles et

11.

triangulaires est égal à la somme des volumes de trois pyra-mides ayant toutes pour hauteur la hauteur du tronc et pour base l'une la base inférieure du tronc, la seconde la base su-périeure, la troisième une moyenne proportionnelle entre ces deux bases.

Soit le tronc de pyramide à bases parallèles et trian-gulaires ABCDEF (fig. 287). Par les trois points AEC me-nons un plan. Nous détachons ainsi du tronc une pyramide triangulaire dont le sommet est en E et dont la base est ABC. Cette première pyra-mide a pour hauteur la hauteur du tronc et pour base la base inférieure du tronc ABC.

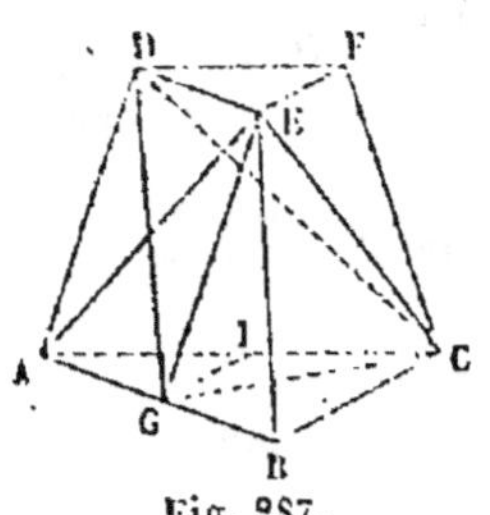

Fig. 287.

Cette pyramide triangulaire enle-vée, il reste une pyramide quadran-gulaire dont le sommet est en E et dont la base est ACFD. Conduisons un plan suivant les trois points CDE. Nous détacherons ainsi la pyramide CDEF, qui a pour base la base supérieure DEF du tronc et pour hauteur la hauteur même du tronc, puisque le sommet de cette pyramide élémentaire est en C.

Il ne reste plus ainsi que la pyramide triangulaire dont le sommet est en E et dont la base est ADC. Par le point E menons EG parallèle à l'arête DA et joignons le point G aux points D et C. Nous obtiendrons ainsi la pyramide dont le sommet est en G et dont la base est ADC. Cette pyramide a même volume que la précédente EADC, car elle a même base ADC et même hauteur puisque son som-met et celui de EADC se trouvent sur EG parallèle à DA et par suite parallèle au plan de la base. Nous pouvons donc remplacer la première par la seconde.

Mais la pyramide dont le sommet est en G et dont la base est ADC n'est autre que la pyramide dont le sommet est en D et dont la base est AGC. Par ce changement de sommet, on voit que la troisième pyramide, intervenant dans le volume du tronc, a pour hauteur la hauteur même du tronc. Il ne reste plus qu'à évaluer la base AGC. A cet effet, menons GI parallèle à BC. Le triangle AGI est égal à la base supérieure, car AG = DE comme parallèles com-prises entre parallèles, et les angles adjacents sont égaux deux à deux parce qu'ils ont leurs côtés parallèles et dirigés dans le même sens. — Or les deux triangles AGI et AGC, dont le sommet commun est en G, ont même hauteur; leurs surfaces sont donc entre elles comme les bases AI et AC.

$$\frac{AGI}{AGC} = \frac{AI}{AC}.$$

Pareillement, les deux triangles ACG et ACB, dont le sommet commun est en C, ont même hauteur et par conséquent leurs surfaces sont entre elles comme les bases :

$$\frac{ACG}{ACB} = \frac{AG}{AB}.$$

Mais à cause du parallélisme de GI et de BC, on a l'égalité :

$$\frac{AI}{AC} = \frac{AG}{AB}.$$

Donc :

$$\frac{AGI}{AGC} = \frac{AGC}{ACB}$$

ou, en d'autres termes :

$$\overline{AGC}^2 = AGI \times ACB.$$

ou bien :

$$\overline{AGC}^2 = DEF \times ACB.$$

La base AGC de la troisième pyramide est donc la racine carrée du produit des deux bases DEF et ACB, c'est-à-dire est moyenne proportionnelle entre ces deux bases.

THÉORÈME II.

Tout tronc de pyramide à bases parallèles a pour volume la somme de trois pyramides ayant toutes les trois pour hauteur la hauteur même du tronc, et pour base l'une, la base inférieure du tronc, la seconde la base inférieure, la troisième une moyenne proportionnelle entre ces deux bases.

Soit maintenant un tronc de pyramide ABCDEFGH ayant pour base inférieure un polygone quelconque (fig. 288). Sur le plan de cette base construisons un triangle A'B'C' équivalent au polygone ABCD et sur cette base dressons une pyramide quelconque S' ayant même hauteur que la pyramide totale S. Enfin prolongeons le plan de la section EFGH, ce qui déterminera sur la seconde pyramide une section E'F'G' ayant même superficie que EFGH (Chap. VII, Théor. IV). Les deux pyramides totales ont même volume, car elles ont même hauteur et des bases équivalentes ; les deux petites pyramides sont pareillement équivalentes. Donc les deux troncs ont même volume. Or le volume du second est donné par le théorème qui précède ; le volume du premier a donc même expression en remplaçant les bases triangulaires A'B'C' et E'F'G' par les bases polygonales équivalentes ABCD et EFGH.

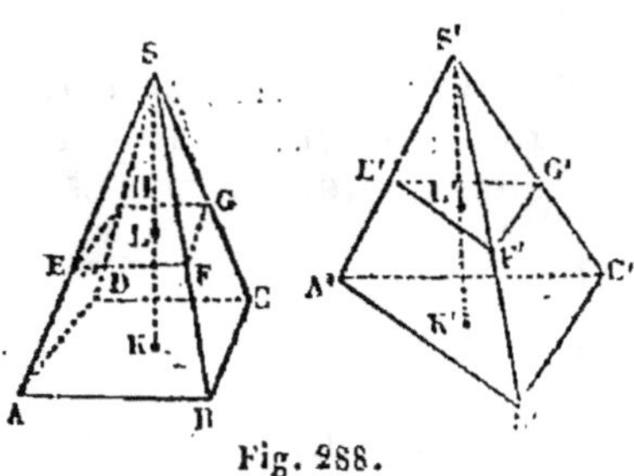

Fig. 288.

FORMULE GÉNÉRALE. — Désignons par H la hauteur d'un tronc de pyramide quelconque à bases parallèles, par B et b les surfaces des deux bases. Les trois pyramides élémentaires dont le tronc se compose auront respectivement pour volume :

$$\frac{H}{3} \times B, \quad \frac{H}{3} \times b, \quad \frac{H}{3} \times \sqrt{Bb}.$$

Faisons la somme de ces trois produits, en mettant $\frac{H}{3}$ en facteur commun, et nous aurons l'expression du volume V d'un tronc de pyramide quelconque à bases parallèles :

$$V = \frac{H}{3}\left(B + b + \sqrt{Bb}\right).$$

DÉFINITION. — Le *prisme tronqué* ou *tronc de prisme* est le polyèdre qui reste quand on détache une partie d'un prisme par une section non parallèle à la base. Tel est le

polyèdre ABCDEFGH, la face EFGH n'étant pas parallèle
à la base ABCD (fig. 289).

THÉORÈME III.

*Le volume d'un tronc de prisme triangulaire est égal à la
somme de trois pyramides ayant toutes les trois pour base la
base même du tronc de prisme, et pour sommets respectifs les
trois sommets de la face opposée.*

Soit le tronc de prisme triangulaire ABCDEF (fig. 290).

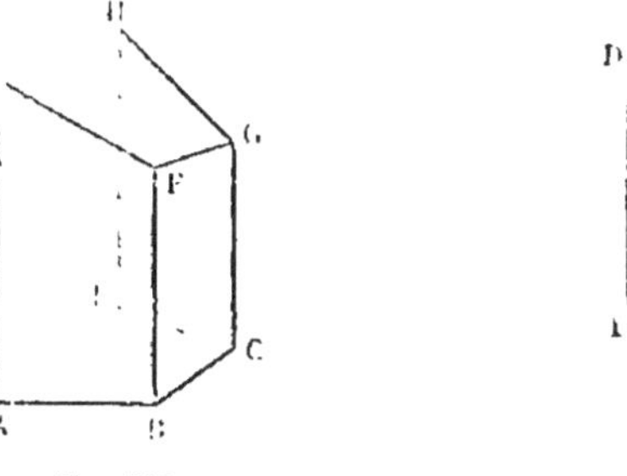

Fig. 289. Fig. 290.

Conduisons un plan suivant les trois points AEC. Nous
détachons ainsi une pyramide triangulaire dont la base
est ABC, base du prisme, et dont le sommet est en E.
C'est l'une des trois pyramides annoncées dans la proposition.

Il reste encore la pyramide quadrangulaire dont le
sommet est en E et dont la base est ACDF. Conduisons
un plan suivant les trois points AEF et nous décomposerons la pyramide quadrangulaire en deux pyramides
triangulaires ayant pour sommet commun E, et pour
bases les deux triangles AFD, AFC. Considérons en particulier celle dont la base est AFC. Nous pouvons, sans
changer son volume, transporter son sommet en B, situé
sur BE parallèle à CF et par suite à la base. Mais la pyramide équivalente BACF n'est autre, par un changement
de sommet, que la pyramide FABC, ayant pour base la
base du prisme et pour sommet le sommet F. Telle est la
seconde des pyramides annoncées.

Il ne reste plus que la pyramide qui, ayant son sommet

en E, a pour base le triangle ADF. Si nous transportons le sommet en B, sur EB parallèle à la base, cette pyramide deviendra BADF sans changer de volume. Mais BADF est la même pyramide que FBAD. Déplaçons une seconde fois le sommet et portons-le en C sur FC parallèle à la base, ce qui ne modifie pas le volume. On a de la sorte la pyramide CBAD, ou bien DABC. Sous cette forme, on voit que la troisième pyramide a pour base ABC, base du tronc de prisme, et pour sommet le troisième sommet D de la face opposée.

Corollaire. — Si les trois arêtes DA, EB, FC étaient perpendiculaires au plan de la base, les hauteurs des trois pyramides seraient ces mêmes arêtes, et alors le volume de tronc de prisme aurait pour expression *le tiers du produit de la base par la somme des arêtes.*

Si, en outre, les arêtes sont égales, le volume se réduit au produit de la base par la hauteur ou l'arête, et l'on retombe ainsi sur l'expression du volume du prisme triangulaire droit.

THÉORÈME IV.

Le volume d'un tronc de prisme triangulaire est égal au tiers du produit de la section droite par la somme des arêtes.

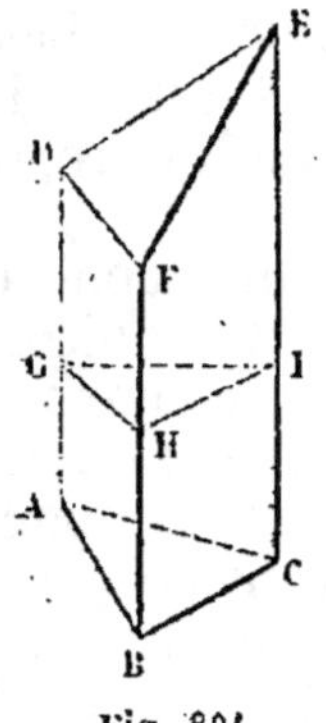

Fig. 291.

La *section droite* d'un prisme est la section que l'on obtient par un plan perpendiculaire aux arêtes latérales. — Soit le tronc de prisme triangulaire ABCDEF, dont la section droite est GHI (fig. 291). D'après le corollaire précédent, le volume du tronc de prisme GHIDFE a pour expression :

$$\frac{1}{3} GHI \times (EI + FH + DG).$$

De même, le volume du tronc de prisme GHIABC a pour expression :

$$\frac{1}{3} GHI \times (CI + BH + AG).$$

Le volume du tronc de prisme ABCDEF a donc pour valeur la somme des deux expressions précédentes, somme qui revient à :

$$\frac{1}{3} GHI \times (EC + FB + DA).$$

APPLICATIONS.

Un polyèdre qui revient assez fréquemment dans les applications est celui qui a pour bases deux rectangles inégaux et parallèles, et pour faces latérales quatre trapèzes égaux deux à deux. Tel est le polyèdre de la figure 292. Les faces ABCD et A'B'C'D' sont des rectangles inégaux, mais dont les plans sont parallèles ; les faces ABA'B' et DCD'C' sont des trapèzes égaux : les faces DAD'A' et BCB'C' sont encore des trapèzes égaux ; en outre, les quatre arêtes latérales AA', BB'. CC', DD' sont égales. On trouve cette forme dans les tas de pierres concassées disposées le long des routes pour leur entretien, dans la caisse d'un tombereau, dans l'auge du maçon, dans le pétrin

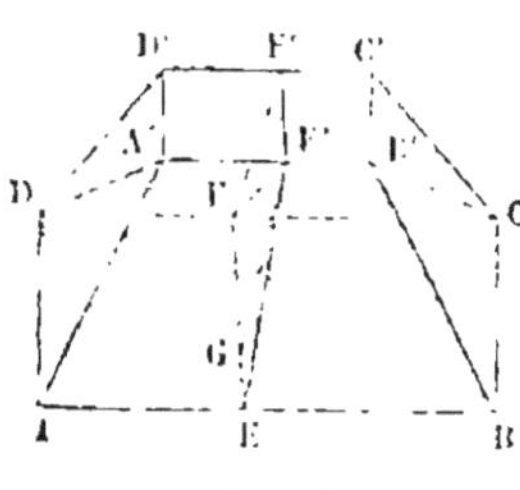

Fig. 292.

du boulanger, etc. Proposons nous d'évaluer un pareil volume. — Menons un plan perpendiculaire aux quatre arêtes parallèles AB, DC. A'B', D'C'. Nous obtenons ainsi la section droite FEF'E', dans laquelle FE = DA et F'E' = D'A'. Enfin, par les deux arêtes opposées A'B' et DC, menons un plan qui divise le polyèdre en deux troncs de prisme triangulaire. Pour abréger, représentons par L les arêtes égales AB et DC, par L' les arêtes égales AD et BC, par l les arêtes égales A'B' et D'C', par l' les arêtes égales A'D' et B'C'. Avec cette notation, FE vaut L' et F'E' vaut l'. Appelons H la hauteur du polyèdre, c'est-à-dire la perpendiculaire E'G abaissée d'un point de la base supérieure sur la base inférieure..

La section droite du tronc de prisme ADA'BCB' est le triangle E'FE dont la base vaut L' et la hauteur H. Sa surface est exprimée par $\frac{1}{2}$HL'. Le volume v du tronc de prisme est donc :

$$v = \frac{1}{3} \frac{HL'}{2} (AB + DC + A'B'),$$

ou bien :

$$v = \frac{HL'}{6} (2L + l).$$

La section droite du tronc de prisme DA'D'CB'C' est le triangle FE'F' dont la base est F'E' = l et la hauteur H, et dont la surface a par conséquent pour expression $\frac{1}{2}$Hl. Le volume v' du tronc de prisme est donc :

$$v' = \frac{1}{3} \frac{Hl'}{2} (DC + A'B' + D'C'),$$

ou bien :

$$v' = \frac{Hl'}{6} (L + 2l).$$

Le volume total du polyèdre est ainsi :

$$V = \frac{HL'}{6} (2L + l) + \frac{Hl'}{6} (L + 2l),$$

ou bien, en mettant $\frac{H}{6}$ en facteur commun :

$$V = \frac{H}{6} [L'(2L + l) + l'(2l + L)].$$

Cette formule peut ainsi se traduire : *à 2 fois la longueur de la base inférieure on ajoute la longueur de la base supérieure, et l'on multiplie la somme par la largeur de la base inférieure ; à 2 fois la longueur de la base supérieure on ajoute la longueur de la base inférieure, et l'on multiplie la somme par la largeur de la base supérieure. On additionne les deux résultats et l'on multiplie la somme par le sixième de la hauteur.*

PROBLÈMES.

372. Calculer le volume d'un tronc de prisme dont la section droite est un triangle équilatéral de 1 décimètre de côté et dont les arêtes ont pour longueur $1^m,5$ $1^m,7$ $1^m,9$.

373. Un tronc de pyramide a pour base inférieure un carré de $1^m,6$ de côté, et pour base supérieure un carré de $0^m,9$ de côté. La hauteur du tronc est de $2^m,7$. Calculer son volume.

374. L'obélisque de Luxor est en granit, dont le poids spécifique est 2,7. Sa forme est celle d'un tronc de pyramide très-allongé, à bases carrées, et surmonté d'une petite pyramide. La base inférieure a $2^m,42$ de côté ; la base supérieure $1^m,54$; et la hauteur du tronc est de $21^k,60$. En outre, la petite pyramide terminale a $1^m,20$ de hauteur. Calculer le poids du monolithe.

375. Quel serait le côté d'un cube ayant même volume que l'obélisque ?

376. Un cantonnier a disposé des pierres concassées pour l'entretien d'une route en un tas dont les dimensions sont : longueur et largeur de la base inférieure $7^m,8$ et 2,3 ; longueur et largeur de la base supérieure $6^m,7$ et $1^m,5$; hauteur $1^m,2$. Quel est le volume du tas ?

377. Les dimensions de la caisse d'un tombereau sont : longueur et largeur de la base supérieure 3^m et $1^m,4$; longueur et largeur de la base inférieure $2^m,4$ et 1^m ; hauteur $1^m,2$. En combien de charges ce tombereau peut-il transporter les déblais d'un fossé que l'on veut creuser à $1^m,5$ de profondeur sur une longueur de 50^m et une largeur de $1^m,7$?

378. Une pyramide de 16 mètres carrés de base et de 5 mètres de hauteur est tronquée à $1^m,3$ du sommet par un plan parallèle à la base. Calculer le volume du tronc.

379. Les gros poids en fonte de fer ont la forme d'un tronc de pyramide à bases rectangulaires. Si les deux dimensions de la base inférieure dont $0^m,25$ et $0^m,15$, et les deux dimensions de la base supérieure $0^m,2$ et $0^m,1$, quelle doit être la hauteur du tronc pour un poids de 50 kilogrammes ?

CHAPITRE IX

Polyèdres réguliers. — Similitude des polyèdres.

Définitions. — On nomme *polyèdres* réguliers ceux dont toutes les faces sont des polygones réguliers égaux. Toutes leurs arêtes sont égales, tous leurs angles plans sont égaux, ainsi que leurs angles dièdres et leurs angles polyèdres.

THÉORÈME I.

Il n'y a que cinq polyèdres réguliers, trois formés par des triangles équilatéraux, un par des carrés, un par des pentagones réguliers.

Un angle polyèdre comprend au moins trois angles plans; et, si nombreux qu'ils soient, les angles plans d'un polyèdre ont toujours pour somme une valeur moindre que 360° ou quatre angles droits (Chap. IV, Théor. II). Ces conditions rappelées, examinons quels sont les polygones réguliers qui peuvent, par leur assemblage, constituer un polyèdre régulier.

Soit d'abord le triangle équilatéral, dont l'angle vaut 60°. Trois triangles équilatéraux assemblés en un angle trièdre donnent pour somme des angles plans 3 × 60° ou 180°, valeur admissible puisqu'elle est moindre que 360°. Le polyèdre régulier correspondant est le *tétraèdre régu-*

Fig. 293.   Fig. 294.   Fig. 295.   Fig. 296.   Fig. 297.

lier (fig. 293) dont les quatre faces sont des triangles équilatéraux, et les quatre angles des trièdres.

Quatre triangles équilatéraux assemblés autour d'un sommet commun donnent pour somme des angles plans 4 × 60°, valeur admissible puisqu'elle est moindre que 360°. Le polyèdre régulier correspondant est l'*octaèdre régulier* (fig. 294) dont les huit faces sont des triangles équilatéraux, et dont les six angles ont quatre faces.

Cinq triangles équilatéraux assemblés autour d'un sommet commun donnent pour somme des angles plans 5 × 60° ou 300°, valeur encore admissible. Le polyèdre régulier correspondant est l'*icosaèdre régulier* (fig. 295) ayant pour faces vingt triangles équilatéraux, et cinq angles plans à chacun de ses sommets.

L'assemblage de six triangles équilatéraux donnerait pour somme $6 \times 60°$ ou $360°$, valeur inadmissible, puisque cette somme doit être moindre que quatre angles droits. A plus forte raison, on doit écarter les assemblages de 7, 8, 9, etc., triangles équilatéraux. Ainsi le triangle équilatéral ne peut entrer que dans la formation de trois polyèdres réguliers, dont les angles ont respectivement 3, 4 et 5 faces.

Examinons maintenant le carré. Trois carrés assemblés autour d'un même sommet donnent pour somme des angles plans $3 \times 90°$ ou $270°$, valeur admissible. Le polyèdre régulier correspondant est l'*héxaèdre régulier ou cube*, dont les six faces sont des carrés assemblés trois par trois autour de chaque sommet (fig. 296).

Mais on ne peut assembler plus de trois carrés, car l'assemblage de 4 donnerait pour somme des angles plans $4 \times 90°$ ou $360°$. Il n'y a donc qu'un polyèdre régulier dont les faces soient des carrés.

L'angle du pentagone régulier est de $108°$. Trois pentagones assemblés autour d'un sommet commun donnent pour somme des angles plans $3 \times 108° = 324$, valeur admissible. Le polyèdre régulier correspondant est le *dodécaèdre régulier* formé de douze pentagones réguliers assemblés trois par trois autour d'un même sommet (fig. 297).

Les assemblages de quatre pentagones et au delà ne sont pas admissibles, car la somme des angles plans dépasserait $360°$.

Ne sont pas admissibles pareillement les assemblages par 3 et au delà de l'hexagone régulier et des polygones supérieurs, dont l'angle est plus grand ; car l'angle de l'hexagone $120°$ multiplié par 3 donne $360°$. Au-dessus du pentagone, il n'y a donc aucun polygone régulier qui puisse entrer dans la formation d'un polyèdre régulier.

DÉFINITION. — On nomme *polyèdres semblables* deux polyèdres dont les faces sont semblables chacune à chacune et disposées de la même manière, et dont les angles solides sont égaux chacun à chacun.

Les faces étant semblables chacune à chacune, il y a un rapport constant entre les arêtes homologues d'un couple de faces. De plus, ce rapport constant s'étend à toutes les arêtes des deux polyèdres, car on passe d'un couple de faces au couple adjacent au moyen d'une arête commune qui établit l'égalité de rapport. Donc, dans deux polyèdres semblables les arêtes homologues sont dans un rapport constant. Pareille chose doit se dire de toutes les lignes homologues, diagonales, hauteurs, etc., appartenant aux deux polyèdres semblables.

THÉORÈME II.

Si l'on coupe une pyramide par un plan parallèle à la base, on détermine une nouvelle pyramide semblable à la première.

La pyramide S*abcd* provenant de la pyramide SABCD tronquée par un plan parallèle à la base est semblable à cette dernière (fig. 298). En effet, à cause du parallélisme de DC et *dc*, CB et *cb*, etc., les faces SDC et S*dc*, SBC et S*bc*, ABCD et *abcd*, sont semblables chacune à chacune. De plus, l'angle trièdre C est égal à l'angle trièdre *c*, puisque les angles plans sont égaux deux à deux et disposés de la même manière. Ainsi de suite pour les autres angles trièdres. Quant à l'angle polyèdre S, il est commun aux deux pyramides. Ainsi les deux pyramides ont leurs faces semblables deux à deux et disposées de la même manière; leurs angles solides égaux deux à deux.

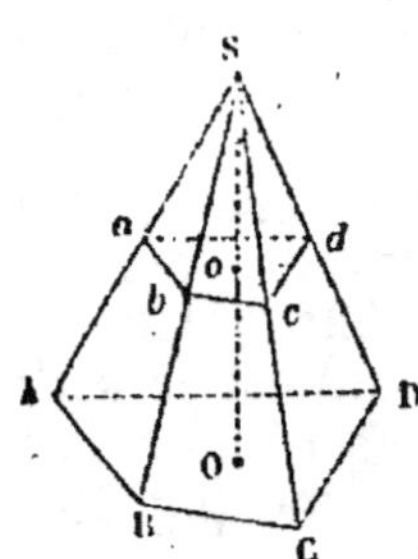

Fig. 298.

Elles sont donc semblables d'après la définition donnée.

THÉORÈME III.

Deux tétraèdres sont semblables lorsqu'ils ont un angle dièdre égal compris entre deux faces semblables disposées de la même manière.

L'angle dièdre S'B' (fig. 299) est égal à l'angle dièdre SB; la face de gauche S'B'C' est semblable à la face de gauche SBC; la face de droite S'A'B' est semblable à la face de droite SAB; dans ces conditions, les deux tétraèdres sont semblables. — Si l'on transporte, en effet, le dièdre S'B' sur son égal SB de manière que le sommet B' coïncide avec B, S'C' s'appliquera sur le plan SBC suivant une direction *sc* parallèle à SC à cause de la similitude

des deux faces. Pareillement S'A' s'appliquera sur la face
SBA suivant une direction *sa* parallèle à SA. Le plan *sac*
est donc parallèle au plan SAC et le tétraèdre B*sac* peut être
regardé comme détaché de la pyramide BSAC par un plan

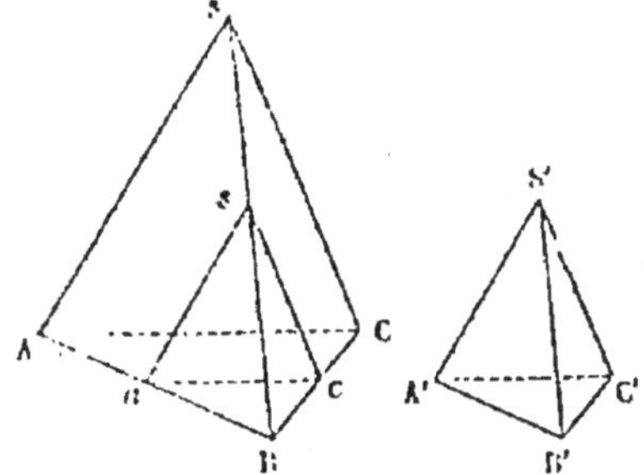

Fig. 299.

parallèle à la base. Donc, d'après le théorème précédent,
les deux tétraèdres S et S' sont semblables.

THÉORÈME IV.

*Deux polyèdres semblables peuvent être décomposés en un
même nombre de tétraèdres semblables disposés de la même
manière.*

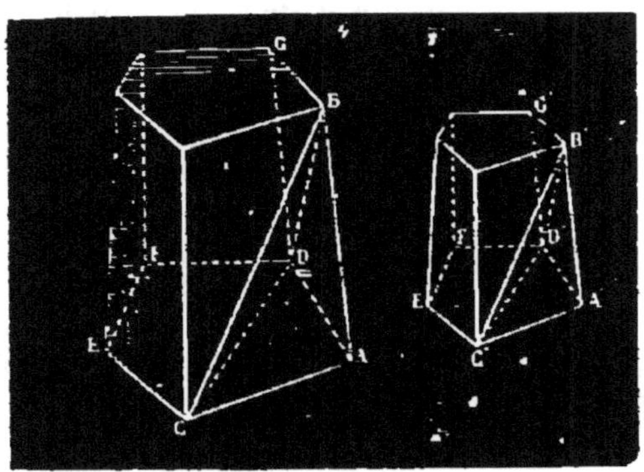

Fig. 300.

Soient les deux polyèdres semblables de la figure 300.
Conduisons un plan suivant les trois points BCD dans l'un

des polyèdres et B'C'D' dans l'autre. Les deux pyramides triangulaires ou les deux tétraèdres BACD et B'A'C'D' sont semblables. En effet, les angles dièdres BA et B'A' sont égaux comme dièdres homologues de deux polyèdres semblables ; les faces CBA et C'B'A' sont semblables comme triangles homologues de deux faces semblables ; il en est de même des faces ADB et A'D'B'. Les deux tétraèdres sont donc semblables, d'après le théorème qui précède. En continuant ainsi la décomposition des deux polyèdres en tétraèdres, on démontrerait de la même manière la similitude de ces derniers deux à deux, car les polyèdres restant après l'enlèvement de chaque couple de tétraèdres seraient toujours semblables.

THÉORÈME V.

Les volumes de deux pyramides semblables sont entre eux comme les troisièmes puissances des arêtes homologues.

Considérons les deux pyramides semblables SABCD et Sabcd (fig. 301). Le volume V de la première est exprimé par

$$V = \frac{1}{3}\,SO \times ABCD;$$

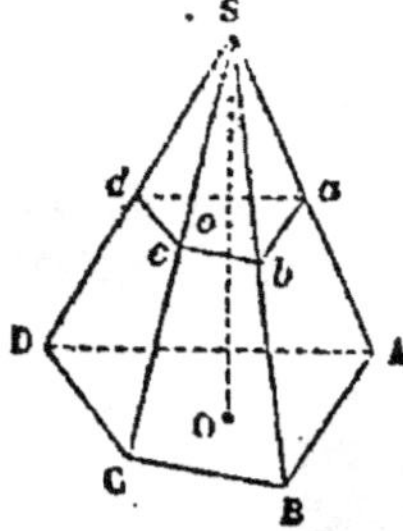

Fig. 301.

le volume V' de la seconde a pour valeur :

$$V' = \frac{1}{3}\,So \times abcd,$$

d'où :

$$\frac{V}{V'} = \frac{SO \times ABCD}{So \times abcd} = \frac{SO}{So} \times \frac{ABCD}{abcd}.$$

Mais, les deux polygones ABCD et abcd étant semblables, leurs surfaces sont dans le même rapport que les secondes puissances des côtés homologues, AB et ab par exemple. On a donc :

$$\frac{ABCD}{abcd} = \frac{\overline{AB}^2}{\overline{ab}^2}.$$

Si, d'autre part, on menait AO et ao, les deux triangles semblables SAO et Sao fourniraient l'égalité :

$$\frac{SO}{So} = \frac{SA}{Sa},$$

tandis que les deux triangles semblables SAB et Sob donnent :

$$\frac{SA}{Sa} = \frac{AB}{ab};$$

d'où il résulte :

$$\frac{SO}{So} = \frac{AB}{ab}.$$

Le rapport des volumes des deux pyramides semblables devient ainsi :

$$\frac{V}{V'} = \frac{AB}{ab} \times \frac{\overline{AB}^2}{\overline{ab}^2} = \frac{\overline{AB}^3}{\overline{ab}^3}.$$

THÉORÈME VI.

Les volumes de deux polyèdres quelconques semblables sont entre eux comme les troisièmes puissances des arêtes homologues.

Désignons par T, T', T'', T''', etc., et par t, t', t'', t''', etc., les divers tétraèdres semblables deux à deux en lesquels peuvent se décomposer les deux polyèdres semblables. Désignons enfin par A, A', A'', A''', etc., et par a, a', a'', a''', etc., les arêtes homologues dans chaque couple de tétraèdres. On aura, d'après le précédent théorème :

$$\frac{T}{t} = \frac{A^3}{a^3}, \quad \frac{T'}{t'} = \frac{A'^3}{a'^3}, \quad \frac{T''}{t''} = \frac{A''^3}{a''^3}, \quad \frac{T'''}{t'''} = \frac{A'''^3}{a'''^3}, \quad \text{etc.}$$

Mais dans deux polyèdres semblables, le rapport est constant entre toutes les arêtes ou lignes homologues. Les seconds membres des égalités qui précèdent ont donc même valeur, ce qui conduit à :

$$\frac{T}{t} = \frac{T'}{t'} = \frac{T''}{t''} = \frac{T'''}{t'''}, \text{ etc.,}$$

et par suite à :

$$\frac{T + T' + T'' + T''' + \text{etc.}}{t + t' + t'' + t''' + \text{etc.}} = \frac{T}{t} = \frac{A^3}{a^3}.$$

Mais le numérateur du premier membre est le volume V du premier polyèdre, tandis que le dénominateur est le volume V' du second polyèdre. On a donc finalement :

$$\frac{V}{V'} = \frac{A^3}{a^3}.$$

___

APPLICATIONS.

Diverses substances prennent, en cristallisant, la forme de polyèdres réguliers. Ainsi, l'alun cristallise en octaèdres réguliers, le sel marin en cubes, le sulfure de fer en dodécaèdres réguliers.

PROBLÈME I.

On veut construire un polyèdre P semblable à un polyèdre p et tel que son volume soit le double de celui du second. Quelle doit être la longueur x d'une arête du premier polyèdre homologue de l'arête a du second ? — Les volumes des deux polyèdres étant désignés par P et p, on doit avoir :

$$\frac{P}{p} = \frac{2}{1},$$

mais les volumes sont proportionnels aux troisièmes puissances des arêtes homologues :

$$\frac{P}{p} = \frac{x^3}{a^3};$$

on a donc :

$$\frac{x^3}{a^3} = \frac{2}{1}, \quad x = a\sqrt[3]{2}$$

L'arête cherchée est donc égale à son homologue l'arête connue, multipliée par la racine cubique de 2.

PROBLÈME II.

Si l'on double, triple, etc., toutes les arêtes d'un polyèdre, que devient le volume ?

Il devient 8 fois, 27 fois plus grand, etc., car 8 est la troisième puissance de 2, 27 est la troisième puissance de 3, etc., et le volume croît proportionnellement à la troisième puissance des arêtes homologues.

Problèmes sur l'ensemble des polyèdres.

380. Déterminer le volume de l'octaèdre régulier dont l'arête mesure 1 centimètre.

381. Un octaèdre régulier en argent pèse 100 grammes. Calculer la longueur de son arête.

382. Par chaque sommet d'un tétraèdre on mène un plan parallèle à la face opposée, et l'on forme ainsi un nouveau tétraèdre. On demande le rapport des volumes des deux tétraèdres.

383. Il faudrait superposer 10 000 feuilles d'or, telles qu'on les obtient à l'usage des doreurs, pour faire l'épaisseur d'un millimètre. Quelle surface peut on recouvrir avec 10 grammes d'or réduit en feuilles de ce genre ?

384. On établit en plaine, pour une voie ferrée, un remblai ayant 6 mètres de hauteur, 8 mètres de largeur au sommet et 24 mètres de largeur à la base. Combien, par kilomètre de longueur, ce remblai exige-t-il de terre rapportée ?

385. On coupe une pyramide de hauteur h par un plan parallèle à la base. A quelle distance du sommet la section doit-elle être faite pour que la petite pyramide ait la moitié du volume de la grande ?

386. Un bassin en cuvette, c'est-à-dire dont les quatre faces latérales sont en talus, a $4^m,5$ de profondeur. Sa base inférieure est un rectangle dont les dimensions sont $10^m.8$ et $6^m,4$; sa base supérieure est un rectangle dont les dimensions sont $16^m,7$ et $9^m,2$. Combien de temps mettra, pour remplir ce bassin, une source qui donne 12 litres d'eau par seconde ?

387. Les coulées basaltiques des anciens volcans sont naturellement divisées en prismes droits. L'un de ces prismes a pour base un hexagone régulier de 4 décimètres de côté ; sa hauteur est de $4^m,2$. On de-

dans cette région une étendue de terrain équivalant à un carré de
1 kilomètre de côté?

403. Démontrer que le volume d'un prisme triangulaire est égal à la
moitié du produit d'une face latérale quelconque par la distance de
cette face à l'arête opposée.

404. Démontrer que les droites qui joignent chaque sommet d'un
tétraèdre au point de rencontre des médianes de la face opposée, se
coupent au même point situé au 1/4 de ces droites à partir des bases.

CHAPITRE X

Cylindre. — Cône.

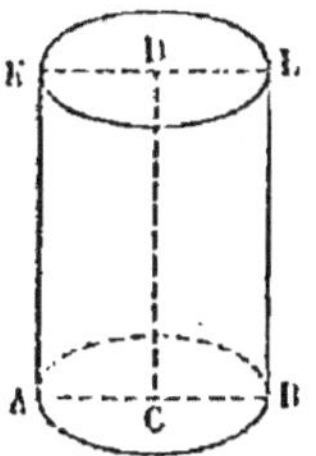

Fig. 302.

DÉFINITIONS. — Les trois *corps ronds* de la géométrie
élémentaire sont le *cylindre*, le *cône* et la
sphère. On nomme *cylindre droit à base circulaire* la figure engendrée par un rectangle
DCBL (fig. 302) qui tourne autour du côté
immobile DC. LB est l'*arête* ou la *génératrice* du cylindre; DC est l'*axe* ou la *hauteur;*
les cercles parallèles ayant DL et CB pour
rayons, sont les *bases* du cylindre.

On nomme *surface développable* toute surface qui peut être déroulée sur un plan sans
déchirures ni replis.

THÉORÈME I.

Le cylindre est une surface développable.
Considérons le prisme droit ABCDE A'B'C'D'E' (fig. 303).

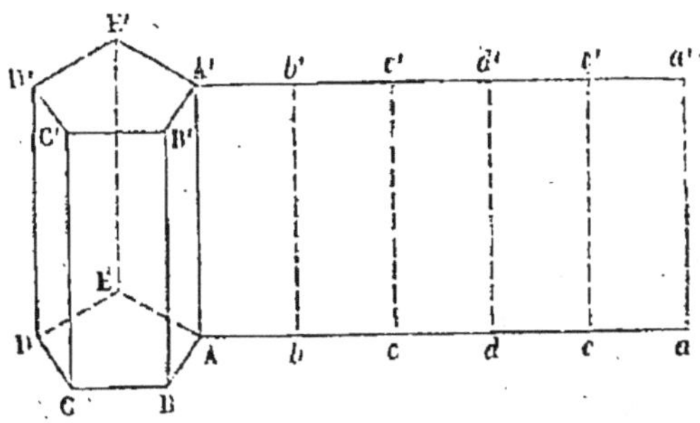

Fig. 303.

Fendons-le suivant l'arête AA' et déroulons sa surface sur

un même plan. Les divers côtés de la base AB, BC, CD, DE, etc., se disposeront à la file l'un de l'autre en ligne droite, puisque chaque couple d'angles adjacents, CBB' et ABB' par exemple, vaut deux angles droits ; et la droite totale ainsi obtenue, A*bcda*, sera égale au périmètre de la base. Le polygone supérieur donnera une droite pareille, et la surface latérale du cylindre deviendra le rectangle AA'*aa*', dont la longueur A*a* est égale au périmètre de la base du prisme et dont la hauteur AA' n'est autre chose que l'arête du prisme.

Soit maintenant un cylindre droit à bases circulaires (fig. 304). Inscrivons dans le cercle de sa base un polygone

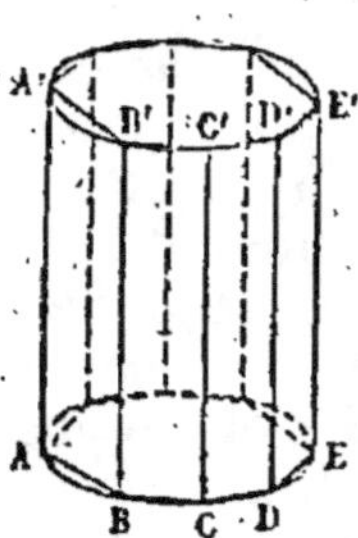
Fig. 304.

régulier d'un très-grand nombre de côtés, et par les points de division menons des génératrices parallèles. Le prisme droit que nous obtiendrons en conduisant des plans par chaque couple de parallèles voisines, différera aussi peu que l'on voudra du cylindre, si les points de division de la base sont suffisamment rapprochés ; en d'autres termes, le cylindre peut être assimilé à un prisme régulier droit d'un nombre infini de côtés. Il se développe donc comme celui-ci en un rectangle ayant pour longueur le périmètre de la base, et pour hauteur la génératrice.

THÉORÈME II.

La surface latérale du cylindre droit à base circulaire a pour mesure le produit du périmètre de la base par la génératrice.

Remplaçons, en effet, le cylindre par un prisme régulier d'un très-grand nombre de côtés. Chaque face latérale de ce prisme sera un rectangle ayant pour base le côté très-petit du polygone de la base et pour hauteur l'arête du prisme. L'ensemble de ces rectangles, c'est-à-dire la surface latérale du prisme, aura donc pour valeur la somme des côtés du polygone, ou le périmètre de la base, multipliée par l'arête. Ce résultat ayant lieu si nombreuses que soient les faces du prisme, on voit que le cylindre, assimilable à un prisme d'un nombre infini de côtés, a pour mesure de sa surface latérale le produit du périmètre de la base par la génératrice ou arête.

Cette vérité se déduit d'ailleurs de ce que le prisme est développable en un rectangle dont la longueur est égale au périmètre de la base, et la hauteur à la génératrice.

Appelons R le rayon de la base, L la génératrice du cylindre. La surface latérale S aura pour expression :

$$S = 2\pi R \times L.$$

Si l'on veut avoir la surface totale du cylindre, il faut à la surface latérale ajouter deux fois la surface πR^2 de la base.

THÉORÈME III.

Le volume d'un cylindre droit a pour mesure le produit de la surface de la base par la hauteur.

Ce cylindre, en effet, peut être considéré comme un prisme droit d'un très-grand nombre de faces.

Appelons R le rayon de la base et H la hauteur du cylindre. La surface du cercle formant la base est πR^2. Le volume V du cylindre a par conséquent pour expression :

$$V = \pi R^2 \times H.$$

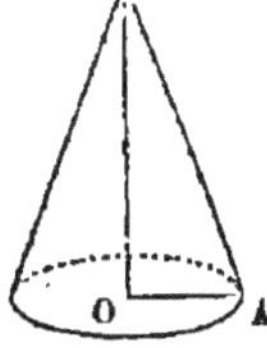
Fig. 305.

DÉFINITIONS. — On nomme cône droit à base circulaire la figure engendrée par un triangle rectangle ASO (fig. 305) tournant autour de SO côté de l'angle droit. Le cercle AO est la base du cône, SO est la hauteur, SA est la *génératrice* ou l'arête, S est le sommet.

THÉORÈME IV.

Le cône est une surface développable.

Soit la pyramide régulière SABCDE (fig. 306). Fendons-la suivant l'arête SA et développons sa surface latérale sur un même plan. Chaque face fournira un triangle isocèle ; et les divers triangles, égaux entre eux, s'assembleront en un secteur polygonal, ayant pour rayon l'arête de la pyramide et pour base la ligne brisée A*bcdea* représentant le périmètre du polygone ABCDE.

Inscrivons maintenant dans la base du cône un polygone

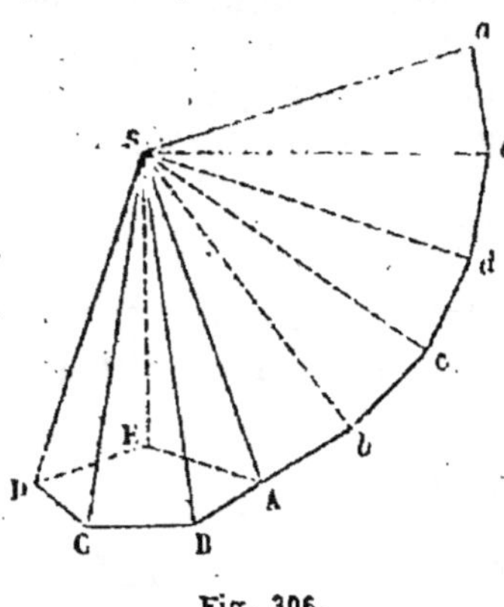

Fig. 306.

régulier d'un très-grand nombre de côtés et joignons au sommet du cône les divers sommets de ce polygone. La pyramide régulière ainsi obtenue différera aussi peu que l'on voudra du cône si les points de division de la base sont suffisamment rapprochés; cela revient à dire que le cône est assimilable à une pyramide régulière d'un nombre infini de côtés. Donc le cône est développable en un secteur polygonal d'un nombre infini de côtés, c'est-à-dire en un secteur de cercle dont le rayon est égal à l'arête du cône et dont l'arc est égal au périmètre de la base.

THÉORÈME V.

La surface latérale d'un cône droit à base circulaire a pour mesure la moitié du produit de la circonférence de la base par la génératrice.

Remplaçons le cône par une pyramide régulière d'un très-grand nombre de côtés. Chaque face latérale de cette pyramide est un triangle isocèle ayant pour base le côté très-petit du polygone de la base et pour hauteur la perpendiculaire, de valeur constante, abaissée du sommet de la pyramide sur ce côté. La somme de ces faces triangulaires ou la surface latérale de la pyramide, a ainsi pour valeur la moitié du produit du périmètre de la base par la perpendiculaire abaissée du sommet sur un des côtés de la base.

Ce résultat ayant lieu, si grand que soit le nombre de faces de la pyramide, est applicable au cône, que l'on peut assimiler à une pyramide régulière d'un nombre infini de côtés. Donc la surface du cône a pour mesure la moitié du produit du périmètre de la base par l'arête.

Cette vérité se déduit encore de ce que le cône est développable en un secteur de cercle dont le rayon est égal à l'arête du cône, et l'arc à la circonférence de la base. On sait que la surface d'un secteur de cercle est égale à la moitié du produit de l'arc par le rayon.

Si l'on désigne par R le rayon de la base et par L la longueur de la génératrice, la surface latérale S du cône a pour expression :

$$S = \frac{1}{2}\, 2\pi R \times L = \pi R \times L.$$

THÉORÈME VI.

Le volume d'un cône a pour mesure le tiers du produit d la base par la hauteur.

Cela résulte de ce qu'un cône peut être considéré comme une pyramide d'un très-grand nombre de côtés.

Soient R le rayon de la base et H la hauteur. La surface de la base est πR^2, et l'expression du volume V est :

$$V = \frac{1}{3}\, \pi R^2 \times H.$$

DÉFINITIONS. — On nomme *tronc de cône* ou *cône tronqué à bases parallèles* ce qui reste d'un cône quand on enlève la partie du sommet par une section parallèle à la base. On peut encore concevoir le cône tronqué comme engendré par la révolution d'un trapèze birectangle ABCD (fig. 307) tournant autour de AC immobile. AC perpendiculaire aux deux côtés AB et CD est la *hauteur du tronc*, AB et CD sont les rayons des *bases* circulaires et parallèles ; BD est la *génératrice* ou *l'arête*.

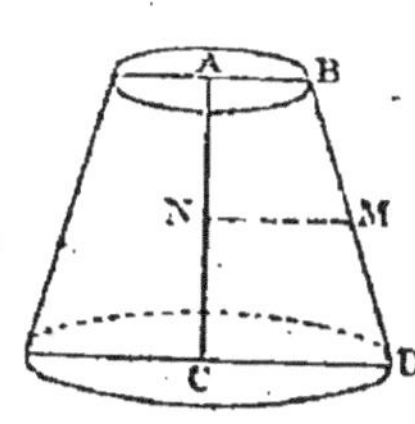

Fig. 307.

Le tronc de cône est développable, comme le cône dont il représente une partie. Son développement est un secteur de couronne circulaire, ayant pour rayons l'arête du cône total et l'arête du cône partiel supprimé par la section.

THÉORÈME VII.

La surface latérale d'un cône tronqué a pour mesure la demi-somme des circonférences des bases multipliée par l'arête.

Assimilons le cône tronqué à un tronc de pyramide régulière d'un très-grand nombre de faces. Chaque face est un trapèze ayant pour bases les côtés correspondants des deux polygones qui limitent supérieurement et inférieurement la pyramide tronquée, et pour hauteur la perpendiculaire commune à ces deux côtés, perpendiculaire de longueur constante. La somme de ces trapèzes ou la surface latérale du tronc de pyramide, a ainsi pour valeur la demi-somme des périmètres des deux polygones multipliée par la perpendiculaire de valeur constante. Remarquons que cette perpendiculaire se confond avec l'arête si les faces du tronc de pyramide sont très-petites et très-nombreuses. Par conséquent le cône tronqué a pour mesure de sa surface latérale le produit de la demi-somme des circonférences des bases multipliée par l'arête.

La base supérieure a pour rayon AB (fig. 307), et la base inférieure a pour rayon CD. Si par le milieu M de l'arête BD, on mène MN perpendiculaire à l'axe AC, MN est égale à la demi-somme de AB et CD, d'après une propriété du trapèze. La circonférence dont le rayon est MN est donc égale à la demi-somme des circonférences des bases du cône tronqué. Par conséquent, le théorème qui précède peut s'énoncer ainsi : *La surface latérale d'un cône tronqué a pour mesure le produit de la circonférence de la section faite par le milieu de l'arête multipliée par la longueur de cette arête.*

THÉORÈME VIII.

Le volume d'un cône tronqué est égal à la somme des volumes de trois cônes ayant tous pour hauteur la hauteur du tronc et pour base, l'un la base inférieure, le second la base supérieure, le troisième une moyenne proportionnelle entre ces deux bases.

Un cône tronqué étant assimilable à un tronc de pyramide, le volume des deux a la même expression. Soient donc R le rayon de la base inférieure, r le rayon de la base supérieure et H la hauteur. Le premier cône a pour volume $\frac{1}{3}\pi R^2 \times H$; le second, $\frac{1}{3}\pi r^2 \times H$; le troisième $\frac{1}{3}\pi Rr \times H$ (1). La somme de ces trois cônes donne pour volume V du cône tronqué :

$$V = \frac{1}{3}\pi H (R^2 + Rr + r^2).$$

APPLICATIONS.

JAUGER UN TONNEAU. — *Jauger* un tonneau ou un récipient quelconque, c'est en déterminer la capacité. Les tonneaux n'ont pas une forme géométrique constante, à cause de la courbure des douves, variable au gré du constructeur; aussi, ne peut-on se proposer de déterminer rigoureusement leur capacité par le calcul. Toutefois les règles de la géométrie donnent une approximation suffisante dans bien des cas. On considère le tonneau comme un assemblage de deux troncs de cône égaux juxtaposés par leur grande base. Appelons R le plus grand rayon du tonneau, celui qui correspond à l'ouverture nommée *bonde*, r le rayon le plus petit, celui de l'un ou de l'autre fond, et L la longueur du tonneau. Ces dimensions, bien entendu, sont celles de l'intérieur. La capacité V des deux troncs de cône juxtaposés, sera :

$$V = \frac{1}{3}\pi L [R^2 + Rr + r^2].$$

Au lieu de recourir à cette formule, plus ou moins

---

(1) Appelons x la base moyenne proportionnelle entre la base inférieure πR^2 et la base supérieure πr^2. On doit avoir $x^2 = \pi R^2 \times \pi r^2 = \pi^2 r^2 R^2$. D'où $x = \pi Rr$. — Si l'on désigne par y le rayon de cette base moyenne proportionnelle, la surface est $\pi y^2 = \pi Rr$. D'où $y = \sqrt{Rr}$. Le rayon du cercle moyen proportionnel entre les deux bases est donc lui-même moyen proportionnel entre les rayons de ces bases.

férence sous l'écorce au milieu du tronc ; de cette circonférence, on déduit une certaine fraction pour tenir compte de l'aubier, en général le cinquième ou le sixième ; on prend le quart du résultat ; on élève ce quart au carré ; le carré obtenu est multiplié par la longueur du tronc. Suivant la fraction que l'on déduit de la circonférence moyenne, on dit que le cubage est fait au *cinquième déduit*, au *sixième déduit*.

PROBLÈMES.

405. Une feuille rectangulaire de carton a 0^m,65 de longueur sur 0^m,23 de largeur. On enroule ce carton en cylindre dont la hauteur est représentée tantôt par la largeur de la feuille, tantôt par la longueur. Quel sera dans chacun des cas le rayon de la base du cylindre ?

406. Quel sera le plus grand des deux cylindres ainsi obtenus ?

407. Si l'on représente par L la longueur de la feuille de carton par *l* sa largeur, quel est le rapport des volumes des deux cylindre obtenus suivant que la feuille est enroulée dans un sens ou dans l'autre ?

408. La colonne de Pompée à Alexandrie est un cylindre monolithe de granit de 30 mètres de hauteur sur 3^m de diamètre. Calculer son poids.

409. Dans un tube cylindrique, 8 grammes de mercure occupent une longueur de 17 millimètres. Calculer le diamètre intérieur du tube sachant que le mercure pèse 13^{gr},6 par centimètre cube.

410. Un cône est développé en un secteur de cercle dont on demande l'angle sachant que l'arête du cône est de 4 décimètres, et le rayon de la base de 12 centimètres.

411. Quelle est la marche générale à suivre pour trouver cet angle, *l* étant l'arête du cône et *r* le rayon de la base.

412. Dans un cercle dont le rayon est de 45 centimètres, on découpe un secteur dont l'angle est de 64° ; puis on enroule ce secteur en cône. Calculer le rayon de la base et la hauteur du cône.

413. Un paquet de fil de fer du poids de 265 grammes mesure une longueur de 1360 mètres. Quel est le diamètre du fil ?

414. On veut construire un cylindre droit dont la hauteur soit le double du diamètre de la base, et dont la capacité soit de 1 litre. Quelles doivent être les dimensions de ce cylindre ?

415. D'après la loi, les mesures de capacité en étain doivent être des cylindres d'une profondeur double du diamètre. Calculer les dimensions de ces mesures depuis le double litre jusqu'au centilitre.

416. Les mesures en fer-blanc pour l'huile et le lait sont des cylindres dont la profondeur est égale au diamètre. Calculer les dimensions de ces mesures depuis le double litre jusqu'au centilitre.

417. On veut représenter la capacité de 1 litre au moyen d'un rectangle de carton enroulé en cylindre d'une profondeur double du diamètre. Quelles doivent être les dimensions de ce rectangle ?

418. Quelle est la longueur d'un fil de platine de $\frac{1}{1000}$ de millimètre de diamètre et du poids de 1 gramme ?

419. Un rouleau cylindrique de chêne sec a 28 centimètres de rayon et 3 mètres de longueur. Calculer son volume et son poids.

420. Que pèse un tuyau de conduite en fonte de 5ᵐ,3 de longueur, de 127 millimètres de rayon extérieur et 97 millimètres de rayon intérieur ?

421. Un tronc de cône à bases parallèles a 6 centimètres de rayon à la base supérieure et 11 à la base inférieure. Sa hauteur est de 18 centimètres. Construire le secteur de couronne circulaire qui résulte de son développement.

422. Une cuve a la forme d'un cône tronqué. Sa profondeur est de 1ᵐ,27 ; le diamètre de l'orifice est de 2ᵐ,83 et celui du fond de 2ᵐ,1. Calculer la capacité de la cuve.

423. Cuber au *cinquième déduit* le tronc d'un sapin de 28ᵐ de longueur sur 1ᵐ,2 de circonférence moyenne sous écorce.

424. Les dimensions d'un tonneau sont : longueur 1ᵐ,4 ; diamètre à la bonde 0ᵐ,90 ; diamètre du fond 0ᵐ,76. Calculer sa capacité d'après la formule du cône tronqué.

425. Calculer la même capacité d'après la formule de Dex.

426. Calculer la même capacité d'après la formule d'Oughtred.

427. Quel est le volume du cône engendré par un triangle équilatéral tournant autour de sa médiane ? Le côté du triangle est a.

428. Quelle est l'expression de la surface latérale de ce cône ?

429. On veut doubler en plomb le fond et les faces latérales d'une cuve en forme de cône tronqué dont la profondeur est de 1ᵐ,8, le diamètre de l'orifice de 3ᵐ,6 et le diamètre du fond de 2ᵐ,9. Quelle sera la surface des lames de plomb employées ?

430. Un tronc d'arbre bien rond et bien droit a 27ᵐ de longueur, 1ᵐ,8 de circonférence à une extrémité et 0ᵐ,72 à l'autre. Quel est son volume exact ?

431. Déterminer les dimensions d'un cône de la capacité d'un hectolitre et tel que sa hauteur soit le triple du diamètre de la base.

432. A quelle distance à partir du sommet faut-il couper un cône de hauteur h par un plan parallèle à sa base pour que le cône partiel soit le tiers du cône total ?

433. On verse 2 kilogrammes de mercure dans un vase cylindrique de 8 centimètres de diamètre. A quelle hauteur s'élèvera le mercure, qui pèse 13ᵍʳ,6 par centimètre cube ?

434. Un triangle rectangle tourne tantôt autour du côté a, tantôt autour du côté b de son angle droit. Dans quel rapport sont les volumes des deux cônes ainsi engendrés ?

CHAPITRE XI

Sphère.

DÉFINITIONS. — On nomme *sphère* la figure engendrée par la révolution d'une demi-circonférence ACB tournant autour de son diamètre AB (fig. 308). Il résulte de cette

... de la sphère.

Ce point ... la sphère ... la surface sphérique ... également distants d'un ... nommé centre. Toute droite ... le centre à un point quelconque ... surface sphérique est un rayon ... les rayons sont égaux. Toute droite ... passe par le centre et se termine ... part et d'autre à la surface sphérique est un ... double du rayon.

THÉORÈME I.

La section d'une sphère par un plan est toujours un cercle.

Considérons en premier lieu un plan qui passe par ... centre de la sphère. Les points de rencontre A, B, C ... avec la surface sphérique sont également distants du point O, centre ... la sphère, d'après la définition ... celle-ci; la section est donc un cercle ... dont le centre est le centre même ... la sphère (fig. 309).

Soit maintenant un plan qui ... passe pas par le centre. De ce ... O abaissons une perpendiculaire ... sur le plan et joignons différents ... points D, E, K de la section aux points O et I. Les droites ... les OD, OE, OK sont égales, puisque ce sont des rayons ... de la sphère; ces droites obliques s'écartent donc ... ment du pied I de la perpendiculaire, et par conséquent ... les droites ID, IE, IK, etc., sont égales. Les points D ... sont ainsi à égale distance du point I; la section est ... un cercle dont le centre est le pied de la perpendiculaire ... abaissée du centre de la sphère sur le plan de la ...

REMARQUE. — Le rayon DI est moindre que DC ... égal à O. La section qui ne passe pas par le centre ... un cercle de rayon moindre que celui du cercle ... centre coïncide avec celui de la sphère. On voit ...

que le rayon du cercle est d'autant plus petit que la section est faite plus loin du centre. On nomme *grands cercles* les sections obtenues par des plans conduits suivant le centre de la sphère. Tous les grands cercles sont égaux; leur rayon est égal à celui de la sphère. On nomme *petits cercles* les sections obtenues par des plans ne passant pas par le centre de la sphère. Leur rayon est moindre que celui de la sphère. Les petits cercles sont égaux s'ils sont également éloignés du centre de la sphère; dans le cas contraire, ils sont inégaux. Tout grand cercle divise la sphère en deux parties égales, et tout petit cercle la divise en deux parties inégales.

THÉORÈME II.

Par deux points donnés sur la surface de la sphère on ne peut faire passer qu'un grand cercle; mais on peut faire passer autant de petits cercles que l'on voudra.

Pour que la section soit un grand cercle, il faut que le plan soit conduit suivant le centre de la sphère. Or par les points donnés et par un troisième point, le centre de la sphère, on ne peut mener qu'un plan. Il n'y a donc qu'un seul grand cercle qui satisfasse à la condition de passer par deux points donnés sur la surface de la sphère.

Mais si le plan n'est pas assujetti à passer par le centre de la sphère, il n'y a plus que deux conditions à remplir, savoir, la coïncidence avec les deux points donnés. Or, on peut faire passer une infinité de plans par ces deux points et chacun d'eux donne pour section un petit cercle différent.

THÉORÈME III.

Le plus court chemin d'un point à un autre sur la surface de la sphère est le plus petit des deux arcs du grand cercle passant par ces deux points.

Soient A et B (fig. 310) deux points pris sur la surface d'une sphère. D'une manière absolue, leur plus courte distance est mesurée par la droite qui les joint; cependant s'il faut évaluer l'intervalle qui les sépare, non plus dans l'espace idéal, mais sur la surface d'une sphère déterminée, une autre ligne intervient comme mesure du plus court chemin. C'est ainsi qu'à la surface du globe terrestre, la distance entre deux points géographiques ne peut s'évaluer évidemment par la droite qui les joint à travers le sol, mais par une autre ligne qui suit la surface de la terre.

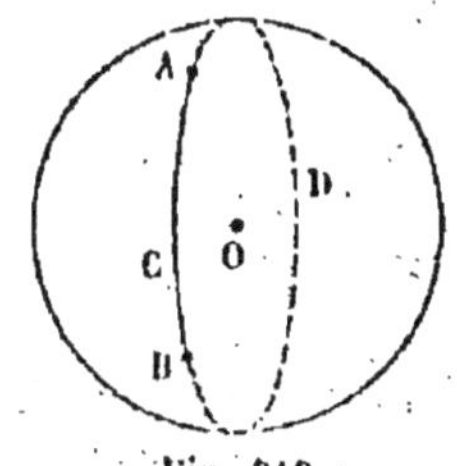

Fig. 310.

Revenons aux deux points A et B pris sur la surface d'une sphère. Par ces deux points et le centre conduisons un plan, dont la section avec la sphère sera un grand cercle. Sur ce grand cercle, deux arcs sont déterminés par les deux points : l'un ACB plus petit, l'autre ADB plus grand. L'égalité des deux arcs aurait lieu si les points A et B se trouvaient aux extrémités d'un même diamètre.

Il faut établir que le plus petit des deux arcs est le plus court chemin d'un point à l'autre sur la sphère. Le plus court chemin, en effet, quel qu'il soit, doit être unique, car il serait absurde d'en supposer plusieurs, tous plus petits que chacun des autres. Or, si l'on trace à gauche de ACB, sur la surface de la sphère, une ligne quelconque, arc de petit cercle ou autre, joignant les points A et B, on voit immédiatement qu'une ligne en tout pareille peut être tracée à droite à cause de l'identité parfaite des deux moitiés de la sphère déterminées par le grand cercle. Aucune ligne qu'on peut ainsi tracer n'est donc unique de son espèce, et, par conséquent, ne peut être le plus court chemin. Seul, l'arc de grand cercle ACB est unique ; c'est lui qui mesure donc le plus court chemin.

DÉFINITIONS. — On nomme *pôles* d'un cercle quelconque tracé à la surface d'une sphère, les extrémités du diamètre perpendiculaire au plan de ce cercle. Le centre de la sphère, le centre d'un cercle et les deux pôles de ce dernier, sont tous les quatre sur le même diamètre de la sphère. Enfin des cercles dont les plans sont parallèles ont les mêmes pôles.

<h2 style="text-align:center">THÉORÈME IV.</h2>

Chacun des deux pôles d'un cercle est également éloigné de tous les points de la circonférence du cercle.

Soient le cercle ACBN (fig. 311) et le diamètre PP' perpendiculaire à son plan. Les deux points P et P' sont les pôles de ce cercle. Prenons divers points A, C, B, etc., sur la circonférence, joignons-les au centre I du cercle et au pôle P. Puisque AI, CI, BI, etc., sont égales comme

rayons d'un même cercle, les droites PA, PC, PB, etc., sont égales comme obliques s'écartant également du pied de la perpendiculaire. Si l'on mène les arcs du grand cercle PMA, PNC, etc., passant par le pôle P et par chacun des points de la circonférence, ces divers arcs sont égaux, puisqu'ils correspondent à des cordes égales dans des cercles égaux. Le pôle P est donc également

Fig. 311.

distant de tous les points de la circonférence ACB, etc. La même démonstration s'applique au pôle P'.

REMARQUE. — Appliquons la pointe d'un compas en P et faisons mouvoir l'autre pointe sur la sphère avec une

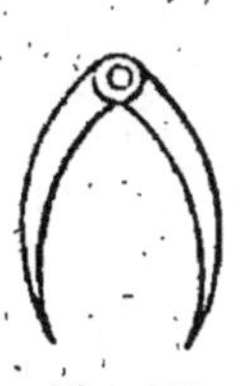

ouverture égale à la droite PA. La courbe décrite sera la circonférence ACB, etc., puisque tous ses points sont également distants de P. On peut donc décrire avec le compas des circonférences sur la sphère de même que sur le plan ; seulement le point où repose la branche fixe n'est pas le centre de la circonférence décrite, mais bien l'un

Fig. 312.

de ses deux pôles. Le compas employé pour un pareil tracé a ses branches courbes, ce qui permet de contourner au besoin la convexité de la sphère. On lui donne le nom de *compas sphérique* ou *compas d'épaisseur* (fig. 312).

THÉORÈME V.

Tout plan perpendiculaire à l'extrémité d'un rayon est tangent à la sphère.

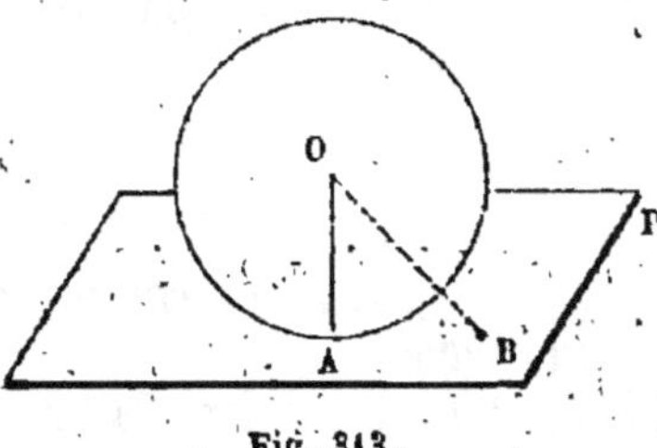

Un plan est dit *tangent* à une sphère lorsqu'il n'a qu'un point commun avec la surface de cette sphère. —Soit le plan P perpendiculaire à l'extrémité du rayon AO (fig. 313). Si l'on joint tout autre point B du

Fig. 313.

plan au centre de la sphère, on aura une oblique OB plus longue que la perpendiculaire OA. Le point B est donc hors de la sphère. Le point A est ainsi le seul commun entre la sphère et le plan, celui-ci est par conséquent tangent. Le point commun A se nomme *point de contact*.

THÉORÈME VI.

Réciproquement, tout plan tangent est perpendiculaire à l'extrémité du rayon qui aboutit au point de contact.

En effet, tous les points du plan à l'exception du point de contact sont hors de la sphère, puisque le plan est supposé tangent; par conséquent les droites qui les joignent au centre sont plus longues que le rayon. Le rayon qui aboutit au point de contact est ainsi la plus courte des droites que l'on pourrait mener du centre au plan; il est donc perpendiculaire sur ce plan; ou, ce qui revient au même, le plan est perpendiculaire à l'extrémité de ce rayon.

APPLICATIONS.

Méridiens et parallèles géographiques. — La terre, de forme à très-peu près sphérique, tourne sur elle-même autour d'une droite imaginaire nommée *axe*. Les deux points où l'axe perce la surface de la terre sont les deux *pôles*, l'un nommé pôle *arctique*, l'autre pôle *antarctique*. On appelle *équateur* un grand cercle perpendiculaire à l'axe. Ce grand cercle divise la terre en deux moitiés ou *hémisphères*, appelés *hémisphère boréal* et *hémisphère austral*.

Les *parallèles* sont de petits cercles parallèles à l'équateur. Chaque point de la surface terrestre, par suite de la rotation du globe sur lui-même, décrit un parallèle dans l'intervalle d'un jour ou de 24 heures.

Les parallèles les plus remarquables sont les *tropiques* et les *cercles polaires*. Il y a deux tropiques et deux cercles polaires, symétriquement placés au nord et au sud de l'équateur. Le tropique de l'hémisphère boréal ou *tropique du Cancer* est situé à 23° 1/2 environ au nord de l'équateur. C'est sur ce parallèle que les rayons solaires sont verticaux au commencement de l'été ou le 21 juin. Le tropique de l'hémisphère austral ou *tropique du Capricorne* est situé à 23° 1/2 environ au sud de l'équateur. C'est sur ce parallèle que les rayons solaires sont verticaux au commencement de l'hiver ou le 21 décembre.

Le cercle polaire de l'hémisphère boréal se nomme *cercle polaire arctique*; il est éloigné du pôle arctique de 23° 1/2 à peu près. Ce cercle délimite les régions qui le 23 juin n'ont pas de nuit. Le cercle polaire de l'hémisphère opposé se nomme *cercle polaire antarctique*; il délimite les régions qui le 21 décembre n'ont pas de nuit.

Tous les parallèles ont pour pôles géométriques les pôles mêmes de la terre.

On nomme *méridien* d'un lieu le grand cercle dont le plan passe par l'axe de la terre et par la verticale de ce lieu. Il y a autant de méridiens que l'on veut; tous passent par les deux pôles de la terre. Le mot méridien signifie midi. Il est, en effet, midi pour un lieu quand le soleil traverse le plan du méridien de ce lieu. Tous les points situés sur un demi-méridien compris entre les deux pôles ont midi à la fois; tous les points situés dans l'autre demi-méridien ont minuit.

Longitude et latitude. — Le *premier méridien* ou le *méridien convenu* est un méridien arbitraire pris pour point de départ. En France, le premier méridien est celui qui passe par l'Observatoire de Paris. Sur les cartes, il est numéroté 0.

On nomme *longitude* d'un lieu la distance en degrés du méridien de ce lieu au méridien convenu. Elle est *orientale* ou *occidentale* : orientale, si le lieu se trouve à l'est du méridien convenu; occidentale, s'il se trouve à l'ouest. Elle varie, tant à l'est qu'à l'ouest, depuis 0° jusqu'à 180°. Sur un globe géographique, sur une carte, la longitude se compte suivant l'équateur; et, à défaut de l'équateur, suivant un parallèle quelconque, dans les cartes ne comprenant qu'une portion de la terre.

On nomme *latitude* d'un lieu la distance en degrés du parallèle de ce lieu à l'équateur. Elle est *boréale* ou *australe*, suivant que le point considéré se trouve au nord ou au sud de l'équateur. Elle varie depuis 0° jusqu'à 90° et se compte sur un méridien quelconque.

Soient L un point sur le globe terrestre, PAP' le méridien convenu (fig. 314). Menons par le point L le cercle parallèle BLC et le méridien PLP'. Si, depuis l'équateur,

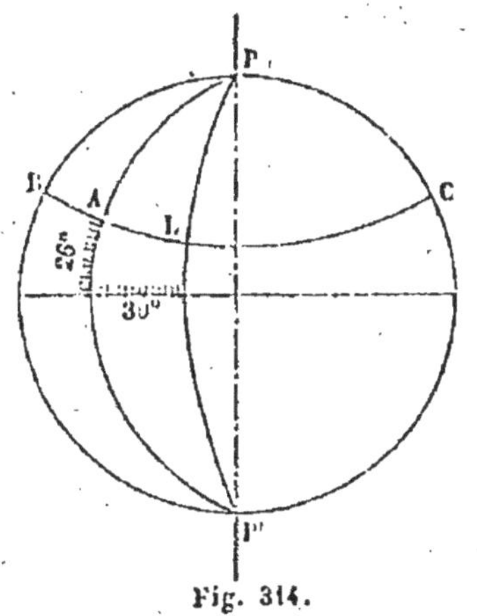

Fig. 314.

on compte vers le nord 26° sur un méridien pour atteindre le parallèle de ce lieu, on dit que la latitude du point L est boréale et de 26°. Si l'on compte 30° sur l'équateur vers l'est, à partir du méridien convenu, pour atteindre le méridien du point L, on dit que la longitude de ce point est orientale et de 30°.

En 24 heures, le soleil fait en apparence le tour de la terre, ou parcourt les 360 degrés d'une circonférence de l'est à l'ouest. Il met donc une heure pour passer d'un méridien à un autre distant du premier de 15° vers l'ouest. Par conséquent un lieu situé a une fois, deux fois, trois fois, etc., 15° vers l'ouest d'un autre point pris pour point de départ, a midi, une, deux, trois heures, etc., plus tard.

PROBLÈMES.

435. Deux points sont situés sur le même méridien. La latitude de l'un est boréale et de 25°, la latitude de l'autre est australe et de 41°. Calculer leur plus courte distance à la surface de la terre.

436. Combien peut-il y avoir de méridiens?

437. Pourquoi n'y a-t-il qu'un équateur?

438. Quand il est midi à Paris, quelle heure est-il en un point dont la longitude est orientale et de 112°.

439. S'il est 3 heures du matin en un lieu dont la longitude est occidentale et de 94°, quelle est l'heure de Paris au même instant?

440. La plus grande dimension de la France de l'est à l'ouest embrasse 13° environ. Quelle est la différence d'heure au même instant pour les points extrêmes?

441. Quelle est la latitude des cercles polaires?

442. Déterminer le centre d'une sphère quand on connaît quatre points de sa surface.

443. Combien de surfaces sphériques peut-on faire passer par quatre points non compris dans le même plan?

444. Calculer le rayon de la sphère passant par les quatre sommets d'un tétraèdre régulier dont l'arête est a?

445. Conduire suivant une droite donnée un plan tangent à une sphère.

446. Démontrer que la ligne d'intersection de deux sphères est une circonférence.

447. Quelle surface décrit une droite assujettie à passer par un point fixe et à glisser tangentiellement sur une sphère donnée?

448. Déterminer le centre d'une sphère tangente aux quatre faces d'un tétraèdre quelconque.

449. Combien faut-il de conditions pour déterminer une sphère?

CHAPITRE XII

Sphère (suite).

THÉORÈME I.

La surface engendrée par une ligne brisée régulière tournant autour d'un axe situé dans son plan et passant par son centre, a pour mesure le produit de la circonférence inscrite par la projection de la ligne brisée sur l'axe.

On nomme *ligne brisée régulière* une portion de polygone régulier. — Soit la ligne brisée régulière ABCD, etc., tournant autour de l'axe AG mené dans son plan par son centre L (fig. 315). Il faut trouver la valeur de la surface décrite par cette ligne, considérée soit en totalité, soit en partie.

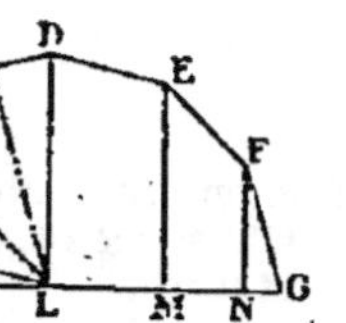

Fig. 315.

Le côté AB décrit un cône dont le rayon de la base est BH et dont la génératrice est AB. Comme la surface latérale d'un cône est égale au produit de la circonférence de la base par la moitié de la génératrice, on a :

$$\text{Surface AB} = \text{Circ. BH} \times \frac{AB}{2}.$$

Ou bien :

$$\text{Surface AB} = 2\pi . BH \times \frac{AB}{2}. \qquad (1)$$

Joignons au centre L le point P milieu de AB; la droite PL est perpendiculaire sur AB, et les deux triangles BAH, APL sont par conséquent semblables. Cette similitude fournit l'égalité :

$$\frac{AH}{AP} = \frac{BH}{PL};$$

égalité qui revient à :

$$PL \times AH = BH \times AP;$$

ou bien, comme AP est la moitié de AB :

$$PL \times AH = BH \times \frac{AB}{2}.$$

L'égalité (1) devient ainsi :

$$\text{Surface AB} = 2\pi \cdot PL \times AH. \qquad (A)$$

C'est-à-dire que la surface engendrée par AB est égale au produit de la cironférence inscrite, dont le rayon est PL, par la projection AH du côté AB sur l'axe.

Considérons maintenant la surface engendrée par BC. Cette surface est un tronc de cône dont les bases ont pour rayons CK et BH perpendiculaires sur l'axe, et dont la génératrice est BC. Joignons le point Q, milieu de BC, au centre; et, du même point, abaissons QV perpendiculaire sur l'axe. La surface du tronc de cône a pour mesure le produit de la génératrice BC par la circonférence dont le rayon est QV, moyenne entre CK et BH :

$$\text{Surface BC} = \text{Circ. QV} \times BC;$$

ou bien :

$$\text{Surface BC} = 2\pi \cdot QV \times BC. \qquad (2)$$

Menons BS parallèle à l'axe. Les deux triangles BCS et QVL sont semblables et donnent l'égalité :

$$\frac{QV}{BS} = \frac{QL}{BC}, \text{ ou bien } QV \times BC = QL \times BS = QL \times HK.$$

L'égalité (2) devient ainsi :

$$\text{Surface BC} = 2\pi \,.\, \text{QL} \times \text{HK}. \qquad \text{(B)}$$

C'est-à-dire que la surface engendrée par BC a pour mesure la circonférence inscrite, dont le rayon est QL, multipliée par HK, projection de BC sur l'axe.

Comme cette démonstration est indépendante de l'inclinaison du côté sur l'axe, on trouverait pareillement :

$$\text{Surface CD} = 2\pi \,.\, \text{RL} \times \text{KL}, \qquad \text{(C)}$$

et ainsi de suite. Si maintenant on ajoute membre à membre les égalités (A), (B), (C), etc., en observant que le rayon de la circonférence inscrite, représenté par PL, ou QL, ou RL, etc., est de valeur constante, nous aurons :

$$\text{Surf.ABCDE,etc.} = 2\pi.\text{PL} \times [\text{AH} + \text{HK} + \text{KL} + \text{LM} + \text{etc.}].$$

Donc la surface engendrée par une portion quelconque de la ligne brisée régulière a pour mesure la circonférence inscrite multipliée par la projection de cette portion de la ligne brisée sur l'axe.

THÉORÈME II.

La surface de la sphère a pour mesure la circonférence d'un grand cercle multipliée par le diamètre.

Si la ligne brisée régulière de la figure précédente a un très-grand nombre de côtés, on peut la regarder comme la demi-circonférence génératrice de la sphère. Dans cette supposition, PL se confond avec le rayon R de la circonférence génératrice ou le rayon de la sphère, et AG vaut le diamètre ou 2 fois R. On a ainsi pour l'expression de la surface totale de la sphère :

$$S = 2\pi R \times 2R.$$

Dans cette expression, $2\pi R$ est la circonférence d'un grand cercle, et $2R$ est le diamètre.

COROLLAIRE. — L'expression ci-dessus revient à :

$$S = 4\pi R^2.$$

Mais πR^2 est la surface d'un cercle de même rayon R que la sphère; en d'autres termes, c'est la surface d'un grand cercle. Par conséquent : *La surface totale de la sphère équivaut à celle de quatre grands cercles.* Cette dernière formule est la plus employée pour le calcul de la surface d'une sphère.

THÉORÈME III.

La surface d'une zone a pour mesure la circonférence d'un grand cercle multipliée par la hauteur.

On nomme zone la portion de surface sphérique interceptée par deux plans parallèles. La distance de ces deux plans est la *hauteur*, et les circonférences d'intersection sont les *bases* de la zone.

Concevons un arc quelconque AB (fig. 316) tournant autour du diamètre. La surface engendrée par cet arc est une zone, dont la hauteur est CD. Si l'arc est remplacé par une portion de polygone régulier à côtés très-nombreux et très-petits, on verra, d'après le théorème I, que la zone a pour mesure la circonférence dont

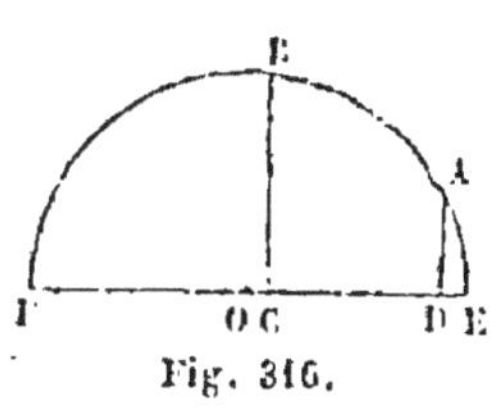

Fig. 316.

le rayon est R, ou le rayon de la sphère, multipliée par CD, projection de l'arc sur l'axe ou hauteur de la zone.

Si l'un des deux plans est tangent, la zone n'a plus qu'une base, et prend alors le nom de *calotte sphérique.* Telle est la surface engendrée par l'arc EA tournant autour du diamètre FE. Le point E, où le second plan serait tangent, est le sommet de la calotte; la distance ED de ce point au plan AD est la hauteur.

La surface d'une calotte sphérique a pour mesure la circonférence d'un grand cercle multipliée par la hauteur. — En effet, d'après le théorème I, on a :

$$\text{Surface EA} = 2\pi R \times DE.$$

THÉORÈME IV.

Le volume de la sphère est égal au produit de la surface par le tiers du rayon.

Prenons sur la surface de la sphère trois points assez rapprochés pour que l'on puisse, sans erreur sensible, considérer comme surface plane le petit triangle sphérique dont ces trois points sont les sommets. En joignant ces points au centre, nous aurons une pyramide dont la base est le petit triangle sphérique et dont la hauteur est le rayon de la sphère. Le volume de cette pyramide a pour mesure la surface de la base multipliée par le tiers de la hauteur ou le tiers du rayon. En répétant cette construction pour la surface sphérique entière, nous décomposerons la sphère en un très-grand nombre de pyramides ayant chacune pour base une très-petite partie de la surface de la sphère, et pour hauteur le rayon. Leur ensemble, ou le volume total de la sphère, a donc pour mesure la somme des bases, ou la surface de la sphère, multipliée par le tiers du rayon.

$$V = 4\pi R^2 \times \frac{R}{3};$$

ou bien :

$$V = \frac{4}{3} \pi R^3.$$

THÉORÈME V.

Le volume d'un secteur sphérique a pour mesure le produit de la calotte qui lui sert de base par le tiers du rayon.

On nomme *secteur sphérique* la portion de sphère comprise entre une calotte sphérique et la surface du cône dont le sommet est au centre de la sphère et dont la base est celle de la calotte. On peut le concevoir comme engendré par un secteur de cercle BOA (fig. 317) tournant autour de OA. Dans ces conditions, l'arc AB engendre la calotte sphérique, et le rayon BO engendre la surface conique. — La décomposition du secteur en très-petites pyramides démontrerait, comme précédemment, que le volume est égal au produit de la surface de la calotte par le tiers du rayon.

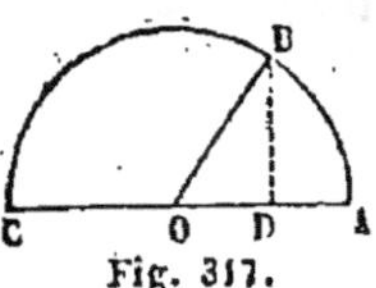

Fig. 317.

COROLLAIRE. — On nomme *segment sphérique* ou *tranche sphérique* la portion de sphère comprise entre deux plans parallèles. La distance des deux plans est la *hauteur* du segment, et les cercles d'intersection en sont les *bases*. Le segment a pour surface latérale une zone. Si l'un des plans est tangent, le segment n'a plus qu'une base, et sa surface latérale est une calotte sphérique.

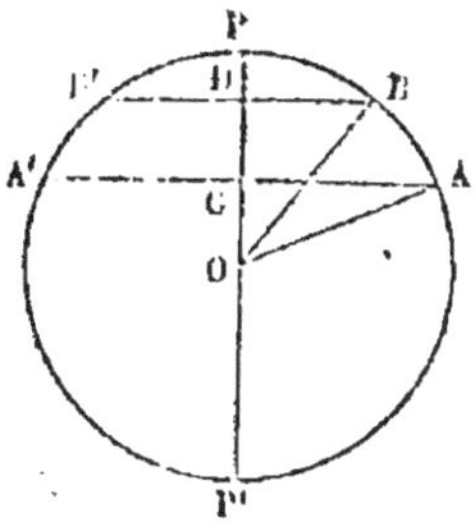

Pour avoir le volume d'un segment à une seule base, il faut du volume du secteur retrancher le volume du cône.

Fig. 318.

Pour avoir le volume d'un segment à deux bases, on calcule isolément les segments à une base PBB' et PAA' (fig. 318), et l'on prend la différence des deux.

APPLICATIONS.

Connaissant le rayon d'une sphère, calculer sa surface et son volume.

Pour la surface, on a recours à la formule

$$S = 4\pi R^2 ;$$

et pour le volume à la formule

$$V = \frac{4}{3} \pi R^3.$$

Les calculs à effectuer sont trop simples pour qu'il soit nécessaire d'insister.

Connaissant la surface ou le volume d'une sphère, calculer le rayon.

Si l'on connaît la surface S, la première formule donne :

$$R = \frac{1}{2} \sqrt{\frac{S}{\pi}}.$$

Si l'on connaît le volume V, la seconde formule donne :

$$R = \sqrt[3]{\frac{3V}{4\pi}}.$$

Rapport des surfaces de deux sphères. — Soient deux sphères dont les rayons sont R et r. Les surfaces correspondantes sont $S = 4\pi R^2$ et $s = 4\pi r^2$. Le rapport des surfaces est donc :

$$\frac{S}{s} = \frac{4\pi R^2}{4\pi r^2} = \frac{R^2}{r^2};$$

c'est-à-dire que le rapport des surfaces de deux sphères est le même que celui des secondes puissances des rayons. Ainsi, quand le rayon devient double, triple, quadruple, etc., la surface de la sphère devient 4 fois, 9 fois, 16 fois plus grande.

Rapport des volumes de deux sphères. — Ce rapport est

$$\frac{V}{v} = \frac{\frac{4}{3}\pi R^3}{\frac{4}{3}\pi r^3} = \frac{R^3}{r^3};$$

c'est-à-dire, qu'il est le même que celui des troisièmes puissances des rayons. Ainsi, lorsque le rayon devient 2, 3, 4, etc. fois plus grand, le volume de la sphère devient 8, 27, 64, etc. fois plus grand.

PROBLÈMES.

450. Le rayon d'une sphère est de 3 décimètres. Calculer la surface de cette sphère.

451. Calculer le volume de la même sphère.

452. Quel rayon faut-il donner à une sphère pour que la surface de celle-ci mesure 1 mètre carré ?

453. Quel rayon faut-il donner à une sphère pour que le volume de celle-ci mesure 1 mètre cube ?

454. On demande le rayon d'une boule en ivoire qui pèse 408 grammes.

455. Combien de mètres carrés de taffetas faut-il pour façonner un aérostat sphérique de 350 mètres cubes de capacité?

456. Le rayon de la Terre est de 6366 kilomètres. Calculer en hectares la surface du globe terrestre.

457. Calculer en kilomètres cubes le volume du globe terrestre.

458. Le volume de la Lune est à peu près la cinquantième partie de celui de la Terre. Quelle fraction du rayon terrestre représente le rayon lunaire?

459. Quelle fraction de la surface de la Terre représente la surface de la Lune?

460. Le rayon du Soleil équivaut à 112 fois le rayon de la Terre. Combien de fois le Soleil est-il plus gros que la Terre?

461. On demande le poids d'une sphère creuse en cuivre dont le rayon intérieur est de 25 centimètres et dont l'épaisseur est de 6 centimètres.

462. Le poids moyen des matériaux du globe terrestre est de 5 kilogrammes et demi par décimètre cube. Quel est le poids total du globe terrestre?

463. On dore une sphère en cuivre du poids de 3^{k},286. Après l'opération, le poids se trouve augmenté de 6 grammes. Quelle est l'épaisseur de la couche d'or déposée sur le cuivre?

464. Une chaudière hémisphérique a 1^{m},60 de diamètre intérieur. Quelle est, en litres, sa capacité?

465. Si cette chaudière est en fonte de fer et que son épaisseur soit de 4 centimètres, quel est son poids?

466. S'il faut la doubler intérieurement en plomb avec des lames de 5 millimètres d'épaisseur, quel sera le poids du plomb employé?

467. Un récipient en forme de calotte sphérique a 1^{m},8 de diamètre à l'orifice et 0^{m},6 de profondeur. On demande le rayon de la sphère dont cette calotte fait partie.

468. Calculer la surface intérieure de ce récipient.

469. Calculer la capacité du même récipient.

Problèmes sur l'ensemble des trois corps ronds.

470. On inscrit un cercle dans un carré et l'on fait tourner la figure autour du diamètre passant par deux points de tangence opposés. Le cercle décrit une sphère et le carré un cylindre circonscrit à la sphère. On demande le rapport entre la surface de la sphère et la surface latérale du cylindre.

471. Que devient ce rapport si à la surface latérale du cylindre on ajoute celle des deux bases?

472. Quel est le rapport des volumes ainsi engendrés?

473. On inscrit un cercle dans un triangle équilatéral et l'on fait tourner la figure autour de la droite qui joint un sommet au point de tangence opposé. Le cercle décrit une sphère, et le triangle un cône circonscrit à la sphère. Quel est le rapport entre la surface latérale du cône et celle de la sphère?

474. Que devient ce rapport si à la surface latérale du cône on ajoute celle de la base?

475. Quel est le rapport des volumes de la sphère et du cône circonscrit?

476. Une sphère en argent du poids de 250 grammes est convertie en un fil cylindrique de 300 mètres de longueur. Quel est le diamètre de ce fil?

477. Une chaudière à vapeur a la forme d'un cylindre terminé de part et d'autre par une demi-sphère. Calculer sa capacité sachant que sa longueur totale est de $6^m,4$ et son diamètre de $0^m,88$.

478. Un creuset a la forme d'un tronc de cône. Sa profondeur est de $0^m,3$; son diamètre à l'orifice est de $0^m,25$ et son diamètre au fond de $0^m,16$. S'il est plein de métal en fusion, quel doit être le rayon d'un moule sphérique pour recevoir exactement la totalité de ce métal?

479. Un cylindre et un cône ont même volume et même hauteur. Quel est le rapport des rayons des bases?

480. Un triangle rectangle, dont les côtés de l'angle droit sont a et b, tourne tantôt autour de a, tantôt autour de b. Ces deux côtés étant inégaux, quel est celui des deux cônes engendrés qui a le plus grand volume?

481. Un vase cylindrique de $0^m,25$ de diamètre contient de l'eau jusqu'à un certain niveau. On immerge totalement dans le liquide une sphère de $0^m,12$ de diamètre. De combien s'élèvera le niveau de l'eau?

482. Si le niveau s'élève de 3 centimètres, quel est le rayon de la sphère immergée?

483. On immerge dans le même cylindre un corps de forme irrégulière qui fait élever le niveau de l'eau de 62 millimètres. Quel est le volume de ce corps?

484. Calculer le volume d'un cône construit avec un secteur de cercle dont l'angle est de 120° et le rayon de 3 décimètres?

485. Un carré de même surface que ce secteur est enroulé en cylindre dont on demande le volume.

486. Le taffetas verni dont se compose un aérostat sphérique de 4^m de rayon, pèse 245 grammes par mètre carré. Quel est le poids total de l'enveloppe.

487. Si le ballon est plein d'hydrogène impur, dont le poids est d'environ 100 grammes par mètre cube, quel est le poids total de l'appareil?

488. La force ascensionnelle du ballon est la différence entre son poids total et le poids de l'air dont il occupe la place. Calculer cette force ascensionnelle sachant que l'air pèse $1^{kg},298$ par mètre cube.

489. Quelle est la surface d'une sphère dont le volume est de 1 mètre cube?

490. Dans un cylindre, la surface latérale est égale à la somme des surfaces des deux bases. Dans quel rapport sont les dimensions du rectangle qui proviendrait de ce cylindre développé?

491. Dans un cône, la surface latérale peut-elle être égale à celle de la base?

492. Quel est le triangle rectangle générateur d'un cône dont la surface latérale est égale à 2 fois celle de la base?

493. Quel est l'angle du secteur provenant de ce cône développé?

494. Un cercle est divisé en n secteurs égaux. Si l'un de ces secteurs est enroulé en cône, que sera la surface latérale de ce cône par rapport à celle de la base?

495. D'un point donné comme pôle sur une sphère, on décrit un petit cercle avec une ouverture de compas connue. On prend trois points à volonté sur ce petit cercle et l'on détermine avec le compas leurs distances mutuelles rectilignes. Par quelle construction plane pourrait-on, avec ces données, déterminer le rayon de la sphère?

496. Une sphère est coupée par des plans parallèles équidistants. Quel rapport y a-t-il entre les surfaces des zones ainsi déterminées?

497. Un cône est coupé à partir du sommet par des plans équidistants parallèles à la base. Comment croissent les surfaces latérales des divers troncs de cône ainsi déterminés?

498. Démontrer que les volumes engendrés par un parallélogramme tournant successivement autour de deux côtés non parallèles, sont en raison inverse de ces côtés.

499. Démontrer que le volume du cylindre circonscrit à la sphère est moyenne proportionnelle entre le volume de la sphère et celui du cône équilatéral circonscrit. Démontrer la même relation pour les surfaces totales.

FIN.

TABLE DES MATIÈRES

GÉNÉRALITÉS 1
CHAP. I. — La droite et le plan 4
II. — Mesure de la droite 9
III. — Angle 19
IV. — Perpendiculaire. Oblique 24
V. — Concourantes. Parallèles 36
VI. — Circonférence 47
VII. — Mesure des angles 58
VIII. — Intersection et contact des circonférences 73
IX. — Triangle 80
X. — Quadrilatères 97
XI. — Polygones 103
XII. — Lignes proportionnelles 110
XIII. — Triangles semblables 122
XIV. — Polygones semblables 137
XV. — Relations numériques entre les éléments d'un
       triangle 147
XVI. — Propriétés des sécantes et des tangentes 159
XVII. — Rapport de la circonférence au diamètre 164
XVIII. — Mesure des aires 171
XIX. — Rapport des aires des figures semblables 180
XX. — Figures équivalentes 191

DEUXIÈME PARTIE.

GÉOMÉTRIE DANS L'ESPACE.

CHAP. I. — Droites et plans perpendiculaires 196
II. — Droites et plans parallèles 206
III. — Angles dièdres. Plans perpendiculaires 212

TABLE DES MATIÈRES.

Chap. IV. — Angles trièdres.................................. 219
V. — Parallélipipèdes.............................. 227
VI. — Prisme.................................... 235
VII. — Pyramide................................. 241
VIII. — Pyramide et prisme tronqués............... 249
IX. — Polyèdres réguliers. Similitude des polyèdres........ 257
X. — Cylindre. Cône............................ 267
XI. — Sphère................................... 276
XII. — Sphère (suite)............................ 284

FIN DE LA TABLE.

CORBEIL. — Typ. et stér. de CRÈTÉ FILS.